ro
ro
ro

Die Natur hatte für ihre Erfindungen Jahrmillionen Zeit. Die Zukunftswissenschaft Bionik hat gerade angefangen, ihr einiges davon abzuschauen. Interdisziplinär ausgerichtet öffnet dieser Zweig der angewandten Biologie faszinierende Einblicke in hocheffiziente Konstruktionen und Systeme, mit denen sich Tiere und Pflanzen ihrer Umwelt optimal angepasst haben. Die technischen Umsetzungen bionischer Erkenntnisse, ob selbstreinigende Oberflächen, nicht verschleißende Klettverschlüsse oder ultraleichte Brücken, bestechen nicht nur durch ihre Eleganz, sondern auch durch die größtmögliche Schonung natürlicher Ressourcen.

Zdenek Cerman   Wilhelm Barthlott
Jürgen Nieder

Erfindungen der Natur

Bionik – Was wir von Pflanzen und
Tieren lernen können

Rowohlt Taschenbuch Verlag

rororo science

Lektorat Ludwig Moos

Veröffentlicht im Rowohlt Taschenbuch Verlag,
Reinbek bei Hamburg, Oktober 2005
Copyright © 2005 by Rowohlt Verlag GmbH,
Reinbek bei Hamburg
Redaktion Astrid Grabow
Umschlaggestaltung any.way, Barbara Hanke
Im Text nicht anders gekennzeichnete Abbildungen
stammen von den Autoren
(Fotos: Reuters/Corbis und photonica/Stock/4/B)
Satz Swift und Simian PostScript (QuarkXPress 4.1) bei
KCS GmbH, Buchholz/Hamburg
Druck und Bindung Clausen & Bosse, Leck
Printed in Germany
ISBN 3 499 62024 3

Inhalt

Bionik – eine Wissenschaft wird erwachsen

Gerade neu ist der Gedanke nicht: die Natur als Vorbild für technische Meisterleistungen zu nehmen. Die Idee dessen, was wir heute «Bionik» nennen, ist mindestens so alt wie unser Traum vom Fliegen. Vielleicht erinnern Sie sich aus Ihrer Schulzeit an die antike Sage von Dädalus und Ikarus. Wenn nicht, hier ist die Kurzfassung: Der athenische Erfinder Dädalus konstruierte für König Minos auf Kreta ein Labyrinth, in dem dieser den Minotaurus, eine Kreatur halb Mensch, halb Stier, versteckte. Niemand fand dort je wieder heraus. Bis es Theseus mit Hilfe der Ariadne gelang, der Dädalus das Geheimnis verraten hatte, den Stier zu töten und dem Labyrinth mittels eines Fadens wieder zu entkommen. Der König war so erbost über den Verrat, dass er Dädalus und seinen Sohn Ikarus selbst in das Labyrinth sperrte. Der einzige Weg hinaus war der Luftweg – also konstruierte der findige Bildhauer für sich und seinen Sohn Flügel aus Vogelfedern, die er mit Wachs verklebte. Zwar funktionierte seine Erfindung, doch die Flucht misslang: Ikarus wurde leichtsinnig und näherte sich zu sehr der glühenden Sonne, sodass das Wachs schmolz und er abstürzte. Der Vater landete sicher – aber mit gebrochenem Herzen. Technik nach dem Vorbild der Natur – die Faszination ist ungebrochen. Dädalus und Ikarus sind ein Lehrbeispiel dafür, dass es nicht reicht, schnell und oberflächlich ein biologisches Vorbild zu kopieren. Das Prinzip des Fliegens ist viel zu kompliziert für die einfache Konstruktion mit armrudernd bewegten Flügeln und mit Wachs verklebten Federn. Bis heute gehören Vögel und ihre faszinierenden Flugkünste zu den wichtigsten Untersuchungsgebieten der Bionik. Die Leichtigkeit und Wendigkeit, mit der Vögel fliegen, führt uns immer wieder vor Augen, wie sehr uns die Natur in vielen Bereichen überlegen ist.

Schon Leonardo da Vinci versuchte mit ausgeklügelten Flugmaschinen den Vogelflug nachzuahmen. Und obwohl er einige grundlegende und für seine Zeit revolutionäre Erkenntnisse aus Beobachtungen ableiten konnte, zeigt sein Werk *Sul volo degli uccelli (Über den Vogelflug)* aus dem Jahre 1505, dass er nicht berücksichtigt hatte, wie sehr ein Vogel durch und durch für den Flug konzipiert ist. Sein Knochenbau ist extrem leicht und die Lungen sind überproportional groß, um viel Sauerstoff für die Energieversorgung aufzunehmen. Bis zu 80 Prozent der Vogelmuskulatur sind an den Flugbewegungen beteiligt. Da Vincis Konstruktion erforderte dagegen eine Auf- und Abbewegung schwerer Holzflügel. Diese sollte mit Hilfe der Arm- und Beinmuskulatur bewältigt werden, welche jedoch nur eine vergleichsweise kleine Kraft aufbringen können. Selbst Arnold Schwarzenegger hätte mit diesem Flugapparat nicht abgehoben.

Hat Leonardo da Vinci hier versagt? Keineswegs – zeigt dieses Beispiel doch nicht seine Inkompetenz, sondern vielmehr die Vielschichtigkeit der natürlichen Lösungen.

Erst 1889 beschrieb Otto Lilienthal (siehe Kapitel «Flugzeuge gibt es seit 140 Millionen Jahren») nach akribischen Untersuchungen den Auftrieb als Schlüssel für den Flug der Vögel in seinem Werk *Der Vogelflug als Grundlage der Fliegekunst.* Seine systematischen physikalischen Beobachtungen ersetzten die frühere, eher naturphilosophische Betrachtung der Natur.

Raoul Heinrich Francé und die Botanik als Ideengeber

Auch aus der Botanik kamen schon früh Ideen, die zu technischen Innovationen führten. So ist Stacheldraht eigentlich eine botanische Erfindung. Im Jahre 1868 reichte Michael Kelly aus De Kalb, Illinois, ein Patent für Stacheldraht ein, zu dem er vom Osagedorn *Maclura pomifera* inspiriert wurde. Dieser dornige Strauch wurde von Farmern zum Einzäunen von Viehherden eingesetzt. Stacheldraht durchschnitt von nun an die Weiten Amerikas. Der von Kelly angemeldete Stacheldraht war aber in der Herstellung zu teuer, sodass erst ein Nachfolgepatent von Joseph Glidden und Jacob Haish im Jahre 1874 als der eigentliche Durchbruch für diese Erfindung gilt.

Raoul Heinrich Francé (1874–1943) ist ein anderer Bionikpionier. Er beschäftigte sich ausgiebig mit den «Erfindungen der Pflanzen» als Anregungen für technische Anwendungen. Francé war Allround-Botaniker und beschäftigte sich wie kaum ein anderer zuvor mit komplexen Zusammenhängen. Er erkannte unter anderem die Bedeutung der Bodenlebewesen, die den Boden aufbereiten und somit Landwirtschaft überhaupt erst ermöglichen. Seine zahlreichen Werke belegen die Vielseitigkeit eines Wissenschaftlers, der als klassischer Biologe, Pflanzenphysiologe, Botaniker, Mikrobiologe, Ökologe, Philosoph und Künstler tätig war. Schon früh wies er auf die Gefahren und Risiken der Industrialisierung hin und engagierte sich für den Naturschutz.

Francé erfand den Begriff «Biotechnik» – für ein Forschungsgebiet, das wir heute im Gegensatz zur Biotechnologie als «Bionik» oder manchmal auch «Biomimikry» bezeichnen. Auf die Begriffe werden wir später noch eingehen. Er war der erste uns bekannte Wissenschaftler, der systematisch und wohldurchdacht Pflanzen als mögliche Vorbilder für technische Innovationen untersuchte. Seine umfangreichen Beobachtungen der Pflanzenwelt führten unter anderem 1919 zu den Werken *Die technischen Leistungen der Pflanze, Eine noch ungeklärte Erfindung der Pflanze* und 1920 zu *Die Pflanze als Erfinder*. In diesen Schriften beschreibt und vergleicht er die Leistungen der Pflanzen mit technischen Lösungen. In seinen Werken zur Biotechnik, die er im Übrigen als ein Teilgebiet der «objektiven Philosophie» betrachtete, zieht er den Schluss, dass gleiche Notwendigkeiten auch gleiche Lösungen nach sich ziehen. Dabei spiele es keine Rolle, ob es sich um Aufgaben handelt, die ein Tier, eine Pflanze oder der Mensch zu lösen habe. Er schrieb: «Jeder Vorgang hat seine notwendige Form ... Kühlung erfolgt nur an auskühlenden Flächen, Druck nur an Druckpunkten, Zug an Zuglinien, Bewegung schafft sich Bewegungsformen, jede Energie ihre Energieform. So hat das

Leben seine Lebensform. Jeder Funktion entspricht eine bestimmte Gestaltung» (*Die Pflanze als Erfinder*, S. 13). Auch war er sich der unübertrefflichen Vollkommenheit der Natur bewusst, die so viel älter als die menschliche Technik ist. In dem Manuskript «Was ist heute Biotechnik?» aus dem Jahre 1928 schrieb er: «Mit anderen Worten, für das Fliegen, Schwimmen, Laufen, für die Aufbewahrung von Stoffen, für Wasserleitung, für Baufestigkeit, für Zugleistung, für Waffen, Gifte, Elastizität, Durchlässigkeit und hundert andere technische Probleme stellt der lebende Körper eine Sammlung geradezu unübertrefflicher Lösungen dar ...» Als Erster testete er die Möglichkeit, eine Erfindung anzumelden, die ihren Ursprung in der Biologie hatte. Das war nicht selbstverständlich, denn als Voraussetzung für ein Patent galt die Neuheit der Erfindung. Da aber die Natur die «Erfindung» bereits hervorgebracht hatte, konnte dies als «neuheitsschädlich» (ein Begriff aus dem Schutzrecht) angesehen werden. Diese Frage wirft Francé in seinem Buch *Die Pflanze als Erfinder* auf und diskutiert an einem konkreten Beispiel die Möglichkeiten und Folgen einer solchen biologisch inspirierten Erfindung.

Salzstreuer, das war Francé besonders störend aufgefallen, streuen nicht gleichmäßig. Mohnpflanzen dagegen verteilen ihre Samen mit einer elegant gestalteten Samenkapsel – also meldete Francé einen Streuer mit einem gleichmäßigen Streubild nach dem Vorbild der Mohnkapsel an. Tatsächlich erhielt er das Patent. Der Francé'sche Salzstreuer ist, so eigenartig das klingt, ein Meilenstein der Bionikgeschichte. Von nun an sollten biologische «Erfindungen» kein Hindernis bei einer Patentierung mehr darstellen.

Erst das Patentrecht schuf die Basis für das wirtschaftliche Interesse an der Bionik. Schließlich zielt der Ansatz, biologische Prinzipien oder Verfahren in die Technik zu übertragen, auf kommerzielle Produkte hin. Wenn Forscher ihre Daten aber veröffentlichen, kann kein Patentschutz mehr erreicht werden, und damit erlischt meist das Interesse der Industrie an der Übertragung der Erfindung in die Technik. Damit steckt der Bioniker in einem Dilemma: Beim in der Wissenschaft üblichen freien Fluss der Ideen wird seine Beobachtung nicht technisch umgesetzt, eine Patentierung bedeutet jedoch einen hohen finanziellen Aufwand, der sich im Fall eines wirtschaftlichen Misserfolgs nicht auszahlt.

Bionik – schon immer interessant fürs Militär

Als Wilhelm Barthlott Mitte der 1990er Jahre erstmals über bionische selbstreinigende Oberflächen auf der Gordon-Konferenz im US-amerikanischen New London, Connecticut, berichtete, war er nicht wenig erstaunt über einen erheblichen Teil des Publikums: hoch dekoriertes Militär in voller Uniform. Bionik war für die Militärforschung schon immer von großem Interesse – und ist es bis heute geblieben. Somit ist es auch nicht verwunderlich, dass der Begriff «Bionik» selbst aus dem militärischen Umfeld stammt. Beim Militär spielt Geld oft eine untergeordnete Rolle (zumindest die Höhe von Supermacht-Militäretats lässt dies vermuten), und schon immer hat die potenzielle physische Vernichtung eines Feindes die Phantasie der Menschen angeregt. Je geheimer die Forschung in diese Richtung abläuft, umso besser ist sie dann doch vor den Augen der kritischen Öffentlichkeit geschützt.

Das Interesse der Militärs an der Natur ist daher wenig verwunderlich. Schließlich können Tiere mit Leichtigkeit durch Wasser schwimmen, in der Luft fliegen, sich im Gelände bewegen und eine Fülle an Informationen gleichzeitig sammeln und auswerten. All dies sind Eigenschaften, die bei kriegerischen Auseinandersetzungen entscheidende Vorteile bringen.

Infrarotdetektoren wurden zum Beispiel bereits im Zweiten Weltkrieg von der deutschen Wehrmacht entwickelt – und zwar auf der Grundlage der Beuteortung von Klapperschlangen. Ein Zoologe soll die Wehrmacht auf diese Idee gebracht haben. Denn Klapperschlangen können noch Temperaturdifferenzen von 1/1000 Kelvin erkennen und damit zielgenau ihre Beute lokalisieren. Zum Vergleich: Der Mensch vermag über die Haut nur eine vergleichsweise geringe Temperaturdifferenz von 1/10 Kelvin zu «erkennen».

Diese Forschungsergebnisse wurden nicht nur für Kriegszwecke eingesetzt, sondern wir verdanken der daraus entstandenen Thermographie auch die Detektion von Tumorzellen in der Medizin, die Ermittlungen von Wärmeverlusten bei Gebäuden und vieles mehr.

Kamerad Delphin im Einsatz für die Navy

Vor allem die Höchstleistungen von Tieren unter Wasser und in der Luft haben es den Militärs angetan. Im Jahre 1960 begann das umfangreiche «Marine Mammals Program» der U.S. Navy. Beobachtungen bei pazifischen Weißstreifen-Delphinen ergaben, dass diese scheinbar mit einer höheren Leistung schwammen, als sie tatsächlich aufbringen konnten. Daraufhin begannen Wissenschaftler der Naval Ordnance Test Station (NOTS) am Delphin «Notty» langjährige Untersuchungen der hydrodynamischen Eigenschaften dieser Meeressäuger.

Irgendwie waren die Delphine offenbar in der Lage, trotz hoher Geschwindigkeiten (15 Knoten; fast 28 Stundenkilometer!) Turbulenzen derart zu beeinflussen, dass im Nachlauf kaum Verwirbelungen zu beobachten waren. Für Torpedos ist das eine hochinteressante Eigenschaft. Auf Aufnahmen der US-Marine zeigten Delphine bei hohen Geschwindigkeiten auffällige Hautfalten und Dellen, die am ganzen Körper zu finden waren. Offensichtlich verformen sich beim Schwimmen die weichen Fettschichten zwischen Haut und Muskeln derart, dass sie turbulente Druckschwankungen dämpfen. Entsteht beim Schwimmen ein Wirbel, so übt dieser einen Druck auf den Körper aus. Ist die Oberfläche in diesem Fall elastisch, bildet sich eine Delle, welche den Wirbel «schluckt». Die energetisch ungünstigen Verwirbelungen werden auf diese Weise minimiert.

Erste Untersuchungen waren von einer zu hohen Schwimmgeschwindigkeit der Delphine ausgegangen. Bei einer 7 Sekunden dauernden Messung wurde die beeindruckende Geschwindigkeit von 10,3 Metern pro Sekunde festgestellt, die als Grundgeschwindigkeit definiert wurde, aber von den Tieren nur kurzzeitig erreicht wird.

Messungen der Navy belegten Geschwindigkeiten von 5 Metern pro Sekunde, die Delphine über längere Strecken halten können. Immerhin entspricht diese Geschwindigkeit noch 18 Stundenkilometern.

Ein Zoo im Kriegsdienst

Das Programm der Navy wurde stetig erweitert, und neben der Naval Ordnance Test Station beschäftigte sich einige Zeit später auch das Naval Missile Center mit den Meeressäugern. Untersucht wurden nicht nur deren hydrodynamische Eigenschaften, sondern auch das Sonarsystem und die Anpassung der Tiere an die Tiefe. Die vielversprechenden Ergebnisse führten 1992 zur Gründung einer großen Einrichtung, dem Naval Command, Control and Ocean Center; Research, Development, Test and Evaluation Division (NRaD). Neurophysiologische Studien, Untersuchungen zur Lauterzeugung und Signalverarbeitung ebenso wie die Dressur von Meeressäugern für bestimmte Aufgaben gehörten zu den erweiterten Forschungsaufgaben. Den Delphinen, Seelöwen, Pilotwalen und Schwertwalen wurde unter anderem beigebracht, Nachrichten zu übertragen, Minen aufzuspüren oder feindliche Taucher zu bekämpfen. Glücklicherweise wurde zumindest die letzte Aufgabe später aufgegeben, da die Tiere oft lieber mit den Tauchern spielen wollten, anstatt sich als Waffe missbrauchen zu lassen. Manchmal sind Tiere eben doch intelligenter als die Wissenschaftler, die sie untersuchen!

Bis heute werden Seelöwen oder Wale eingesetzt, um im Meer verloren gegangene Gegenstände aus der Tiefe wieder zu holen. In dem Projekt «Deep Ops» gelang es einem Wal sogar, eine Torpedoattrappe aus über 500 Meter Tiefe zu bergen.

Heutzutage sind die Erkenntnisse über die Strömungsbeeinflussung der Delphine schon längst auf moderne Torpedos übertragen worden. Bei hohen Geschwindigkeiten können die elastischen Oberflächen nach dem Delphinvorbild eine Verbesserung von bis zu 250 Prozent erreichen.

Vögel und die U. S. Air Force

Die Leistungen der Vögel waren wiederum für die Entwickler der U. S. Air Force interessant. Basierend auf dem Prinzip des schnellen Fluges der Wanderfalken, die im Sturzflug Geschwindigkeiten von bis zu 320 Stundenkilometern erreichen (und damit die schnellsten Lebewesen der Welt sind), haben die amerikanischen Militärs einen Bomber entwickelt. Stürzt sich der Falke auf seine Beute, meist andere fliegende Vögel, legt er die Flügel am Körper an und erreicht damit erheblich weniger Luftwiderstand. Und so ist auch der Schwenkflügelbomber «Rockwell B1» eine Maschine mit variabler Flügelstellung. Auf diese Weise erreichen die sonst schwerfälligen Flugzeuge Spitzengeschwindigkeiten nahe der Schallgeschwindigkeit, wenn die Flügel nach hinten geschwenkt sind. Zum Landen werden die Flügel wieder in die Normalstellung gefahren, um auch bei geringeren Geschwindigkeiten ausreichend Auftrieb zu erhalten.

Eine weitere Anwendung, die das Militär den Vögeln abgeschaut hat, bezieht sich auf den Formationsflug. Vogelschwärme nutzen schon lange bei Langstreckenflügen die Vorteile einer bestimmten Anordnung. Die Schwärme fliegen wie Perlen an einer Schnur leicht versetzt hintereinander gereiht durch den Himmel. Noch häufiger kann man V-förmige Anordnungen beobachten. Mit modernster Messtechnik konnte der französische Vogelforscher Henri Weimerskirch an trainierten Pelikanen die Vorteile des Formationsfluges direkt messen. Die Pelikane wurden darauf trainiert, neben einem Kleinflugzeug zu fliegen, während der Forscher mit Herzfrequenzmessgeräten, wie sie auch Jogger benutzen, ihren Puls abnahm. Die Ergebnisse bestätigten Annahmen, die schon 1914 formuliert wurden. Der Formationsflug dient der Energieeinsparung. Gleitet ein Pelikan, ohne mit den Flügeln zu schlagen, durch die Luft, schlägt sein Herz 150-mal in der Minute. Flattert er jedoch, strengt er sich mehr an, und sein Puls steigt auf 190 Schläge in der Minute. Das ändert sich drastisch während des Formationsfluges. In der V-Formation pulsieren die Herzen mit nur 160 Schlägen, wenig mehr als im

Energie sparenden Gleitflug. Dabei führen zwei Umstände zu der Energieersparnis: Die Vögel können zum einen längere Gleitflugphasen einlegen und zum anderen, wenn sie an richtiger Stelle zum «Vordermann» fliegen, gleichzeitig einen aufwärts gerichteten Luftstrom nutzen, der aus dem Luftwirbel der jeweils vorn fliegenden Vögel entsteht.

Kampfpiloten setzen diesen (nicht ganz ungefährlichen) Formationsflug ein, um Treibstoff zu sparen. Ein ganzes Geschwader kann auf diese Weise bis zu 20 Prozent weniger Treibstoff verbrauchen und damit die Reichweite erheblich erhöhen. Für diese Formation müssen die Flugzeuge jedoch sehr nah aneinander fliegen und sich leicht oberhalb der entstehenden Luftwirbel halten. Gerät ein Flugzeug zu weit in den Luftwirbel, kann das zum tödlichen Absturz führen.

Bionik und Biomimikry

Das Militär hat sich also schon vielfach von der Natur inspirieren lassen. Möglicherweise ist es auch dem Militär zu verdanken, dass sich die Bionik als eine echte Wissenschaft etablieren konnte und heute viel Ansehen in der Industrie genießt. Bezeichnend für die Verzahnung der Bionik mit dem Militär ist die Entstehung des Begriffes.

Raoul Heinrich Francé gab dem Forschungsgebiet als Erster einen Namen: *Biotechnik*. Dieses Wort wird heute jedoch nicht mehr verwendet, da der ähnlich klingende Begriff «Biotechnologie» für einen anderen Wissenschaftsbereich fest etabliert ist. Das Kunstwort «Bionik» wurde um 1958 im militärischen Umfeld geschaffen. Es war der US-amerikanische Luftwaffenmajor Jack E. Steele, der den Begriff prägte und 1960 in Dayton (Ohio) auf einem Symposium mit dem Titel «Living prototypes – the key to new technology» erstmals öffentlich verwendete. Interessanterweise beschäftigte sich das Symposium hauptsächlich mit neuronaler Verarbeitung, Bio-Computern und Sensorik, sodass das Wort «Bionics» vermutlich aus den beiden

Wortelementen «Biology» und «Electronics» entstanden ist. Der genaue Ursprung des Begriffes kann jedoch im Nachhinein nicht mehr sicher rekonstruiert werden. Zurückgehend auf R. H. Francé betrachten wir die Bionik heute als ein Kürzel für «Biotechnik» in seinem Sinne. Vor dem Hintergrund der Vielfältigkeit der technischen Anwendungen passt diese Einordnung auch besser.

Überraschenderweise ist gerade im Englischen der Begriff «Bionics» für das Wissenschaftsgebiet nicht besonders populär und akzeptiert – gibt es doch den ähnlich benannten Helden einer TV-Serie aus den 1970ern: «Bionic man». Für 6 Millionen Dollar wurden in der Serie einem Astronauten nach einem Flugzeugabsturz «bionische» Körperteile eingebaut, mit denen er zu übermenschlichen Taten fähig war. Wahrscheinlich deswegen hat sich international auch der Begriff «Biomimicry» eingebürgert, der viele Vorteile hat. Mimikry ist ebenfalls eine Nachahmung (wenn auch keine sklavische Kopie) von Vorbildern.

Uneingeschränkt wird aber das Symposium in Dayton (Ohio) im Jahre 1960, gesponsert durch die Wright Air Development Division, mit über 700 Teilnehmern als die offizielle Geburtsstunde der Wissenschaftsdisziplin «Bionik» angesehen.

Keine Wissenschaft ohne eigene Definition

Doch was ist die Bionik, und wie ist ihre Arbeitsweise? Eine erste Definition gab Major J. E. Steele auf dem Bionik-Symposium: «Die Bionik entwickelt Systeme, deren Funktion natürlichen Systemen nachgebildet ist, die natürlichen Systemen in charakteristischen Eigenschaften gleichen oder ihnen analog sind.» Mit dieser Definition des Arbeitsgebietes war die Bionik als «richtige» Wissenschaft ins Leben gerufen.

Einige Jahre später gab der russische Kybernetiker Leonid Pawlowitsch Kraismer von der Technischen Universität Leningrad für die Bionik die folgende Definition: «Die Bionik ist die Wissenschaft, die biologische Prozesse und Methoden mit dem Ziel untersucht, die sich ergebenden Erkenntnisse bei der Vervollkommnung alter und der Schaffung neuer Maschinen und Systeme anzuwenden.» Viel kürzer formulierte es dagegen der französische Ingenieur Lucien Gérardin. Er schrieb in einem der ersten Sachbücher über die Bionik *Natur als Vorbild* im Jahre 1972: «Die Bionik ist die Kunst, technische Probleme durch Kenntnis natürlicher Systeme zu lösen.»

Die heute gültige und anerkannte Definition der Bionik, die ihr ein Abgrenzen gegenüber anderen Wissenschaftsdisziplinen ermöglicht, geht auf ein Expertentreffen deutscher Wissenschaftler im Jahre 1993 zurück. Das VDI-Technologiezentrum lud damals 13 Experten zu einer zweitägigen Veranstaltung, die unter anderem die folgende Definition für die Bionik prägten: «Bionik als Wissenschaftsdisziplin befasst sich systematisch mit der technischen Umsetzung und Anwendung von Konstruktionen, Verfahren und Entwicklungsprinzipien biologischer Systeme.»

«Ich bin ein Bioniker» – der vielfältige Forscher

Alle Definitionen enthalten im Kern die angewandte Forschung im weitesten Sinne. Das Spektrum der Anwendungen ist dabei immens groß, und entsprechend werden nahezu alle klassischen naturwissenschaftlichen Disziplinen für die Entschlüsselung der biologischen Prinzipien herangezogen. Viele der Wissenschaftler, die in der Bionik tätig sind, haben zum Teil ihr eigenes Arbeitsgebiet verlassen und wenden Kenntnisse aus anderen Disziplinen an. Ingenieure lernen Grundlagen der Biologie, Biologen wiederum eignen sich Wissen in technischen Disziplinen an. Kaum ein Bioniker kommt ohne das Fachvokabular anderer Fachrichtungen aus. Es ist schwer, einem Ingenieur eine biologisch inspirierte Idee schmackhaft zu machen (und sei sie noch so faszinierend), wenn man ihm diese nicht in «seiner Sprache» vermitteln kann.

Inzwischen ist das noch vor einigen Jahren ungewöhnliche Bild eines runden Tisches mit Biologen, Ingenieuren, Physikern, Chemikern und Geschäftsleuten nichts Exotisches mehr. Geschäftsführer und Vorstandsmitglieder lassen sich von Biologen ihre Ideen erklären, um mit ihrer Hilfe Innovationen in den eigenen Firmen integrieren zu können. Die Bionik bringt eine Fülle an neuen Anwendungen für die unterschiedlichsten Industriezweige. Heute finden sich durch die Natur inspirierte Erfindungen zum Beispiel in der Informatik (neuronale Netze, Evolutionsstrategie), Medizintechnik (Ultraschalldiagnostik), Automobilwesen (Bauteiloptimierung), Schifffahrtswesen (Schiffsschrauben), Flugzeugbau (Winglets, Riblet-Folie), Materialwissenschaften (Lotus-Effect®), Sensorik (Einparkhilfe, Prozesskontrolle), Architektur (Passiv-Lüftung) und Kommunikationstechnologie (Frequenzmodulierung). Und die Liste ist damit noch lange nicht vollständig! Da die Bionik alle diese Bereiche mit ihren unterschiedlichsten wissenschaftlichen Anforderungen und spezifischen Fragestellungen bedient, darf sie sicherlich zu Recht als die am stärksten interdisziplinär ausgerichtete Wissenschaft überhaupt bezeichnet werden.

Einen wichtigen Aspekt der Bionik bildet die technische Übertragung von Prinzipien und Verfahren. Da dies nicht zum Selbstzweck geschieht, sondern bereits vorhandene Technologien durch die bionischen Erfindungen verbessert oder innovative Lösungen gefunden werden sollen, geht die Bionik stets mit einer Kommerzialisierung einher. Von den Forschern wird zunehmend abverlangt, auch an die Verwertung ihrer Ideen und Entdeckungen zu denken.

Reine Grundlagenforschung gerät immer mehr ins Hintertreffen, und immer weniger Forschungsgelder lassen sich mit grundlegenden Fragestellungen einwerben. Dies ist eine gefährliche Entwicklung, da anwendungsorientierte Forschung selten Innovationen hervorbringt, sondern lediglich die Verbesserung bestehender Technologien ermöglicht. Nur die zweckfreie Forschung liefert in den verschiedenen Wissenschaftsdisziplinen überraschende Entdeckungen und damit Innovationen, die bei einer gezielten Suche wahrscheinlich niemals gefunden worden wären. Gleichzeitig sollte ein Wissenschaftler seine Forschungsergebnisse aber stets hinterfragen und nicht nur publizierbare Daten im Sinn haben. Er muss über den

Tellerrand hinausschauen. Manchmal entdeckt man dort eine unerwartete Anwendung für die eigene Forschung, die der Technik und damit wiederum den Menschen zugute kommt.

Das größte Hindernis stellt dabei die Notwendigkeit der Sicherung der Ergebnisse über Patente, Gebrauchs- und Geschmacksmuster dar. Die Anmeldung solcher Schutzrechte ist kompliziert und oft mit Schwierigkeiten verbunden, die manch einen abschrecken. Der Bioniker der Zukunft bewegt sich also nicht nur in den verschiedenen Wissenschaftsdisziplinen, sondern muss sich auch mit Patentrecht, Lizenzstrategien und Marketing auskennen, um für die Firmen ein kompetenter Ansprechpartner und Mittler zwischen der Geschäfts-, Technik- und Biologiewelt zu sein.

Durch die Vermarktung biologisch inspirierter Produkte können Firmen einen Wettbewerbsvorteil erringen. Viele der «bionischen» Produkte lassen sich besonders gut auf dem Markt positionieren, da die Konsumenten und Käufer intuitiver überzeugt werden können. Slogans wie «Von der Natur» oder «Aus der Natur» vermitteln Vertrauen – schließlich ist der Mensch auch ein «Produkt» der Natur. Dieser marketingtechnische Vorteil liegt auf der Hand und ist derart einleuchtend, dass er wiederum auch eine Gefahr für die Bionik darstellt.

Viele Firmen nutzen die Natur oder die Bionik nur als «Label» für herkömmliche Produkte und täuschen damit die Verbraucher. Die Folge ist eine Abnutzung der Begriffe und der Verschleiß der positiven Emotionen, die mit den Werbeslogans transportiert werden. Eine Abkehr der Verbraucher und Käufer von biologisch inspirierten Produkten könnte das Resultat sein.

Dabei sind die Vorteile der Bionik offensichtlich. Da die Natur mit Energie und Ressourcen gut haushalten muss, sind die biologischen «Erfindungen» in vielen Bereichen erheblich effizienter als vergleichbare technische Lösungen. Aufgrund der in Jahrmillionen erprobten Wechselwirkungen und Stoffkreisläufe kann man davon ausgehen, dass die Stoffeffizienz der Natur in der Technik bislang unerreicht ist. Biologisch inspirierte Produkte oder Verfahren sind deshalb in den meisten Fällen gleichzeitig ökologischer und ökonomischer. Der Vorteil der Kostenentlastung für die Firmen durch Energieeinsparung oder effizienteren Einsatz von Rohstoffen bedeutet gleichzeitig eine Umweltentlastung und damit einen Vorteil für die Natur.

So scheint zumindest in einigen Fällen das Dilemma zwischen technologischem Fortschritt und Umweltverträglichkeit gelöst zu sein. Die Natur selbst zeigt uns, wie der Mensch ohne Verzicht auf Luxus und Fortschritt gleichzeitig umweltverträglich leben und sich entwickeln kann. Die Bionik hilft auf dem Weg in diese Richtung, jedoch kann auch diese Wissenschaft nicht alles, und übertriebene Erwartungen, sämtliche Probleme mit der Bionik lösen zu können, schaden ihr nur.

Bionik in Deutschland

Die Skelette von Diatomeen (Kieselalgen) und Radiolarien gehören zu den schönsten «Kunstformen der Natur». Sie und viele andere Naturformen inspirierten zwei Bionik-Forscher in den 1960er Jahren in Deutschland. Der Architekt Frei Otto und Johann-Gerhard Helmcke, Ordinarius für Biologie und Anthropologie an der TU Berlin und Leiter des Instituts für Kariesforschung und Mikrobiologie am Max-Planck-Institut, gründeten gemeinsam die Forschungsgruppe «Biologie und Bauen», die 1964 nach Stuttgart ans Institut für leichte Flächentragwerke umzog. Biologen, Architekten und Ingenieure arbeiteten hier zusammen, um den Grundkonflikt zwischen Natur und Technik zu verstehen und zu überwinden. Frei Otto und Johann-Gerhard Helmcke ließen sich von der biologischen Formenvielfalt inspirieren. Sie erkannten, dass leichtere und effizientere, aber auch «schönere» Baukonstruktionen möglich wurden, wenn natürliche Konstruktionsprinzipien technisch übertragen wurden.

Etwa zur gleichen Zeit war in Berlin der Flugzeugkonstrukteur Heinrich Hertel an der dortigen Technischen Universität tätig. Hertel untersuchte eingehend und systematisch die Fortbewegungsmechanismen von Fischen, Schlangen, Vögeln, Haien und Walen, da er in ihnen ein großes Potenzial für den Flugzeugbau und die Technik allgemein vermutete. Seine Forschung brachte unter anderem eine Art Flossenpumpe hervor, die dem Flossenschlag der Forelle angelehnt ist. Sie eignet sich besonders zum Abpumpen von Abwässern und wird bis heute eingesetzt.

Einer seiner Schüler war Ingo Rechenberg, heute Professor an der TU Berlin. Rechenberg übernahm 1972 den weltweit ersten Lehrstuhl für Bionik und Evolutionstechnik und übertrug das Grundprinzip der evolutiven Veränderungen auf die bionische Forschung.

Grundsätzlich ist heute allgemein anerkannt, was Charles Darwin 1859 in seinem Werk *Vom Ursprung der Arten* schrieb und was damals eine Sensation war. Organismen produzieren einen Überschuss an Nachkommen, welche sich voneinander unterscheiden, weil die Anlagen ihrer Eltern durch Neukombinationen (die das eigentliche Ziel von jeglichem «Sex» sind) und Mutationen verändert sind. Die Nachkommen stehen in Konkurrenz zueinander. Die am besten an die Umwelt angepassten Individuen überleben und pflanzen sich mit größerem Erfolg fort als ihre weniger flexiblen Artgenossen. Diese natürliche Selektion führt zusammen mit den Phänomenen der sexuellen Selektion (= gerichtete Partnerwahl), des Gendrift (= zufälliger Verlust von Genen durch nichtselektiv begründeten Tod oder Nichtfortpflanzung von Individuen) und der geographischen Trennung von Populationen zur Weiterentwicklung und Neuentstehung von Arten.

Diesen Optimierungsprozess nutzt auch die bionische Evolutionsstrategie. Nehmen wir an, wir möchten ein Rohr in einer Kurve um 180 Grad wieder zurückführen. Wie muss die Kurvenbahn verlaufen, damit bei der 180-Grad-Wende eine Flüssigkeit möglichst wenig Strömungsverluste erleidet? Intuitiv würde man wahrscheinlich ein Rohr mit einer Kreiskrümmung vorschlagen. Die Evolutionsstrategie kann bei einem solchen Problem helfen. Die Flüssigkeit wird durch ein Rohr mit einem gegebenen Krümmungsradius (zum Beispiel kreisförmig) geschleust und der Strömungsverlust am Ende gemessen.

Jetzt ändert man geringfügig den Krümmungsverlauf und wiederholt die Messung. Liegen nach kleinen Änderungen der ursprünglichen Kurvenbahn eine Reihe von Messwerten zu den Strömungsverlusten vor, wählt man aus den verschiedenen Kurvenbahnen diejenige heraus, die den geringsten Strömungsverlust aufweist. Ausgehend von dieser Kurvenbahn wird die Prozedur mehrfach wiederholt, bis keine weitere Verbesserung mehr messbar ist. Basierend auf einem «Elternteil» (kreisförmige Rohrbahn) wurden durch kleine Mutationen (Veränderung der Kurvenbahn) neue «Nachkommen» gebildet. Aus diesen Nachkommen wurde der «Beste» als neues «Elternteil» herausgesucht. Die übrigen wurden herausselektiert. Über eine nachgebildete Evolution entsteht am Ende eine vollkommen überraschende Rohrkrümmung (Abbildung 1). Seine bahnbrechenden Arbeiten im Bereich der Optimierungsstrategien brachten Rechenberg mehrere Auszeichnungen ein.

Von der Natur «beflügelt»

1959 begann der junge Biologe Werner Nachtigall mit der Erforschung der Bewegung von Insekten mittels moderner physikalischer Methoden. Schon kurze Zeit darauf (1962) erforschte er als Assistent an der Münchner Universität die Aerodynamik, Neurophysiologie und Bewegungsmechanismen im Tierreich. 1969 folgte er einem Ruf an die Universität des Saarlandes als Professor für Zoologie. Hier richtete er einen Studiengang für Bionik und technische Biologie ein, mit dem erstmals Biologiestudenten der Zugang zur Bionik ermöglicht wurde (bei Rechenberg an der TU-Berlin wurden zur gleichen Zeit nur Ingenieure ausgebildet). 1983 wurde Nachtigall Herausgeber der Reihe BIONA-Report der Akademie der Wissenschaften, Mainz, die bis heute zur Pflichtliteratur der «Bioniker» gehört.

1990 gründete er die Gesellschaft für Technische Biologie und Bio-

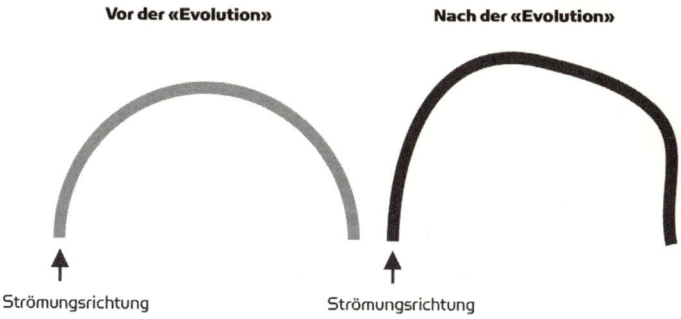

Vor der «Evolution»　　　　**Nach der «Evolution»**

Strömungsrichtung　　　　　Strömungsrichtung

Abbildung 1: Optimierung eines 180-Grad-Rohrkrümmers mittels Evolutionsstrategie (verändert nach Rechenberg)

nik, die für lange Zeit das einzige gemeinsame Forum für die Bioniker blieb und sich zur Aufgabe gestellt hat, die Öffentlichkeit über die Bionik zu informieren. Zudem berichtet sie regelmäßig über aktuelle Entwicklungen und veranstaltet im zweijährigen Rhythmus internationale Bionik-Kongresse. In ihren Räumlichkeiten in Saarbrücken findet sich ein wertvoller «Schatz», der seit vielen Jahren von dem Schatzmeister und Schriftführer der Gesellschaft Knut Braun bewacht und gepflegt wird. In zahllosen Ordnern, Mappen und Schubladen liegt die wahrscheinlich weltweit größte Datensammlung zur Bionik. Nachtigall hat, beflügelt von der faszinierenden Natur, inzwischen in über 31 Büchern über die Bionik berichtet und wie kaum ein anderer ihr Bild in der Gesellschaft geprägt. Der unermüdlichen Arbeit Nachtigalls und seiner Mitarbeiter wie Knut Braun auf dem Gebiet der Bionik ist es zu verdanken, dass diese Wissenschaftsdisziplin derart bekannt geworden und inzwischen anerkannt ist. Auf ihre Arbeiten gehen zahlreiche biologisch inspirierte Technologien zurück, die ohne ihre Forschung nicht möglich gewesen wären. Firmen wie Adidas, Continental und DaimlerChrysler haben bereits erfolgreich mit den Saarbrücker Forschern zusammengearbeitet.

Eine Schülerin von Nachtigall, Antonia Kesel, führt seine Arbeiten als Professorin an der Hochschule Bremen fort. Seit 2003 wird dort der erste Bachelor- und Masterstudiengang für Bionik weltweit angeboten. Dieser wird in Zukunft helfen, den Anschluss der Bionik an internationale Bildungsstandards zu sichern.

Neben diesen großen Bionik-Zentren in Deutschland (Berlin, Saarbrücken und Bremen) haben sich inzwischen weitere Bionik-Hochburgen gebildet. In Darmstadt wurde auf Initiative der Wissenschaftler Cameron Tropea und Torsten Rossmann ein Biotechnik-Zentrum eingerichtet. Ingenieure der unterschiedlichsten Fachrichtungen bündeln hier ihre Kompetenzen und arbeiten in den Bereichen Bionik, Biomedizintechnik und Biomechanik zusammen.

Auch an der RWTH-Aachen erkannte man das Potenzial der Bionik und integrierte an der Hochschule ein ähnliches Konzept wie in Darmstadt. Insgesamt beteiligen sich über 25 Professoren aus den unterschiedlichsten Fachbereichen wie Mathematik, Informatik, Ingenieurswesen und Biologie am Bionik-Zentrum Aachen. Weitere bedeutende Standorte mit Bionik-Aktivitäten finden sich an der TU Ilmenau, Universität Münster, Universität Freiburg, TU Dresden, Universität Bonn, Forschungszentrum Karlsruhe und vielen mehr.

Inzwischen ist die Bedeutung der Bionik als Innovationsmotor auch auf politischer Ebene erkannt worden, und mehrere Fördervorhaben des Bundesministeriums für Bildung und Forschung (BMBF) zielen auf die Stärkung und Etablierung dieser Wissenschaftsdisziplin in Deutschland hin. Die Anzahl an Bionik-Aktivitäten und die Qualität der Forschungsarbeiten belegt die Ausnahmestellung Deutschlands in der Bionik im internationalen Vergleich. Damit dies auch weiterhin so bleibt, wurde vom BMBF ein Kompetenznetz ins Leben gerufen, in dem die nationalen Bionikaktivitäten gebündelt werden. Als Anlaufstelle für Öffentlichkeit, Wissenschaft und Industrie stehen seit 2001 Wissenschaftler in dem Bionik-Kompetenznetz (BIOKON) als Ansprechpartner für alle Belange der Bionik zur Verfügung. Inzwischen umfasst das Netzwerk über 20 Arbeitsgruppen aus ganz Deutschland, mit denen die ganze Bandbreite der

Bionik abgedeckt wird. Unter anderem beteiligten sich die Forscher am Deutschen Pavillon der EXPO 2005. Bei dem Motto der Weltausstellung «Weisheit der Natur» durfte die Bionik als eine Innovationskraft in Deutschland nicht fehlen.

Die unglaubliche Welt der Oberflächen

Unsere Welt besteht aus Oberflächen. Alles, was wir sehen oder anfassen, sind entweder technische, von Menschen geschaffene oder biologisch gewachsene und auf natürliche Weise entstandene Oberflächen. Je nach Betrachtungswinkel und Dimension finden wir Oberflächen überall. Die Zellorganellen sind durch ihre Oberflächen gegen die Zellmatrix abgegrenzt, ebenso wie Tiere und Menschen über ihre Körperoberfläche von der Umwelt getrennt sind. Selbst die Erde besitzt aus dem Weltraum betrachtet eine komplexe Oberfläche. Allen gemein ist ihre Eigenschaft der Abgrenzung gegenüber einer anderen Umgebung, sie werden deshalb auch als Grenzflächen bezeichnet und sind physikalisch als «Flächen, die zwei Phasen trennen» definiert. Diese Beschreibung klingt banal, passt jedoch bei genauerer Betrachtung auf nahezu alle Dinge, die uns umgeben.

Ganze Wissenschaftszweige beschäftigen sich ausschließlich mit Grenzflächenphänomenen, zum Beispiel die Grenzflächenchemie. Größen wie Grenzflächenspannung, Adsorption und Stofftransport sind entscheidende Faktoren bei vielen technischen Problemen. Wie reinige ich eine Oberfläche? Diese Frage kann ausschließlich mit der Kenntnis über Grenzflächenenergien, grenzflächenaktive Stoffe und Adsorption beantwortet werden. Und wer würde erwarten, dass selbst das Auflösen von Zucker im Tee oder das Auftragen eines Haarsprays etwas mit Grenzflächen und ihren Eigenschaften zu tun hat? Benetzbarkeit, Haftung und Reibung sind zentrale Eigenschaften, die von den Grenzflächen abhängen. In der Industrie sind sie beispielsweise bei der Faser-, Foto- oder Filmherstellung von Bedeutung, ebenso wie bei Galvanisierung, Katalyse, Kunststoffherstellung, Lederverarbeitung, Mikrochipproduktion und Papierherstellung.

Grenzflächen finden wir bei tatsächlich allen Organismen ohne

Ausnahme. Gehen wir in Gedanken nur einmal die ungeheure Vielfalt der Lebewesen, vom Menschen bis zu den Bakterien, durch.

Die Grenzfläche des Menschen bildet eine derbe Lederhaut. Wie wichtig dieser Abschluss unseres empfindlichen Inneren ist, merken wir leider immer dann, wenn eine Verletzung die Haut zerstört. Gefährliche Infektionen können die Folge sein. Ähnlich gut geschützt sind alle Wirbeltiere: Vögel, Reptilien, Amphibien (ihre Haut ist zwar weich, aber von Schleim – Krötengift! – bedeckt), Fische. Viele Wirbellose, zum Beispiel Insekten und Krebstiere, sind sogar von einem richtiggehenden Panzer, dem stabilen Außenskelett, abgeschottet. Selbst die mikroskopisch kleinen Bakterien haben eine feste Hülle, die sie nach außen abgrenzt. Mit Antibiotika wie dem Penicillin verhindern wir in der medizinischen Therapie die Ausbildung der «mauerartigen» Haut bestimmter Bakterien – ohne Grenzfläche kein funktionierender Organismus!

Aufgrund der Bedeutung der Grenzflächen für die Interaktion mit der Umwelt sind biologische Oberflächen meist komplex aufgebaut. Ihrer Jahrmillionen dauernden Optimierung ist es zu verdanken, dass sie bis heute für die Technik überraschende und zum Teil einfache Lösungen für Probleme bereithalten, die Wissenschaftler jahrzehntelang nicht bewältigen konnten. Beispiele von Oberflächen aus der Natur, die in die Technik umgesetzt wurden, gibt es viele. Im Folgenden werden drei Beispiele ausführlicher behandelt: 1. Die Oberflächen von «Mottenaugen» (nachtaktive Schmetterlinge), mit deren Hilfe Probleme bei optischen Linsen gelöst und die Effizienz von Solarzellen erhöht werden konnte. 2. Pflanzenoberflächen, die nach einem Regen absolut sauber erscheinen und damit in der Technik geholfen haben, den Reinigungsaufwand in unserem Alltag zu reduzieren. 3. Trockene «Kleber» nach dem Vorbild der Oberflächen von Spinnen und Geckos.

Spieglein, Spieglein an der Wand

Der Umstand, dass der eine oder andere von uns morgens im Bad erschrickt, ist auf den physikalischen Prozess der Reflexion zurückzuführen. Würde unser Abbild im Spiegel nicht erscheinen, könnte der Tag manchmal besser beginnen. Das auf uns im Bad auftreffende Licht wird von unserer Oberfläche in alle Richtungen gestreut. Einige Lichtstrahlen treffen dabei auf eine reflektierende Oberfläche (Spiegel) und werden wieder zu uns zurückgeschickt. Unsere Augen bündeln das Licht, und je nach Schläfrigkeit dauert es einen Moment, bis wir uns bewusst werden, wen wir eigentlich vor uns im Spiegel sehen. Ohne eine reflektierende Oberfläche würden wir unser Abbild nur sehen können, wenn uns jemand mit der Kamera filmt oder ein Foto schießt.

Reflexionen können aber auch beeinträchtigend wirken. Oft sind sie störend oder sogar gefährlich. Beim Lesen von Hochglanzzeitschriften hat jeder schon nach einem Winkel gesucht, bei dem die Reflexion des Umgebungslichts möglichst gering war, um Text und Bilder richtig erkennen zu können. Oder Sie haben sich über die störenden Lichtspiele auf dem Fernsehbildschirm geärgert. Nicht umsonst ist bei Bildschirmen ein Verkaufsargument die Antireflexbeschichtung oder -technologie. Im Straßenverkehr sind Reflexionen sogar gefährlich. Der Lichtreflex einer Glasscheibe kann die Sicht derart vermindern, dass Passanten und andere Autofahrer nicht zu sehen sind; ein Unfall ist die mögliche Folge. Auch eine nachhaltige Energienutzung über Solarzellen ist eng mit dem Thema der Reflexion gekoppelt. In diesem jährlich im Umsatz steigenden Technologiebereich werden selbst geringe Effizienzsteigerungen der Solarzellen als wichtige Schritte auf dem Weg zur Konkurrenzfähigkeit mit anderen Technologien angesehen.

Die Reflexion (oder das Zurückwerfen von Licht) entsteht, wenn Lichtstrahlen auf eine Grenzfläche zwischen zwei unterschiedlichen Medien treffen. Je nach optischer Dichte der Medien (Brechzahl), wird dabei mehr oder weniger Licht zurückgeworfen. Ab einem bestimmten Winkel findet je nach Medium eine Totalreflexion statt; die Lichtstrahlen dringen nicht mehr in das Medium ein, sondern werden vollständig zurückgeworfen. Da Glas ein optisch dichteres Medium als Luft darstellt, findet auch hier eine Reflexion statt. Beim Auftreffen auf Glas wird der größte Anteil der Strahlung durchgelassen, ein Teil aber reflektiert und ein weiterer sehr kleiner Anteil absorbiert (also «geschluckt»). Die Absorption ist bei Glas sehr gering, deshalb wollen wir diese außer Acht lassen. Der reflektierte Anteil reduziert die durchgelassene Lichtstrahlung, wobei das Verhältnis zwischen reflektierter und durchgelassener Strahlung Reflexionsgrad genannt wird. Je geringer der Reflexionsgrad, desto mehr Licht wird durchgelassen. Bei Solarpaneelen sind deshalb die Bestrebungen groß, möglichst alle Lichtstrahlen durchzulassen und nur wenig Licht zu reflektieren. Auf diese Weise wird die Effizienz bei der Stromerzeugung mit Solarzellen immer weiter maximiert.

Wie nutzen nun nachtaktive Schmetterlinge diese physikalischen Gesetzmäßigkeiten?

Nachtaktive Schmetterlinge, beispielsweise die Eulen (Noctuidae), scheuen zwar das Licht, sind zur Orientierung aber dennoch auf ein wenig «Restlicht» angewiesen. Für unsere «Tageslicht-Augen» scheint eine mondlose Nacht stockdunkel. In Wirklichkeit können unsere Augen aber nur das Licht der Nacht nicht wahrnehmen. Mit entsprechenden Geräten, wie Restlichtverstärkern, sieht man mit eigenen Augen, dass selbst Sternenlicht oder an Wolken zurückgeworfenes Licht die Erde erhellt.

Nachtaktive Schmetterlinge haben Augen entwickelt, die selbst geringste Lichtmengen noch wahrnehmen können. Ihre Facettenaugen (Komplexaugen) sind wie bei allen Insekten in viele kleine sechseckige Einzelaugen (Ommatidien) unterteilt. Die Besonderheit der nachtaktiven Schmetterlinge tritt jedoch erst bei einer weiteren Vergrößerung der Ommatidien zutage. Jedes einzelne Auge ist nämlich mit vielen winzigen Säulen oder Stäbchen übersät (Abbildung 2). Der Durchmesser eines solchen Stäbchens liegt unterhalb der Wellenlänge des sichtbaren Lichts, und auch der Abstand zwischen den einzelnen Stäbchen ist kleiner als die Wellenlänge. Diese Strukturen

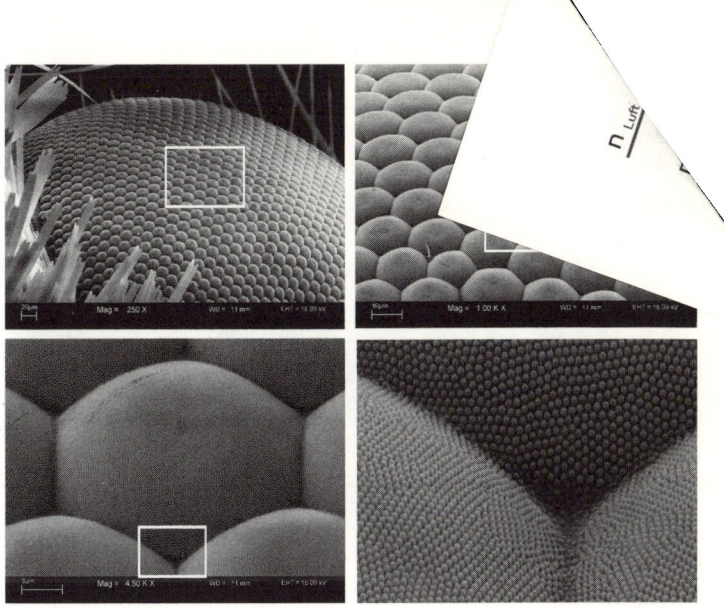

Abbildung 2: Die Komplexaugen von nachtaktiven Schmetterlingen bestehen aus sechseckigen Ommatidien, die im Gegensatz zu den Komplexaugen tagaktiver Insekten nicht glatt, sondern mit hoch geordneten «Nanostäbchen» weiter strukturiert sind.

ermöglichen es, dass nahezu alles einfallende Licht durchgelassen und so gut wie kein Licht reflektiert wird.

Gleichzeitig schützt die unterdrückte Reflexion die Motten vor Räubern, die das reflektierte Licht in den Augen der Schmetterlinge entdecken könnten. Die Stäbchen liegen in einem Abstand von 250 Nanometern (1nm = 1 Millionstel eines Millimeters) nebeneinander und reichen 200 Nanometer in die Tiefe. Diese Geometrie ist verantwortlich für die starke Verringerung der Reflexion. Es gibt verschiedene Möglichkeiten, um zu erklären, wie die Strukturen diesen Effekt hervorrufen. Die einfachste, wenn auch physikalisch nicht ganz korrekte ist, dass der Übergang zwischen dem optisch dichteren Medium (Auge) und der umgebenden Luft allmählich erfolgt. Der Um-

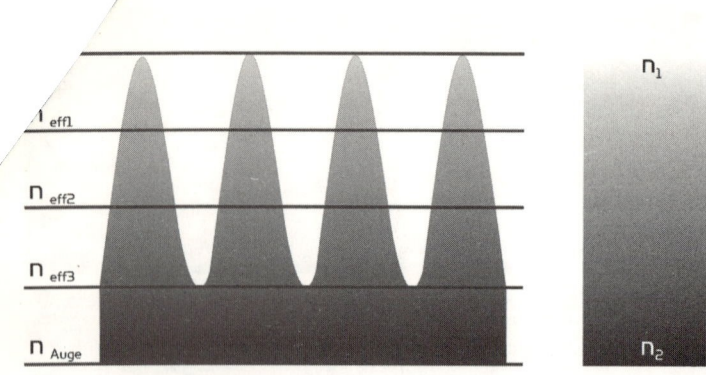

Abbildung 3: Strukturen unterhalb der Wellenlänge des Lichts bewirken einen allmählichen Übergang der Brechzahl n.

fang der Stäbchen nimmt zur Basis hin wie bei einer Pyramide langsam zu. Da das Material (Stäbchen) nun allmählich mit der Luft gemischt wird, erzielt man einen kontinuierlichen Anstieg der optischen Dichte (Abbildung 3).

Man spricht in diesem Fall von einem effektiven Brechzahlgradienten, und dieser wirkt entspiegelnd! Inzwischen ist es Wissenschaftlern gelungen, «Mottenaugen» technisch herzustellen. Namhafte Firmen wie die Robert Bosch GmbH oder die Fresnel Optics GmbH nutzen diese Technologie, um im Automobil transparente Abdeckungen oder Linsen von Tageslichtprojektoren zu entspiegeln. Der Wirkungsgrad von Solarzellen lässt sich spürbar erhöhen, wenn Mottenaugenstrukturen eingesetzt werden. Die Reflexion einer herkömmlichen Glasscheibe beträgt immerhin 8 Prozent, mit den bionischen Glasscheiben lässt sich jedoch eine Reflexion von nur noch 1 Prozent erzielen! Die Herstellung erfolgt in den meisten Fällen über Mikroreplikationen (Abformung), die zwar schwieriger sind als andere Entspiegelungsverfahren, aber kostengünstiger. Schon heute beträgt der Markt für mikroreplizierte Oberflächen mehrere Milliarden Euro. Angeheizt durch die Entwicklungen im Display-Bereich (zum Beispiel Handys, Autos), sind diese Technologien immer mehr gefragt. So haben also kleine, nachtaktive Schmetterlinge dazu beigetragen, die Solarzellen als Energielieferant der Zukunft einen Schritt voranzubringen.

Buddha und die heilige Lotuspflanze

Geistige Reinheit ist eine der zentralen Lehren des Buddhismus. Durch Konzentration und Meditation soll der Geist vom weltlichen «Schmutz» befreit werden. Es ist wahrlich nicht verwunderlich, dass in den buddhistischen Schriften gerade die Lotuspflanze als ein

Abbildung 4: Die heilige Lotusblume (*Nelumbo nucifera*) mit ihren großen schildförmigen Blättern. Seit Jahrtausenden ein Symbol der Reinheit in asiatischen Religionen.

Symbol für Reinheit fest verankert ist, denn sie scheint die «Reinheit» regelrecht zu verkörpern. In Asien ist *Nelumbo nucifera* (Abbildung 4), so der wissenschaftliche Name, weit verbreitet.

Lotus gedeiht an den schlammigen Ufern von Seen, und sein Verbreitungsgebiet reicht von China bis nach Nordaustralien. Eine Unterart, *Nelumbo ssp. lutea*, kommt vom östlichen Nordamerika bis Mexiko vor. Gegen die fälschliche Annahme, es handele sich bei Lotus um eine tropische Pflanze, spricht die Verbreitung in den letzten Jahrzehnten. In zahlreichen Seen Rumäniens und Norditaliens ist der Lotus inzwischen eingebürgert, selbst in den Teichen heimischer Gärten trifft man immer häufiger die winterharten Lotuspflanzen an.

Es erscheint wie ein Wunder, wenn man die Lotusblätter dabei beobachtet, wie sie aus dem klebrigen Uferschlamm von Gewässern emporwachsen. Wie spitze Lanzen durchstechen sie Schlamm und Wasseroberfläche und streben in nur wenigen Tagen gen Himmel. Manchmal ragen sie bis zu einem Meter aus dem See, bevor sie ihre großen, schildförmigen Blätter entfalten. Und als ob sie nie mit Schmutz in Berührung gekommen wären, rollen sich die samtig schimmernden Blätter vollkommen sauber auf. Ebendieser scheinbare Widerspruch zwischen ihrem Ursprung im Schlamm und der vollkommenen Sauberkeit nach der Entfaltung führte in den asiatischen Kulturen zur Verehrung der Lotuspflanze. Dabei ist die Reinheit, ganz im Gegensatz zu manch anderer Pflanze in unserem heimischen Garten, nicht von kurzer Dauer. Während junge Blätter vieler heimischer Arten schon nach wenigen Tagen schmutzig werden, bleiben die Lotusblätter stets sauber. Wie das möglich ist und warum die Lotuspflanze nicht nur für Buddhisten, sondern auch für die modernen Materialwissenschaften als Vorbild dient, wollen wir im Folgenden näher beleuchten.

Der Schlüssel zum Mikrokosmos

Obwohl der Lotus seit Jahrtausenden ein Symbol der Reinheit ist, hat in der Moderne niemand den Ursprung dieser Symbolik hinterfragt. Erst mit dem Aufkommen der Raster-Elektronenmikroskopie wurde das Geheimnis der stets sauberen Blätter der Lotuspflanze aufgeklärt.

Elektronenmikroskopie ermöglichte in den frühen 1960er Jahren erstmals den Vorstoß in eine Dimension, die der Lichtmikroskopie noch verwehrt war. Bis weit hinab in den Nanometerbereich konnte nun die Abbildung mittels Elektronen erfolgen. Ein scheinbarer Widerspruch, so galten doch Elektronen lange Zeit als Teilchen. Wie jedoch sollte die Abbildung von Objekten mit Teilchen möglich sein? Dass Objekte mit Licht abgebildet werden können, wusste man schon seit langer Zeit, und es entsprach den damaligen physikalischen Theorien. Das Licht wurde als eine Welle angesehen, die gebrochen und reflektiert werden konnte und damit eine Abbildung ermöglichte.

Erst Beweise über die duale Natur von Elektronen in den 1950er Jahren machten eine Verwendung von Elektronen für die Mikroskopie theoretisch möglich. Louis de Broglie sagte 1924 in der Aufsehen erregenden «Verteidigung» seiner Dissertation voraus, dass Elektronen sowohl eine Teilchennatur als auch eine Wellennatur besitzen. Eine bahnbrechende Theorie, die ihm zum Nobelpreis verhalf. 1931 wurde von Max Knoll und Ernst Ruska an der Universität von Berlin ein erstes Elektronen-Transmissionsmikroskop gebaut. Dieses funktionierte im Prinzip wie ein Lichtmikroskop. Ein Objekt wurde durchstrahlt, und die gebeugten und gebrochenen Elektronenstrahlen wurden mittels Linsen (in diesem Fall elektromagnetische) auf einen Bildschirm projiziert. Wie für die Lichtmikroskopie musste das betrachtete Objekt möglichst dünn sein, damit die Elektronenstrahlen hindurchdringen konnten. Der erste Schritt auf dem Weg zur Abbildung kleinster Strukturen war getan.

Heutzutage ist sogar die Abbildung von einzelnen Atomen mit diesen Mikroskopen möglich. Für die Entschlüsselung des Geheimnisses von Lotus war die Transmissions-Elektronenmikroskopie jedoch absolut ungeeignet. Erst durch eine weitere Entwicklung konnten auch Oberflächen abgebildet werden. 1937 ließ in Berlin der Physiker Manfred von Ardenne eine Probenoberfläche von einem Elektronenstrahl abtasten, womit er erstmals Ansichten von Oberflächen ermöglichte. Bei dieser Methode werden die Oberflächen nicht durchschossen, vielmehr wird ein Elektronenstrahl wie bei einem Fernsehbild in Zeilen über die Oberfläche geführt. Durch Wechselwirkungen der Elektronen mit den Atomen der Oberfläche entstehen wiederum Elektronen, die über Detektoren zur Abbildung der Oberfläche aufgefangen werden.

Die Bilder eines Raster-Elektronenmikroskops (REM) wirken sehr plastisch, scheinbar dreidimensional und offenbaren wichtige Informationen über Oberflächen. Heutzutage sind moderne REM wichtige Werkzeuge bei der Entwicklung neuer Metalllegierungen, sie sind unverzichtbar bei Schadensanalysen und werden häufig auch in der Medizin eingesetzt.

Biologische Grenzflächen

Auch die Biologie profitierte von den Analysen mittels der Raster-Elektronenmikroskope. Bereits früh wurde aufgrund der Ergebnisse aus der Lichtmikroskopie vermutet, dass biologische Oberflächen selten glatt sind. Doch die Raster-Elektronenmikroskopie offenbarte den Biologen eine schier unerschöpfliche und kaum vorstellbare Vielfalt komplexer Strukturen.

Biologische Grenzflächen übernehmen für einen Organismus entscheidende Funktionen. Man denke nur an die für uns wohl wichtigste und bekannteste Grenzfläche: unsere Haut. Die Haut ist eines unserer bedeutendsten Organe, denn wir Menschen leben in einer grundsätzlich feindlichen Umwelt. Das uns umgebende Medium, die Luft, besitzt nur geringe Konzentrationen an Wasser, Sauerstoff ist ein aggressives Gas, und die UV-Strahlung lässt in kürzester Zeit Zellen absterben. Dennoch können wir in dieser Umgebung existieren, was wir unserer Haut verdanken. Sie muss unseren aus über 70 Prozent Wasser bestehenden Körper vor allzu schneller Austrocknung schützen. Aggressive Sauerstoffradikale werden in den obersten, bereits abgestorbenen Hautschichten wie bei einem Schutzmantel abgefangen, und die UV-Strahlung wird von in der Haut liegenden Pigmenten neutralisiert. Atmung, Kühlung bei Wärme und umgekehrt ebenso wie Kommunikation mit Artgenossen durch Verfärbung (die meisten kennen das unangenehme Gefühl eines hochroten Gesichts in peinlichen Situationen) zählen zu ihren weiteren Aufgaben. All dies ist uns kaum bewusst, zeigt jedoch, welche entscheidende Rolle Grenzflächen in unserem und in dem Leben aller Lebewesen spielen. Die Multifunktionalität von biologischen Grenzflächen ist charakteristisch und erklärt die teilweise hohe Komplexität der Oberflächen.

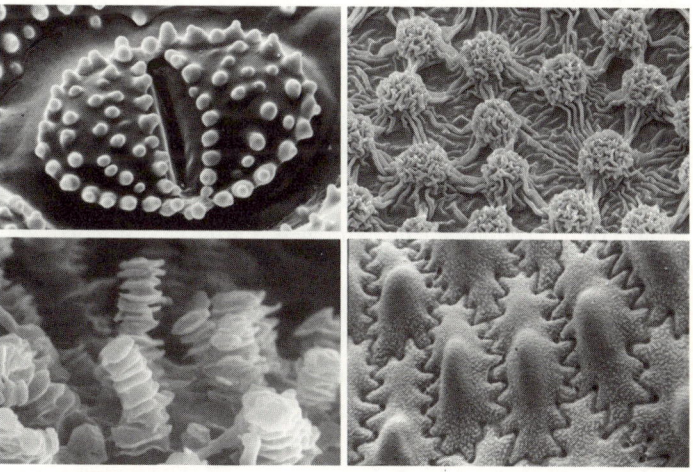

Abbildung 5: Atempore (Spaltöffnung) des Schachtelhalms (*Equisetum arvense*) mit Silikateinschlüssen (o. l.); Cuticulare Faltungen auf der Blattunterseite eines Aronstabs (*Alocasia macrorrhiza*) (o. r.); Quer geriefte Wachsstäbchen einer *Aristolochia* (u. l.); Ineinander verzahnte Zellen auf dem Samenkorn einer Lichtnelke (*Lychnis*) (u. r.).

Besonders die unbeweglichen Pflanzen mussten in Jahrmillionen ihre Oberflächen an die unterschiedlichsten Funktionen anpassen. Hieraus ergaben sich vielfältige Strukturvariationen. Haare, Dornen, Schuppen, Widerhaken, Blasen, Röhrchen, Platten, Borsten, Wellen, Rillen; es gibt kaum eine Struktur, die man nicht findet (Abbildung 5).

Die ungeheure Strukturvielfalt ist nur dadurch möglich, dass die äußerste Zellschicht der Pflanzen, die Epidermis, viele Variationsmöglichkeiten erlaubt. Die Epidermis schließt mit Ausnahme der Wurzeln mit einer dünnen Außenwand, der Cuticula, ab. Diese besteht aus Cutin, einem biologischen Polymer, dessen evolutive Entwicklung wahrscheinlich der Schlüssel für die Besiedlung des Landes in der frühen Vorzeit bedeutete. Ohne eine Cuticula würde das lebensnotwendige Wasser unkontrolliert verdunsten und die Pflanzen austrocknen. Weiter nach innen haftet die Cuticula über eine Art Klebstoff, das Pektin, an der Zellwand. Die Zellwand selbst besteht wiederum aus einem komplizierten Zucker-Polymergerüst und schließt mit der angrenzenden Plasmamembran zur lebenden Zelle ab (Abbildung 6).

Ein Materialwissenschaftler würde einen solchen Aufbau wahrscheinlich als einen Komposit- oder Multigradientenwerkstoff bezeichnen. Die Möglichkeiten verschiedener Oberflächenstrukturierungen sind bei einem solchen Aufbau vielfältig. Die Cuticula selbst kann durch eine Überproduktion des Cutins in Falten geworfen werden, oder aber unter der Cuticula können eingelagerte Partikel (zum Beispiel «Silikatkörner») eine Struktur hervorrufen. Auch eine Strukturierung der Zellwand selbst ist möglich.

Schließlich kann sich auf der Cuticula Material auflagern, das etwa über Selbstorganisationsprozesse (spontanes Auftreten neuer, stabiler Strukturen) eine komplizierte Oberfläche erzeugt. Alle diese Möglichkeiten sind nicht nur theoretisch denkbar, sondern in der Pflanzenwelt vorhanden. Abbildung 5 zeigt die Oberfläche der Blattunterseite eines tropischen Aronstabgewächses, *Alocasia macrorrhiza*. Die Strukturierung wird hier durch eine Überproduktion des Cutins

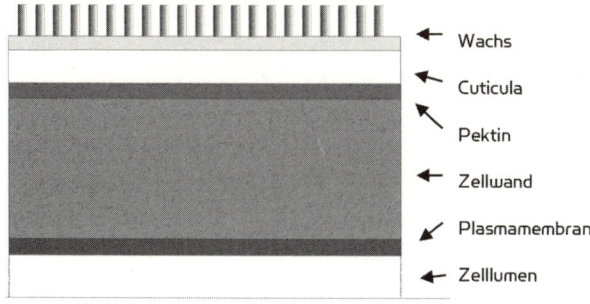

Abbildung 6: Schema der pflanzlichen Blattepidermis

hervorgerufen. Wie jedoch die komplizierten Strukturen im Detail entstehen, ist bis heute nicht vollständig geklärt.

Der Schachtelhalm zum Beispiel (*Equisetum arvense*) nutzt die Methode der Einlagerung von «Silikatkörnern» unter der Cuticula zur Strukturierung (Abbildung 5). Dadurch werden die saftigen Pflanzenteile zu einer unbeliebten Mahlzeit für Schnecken. Als sei Sand im Essen, reiben die winzigen Silikatkörner die Raspelzunge der Schnecken kaputt. In diesem Fall übernimmt die strukturierte Oberfläche die Funktion eines Fressschutzes.

Hochkomplexe pflanzliche «Nanotechnologie»

Eine besonders interessante Methode der Strukturierung, die man bei Pflanzen häufig antrifft, ist die Auflagerung von Material auf der Cuticula. In das Polymergerüst der Cuticula sind dabei Gemische unterschiedlichster Lipide eingelagert, die allgemein als «Wachse» bezeichnet werden. Diese imprägnieren die Cuticula und machen sie fast vollständig wasserundurchlässig. Einige Lipide gelangen bis zur Oberfläche und bilden dort hochkomplexe dreidimensionale Strukturen, von denen selbst die moderne Nanotechnologie bislang nur träumen kann. Die sich auf der Oberfläche befindenden Lipide werden «epicuticulare Wachse» genannt (Abbildung 5). Diese setzen sich meist aus einer Mischung verschiedener chemischer Komponenten zusammen, hauptsächlich bestehend aus langkettigen Kohlenwasserstoffen, sekundären Alkoholen, aber auch zyklischen Verbindungen wie Ketonen. Die epicuticularen Wachse verändern maßgeblich die Eigenschaften der Oberflächen und haben durch ihr Beispiel, wie wir noch sehen werden, zu einem radikalen Umdenken in den Materialwissenschaften geführt.

Die Wachse lassen sich, obwohl sie im Detail nur im Raster-Elektronenmikroskop zu sehen sind, bereits mit dem bloßen Auge erkennen. Nur allzu unbedacht reiben oder wischen wir den weißlichen Reif bei Pflaumen, Trauben oder Kohl ab. Genau dies sind jedoch die Mikro- und Nanometer großen Wachse, die auf den Oberflächen die Lichtbrechung verändern und damit für uns sichtbar werden. Dass etwas so Unscheinbares und Filigranes in den Materialwissenschaften zu einem Paradigmenwechsel führen würde, hätte noch vor wenigen Jahren niemand geglaubt.

Als zu Beginn der 1970er Jahre die intensive Erforschung dieser Wachse begann, interessierte man sich hauptsächlich für ihre chemische Zusammensetzung und ihre Synthese. Die Wachse liegen außen auf der Cuticula. Das lässt sich leicht erkennen, wenn man etwa mit dem Finger über eine Weintraube streicht: die Wachsschicht lässt sich leicht entfernen. Doch wie gelangen die Wachse durch die Zellwand eigentlich nach außen? Und wie bilden sie die auffälligen und komplizierten Strukturen?

Lange Zeit suchten Wissenschaftler weltweit nach Poren oder Kanälen, spezifischen Transportproteinen und anderen Mechanismen zum Transport der Wasser abstoßenden Lipide aus dem Zellinneren an die Oberfläche. An unserem Institut konnten wir zeigen, dass die Wachse in einem Kotransport mit Wasser auf die Oberflächen gelangen. Ständig verdunsten kleinste Mengen Wasser über die Cuticula. Bei diesem Verdunstungsprozess werden Wachsmoleküle mit an die Oberfläche gerissen und dort abgelagert. Sind diese an der Oberfläche angelangt, finden dort faszinierende Prozesse statt. Die Wachse bilden zunächst geschlossene Schichten, in denen die Moleküle geordnet in Reihen nebeneinander stehen. Wie auf einen scheinbar magischen Befehl hin beginnen sie an einigen Stellen in die Höhe zu wachsen. Dabei bilden die Wachse hochkomplexe dreidimensionale Strukturen aus: Röhrchen, Schuppen, quer geriefte Stäbchen, dreikantige Stäbchen, Fäden und vieles mehr. Ihre Größe variiert vom Nanometer- bis in den Mikrometerbereich hinein. Die meisten sind zwischen 200 Nanometer und 2 Mikrometer groß. Lange Zeit wusste man nicht, wie diese Strukturen zustande kommen. Erst als gezeigt werden konnte, dass es sich um organische Kristalle handelt, die durch Selbstorganisation entstehen, war die Herkunft der Strukturen geklärt. Tatsächlich ist hauptsächlich die chemische Zusammensetzung der Wachse für die komplexe Form der Kristalle verantwortlich. Dieses Ergebnis eröffnete den Wissenschaftlern einige interessante Anregungen für technische Umsetzungen. So können solche Selbstorganisationsprozesse beispielsweise technisch genutzt werden, um Oberflächen mit bestimmten Eigenschaften nach Wunsch auszustatten.

Benetzung oder keine Benetzung – eine Frage der Oberflächenspannung

Die Funktionen der Wachskristalle sind vielfältig. Insbesondere Pflanzen sonnenexponierter Standorte in Trockenregionen besitzen häufig stark strukturierte Oberflächen, die ihnen helfen, das Licht zu reflektieren und die Verdunstung von Wasser über die Blätter zu reduzieren. Einige Pflanzen der feuchten Regenwälder verhindern mit den Wachsüberzügen den Verschluss ihrer Atemporen. Bei der extrem hohen Luftfeuchtigkeit in Regenwäldern könnte sich ohne die Wachse ein dünner geschlossener Wasserfilm auf den Blättern ausbilden und den Gasaustausch der Pflanzen empfindlich stören. Fleischfressende Pflanzen wiederum setzen Wachse beim Beutefang ein. Einige Insekten können nur schwer auf diesen Oberflächen laufen und rutschen deshalb leichter in die Fallen der Kannenpflanzen.

Bei verschiedenen *Nepenthes*-Arten sind auch Wachskristallplättchen bekannt, die bei Berührung abbrechen und damit das Beutetier wie auf einem rutschigen Hang mit in die Tiefe reißen. Eine der erstaunlichsten Eigenschaften von Oberflächen mit Wachskristallen lässt sich jedoch bei vielen Gräsern, bei den Blättern verschiedener Kohlarten (z. B. Broccoli oder Kohlrabi) oder bei der Kapuzinerkresse (*Tropaeolum majus*) im heimischen Garten beobachten. Die Blätter sind extrem unbenetzbar. Wassertropfen spreiten nicht wie auf einer Glasscheibe, sondern perlen ab und bilden auf den Oberflächen nahezu perfekte Kugeln. Schon Johann Wolfgang von Goethe erkannte die Unbenetzbarkeit und schrieb 1817 in seinem Werk *Zur Morphologie*: «Regentropfen bleiben auf gewissen Blättern kugelrund und klar stehen, ohne zu zerfließen, welches wir wohl billig irgendeinem ausgedünsteten Wesen zuschreiben.»

Von solchen extrem unbenetzbaren Oberflächen rollen Tropfen bei der geringsten Neigung ab. Beim Lotus reicht bereits ein Neigungswinkel von unter 1 Grad aus, um die Tropfen nicht mehr auf der Blattoberfläche halten zu können. Sie erreichen dabei schon nach einer kurzen Beschleunigungsphase die gleiche Geschwindigkeit von 3–4 Meter pro Sekunde wie ein frei fallender Regentropfen, der nur durch die Luftreibung gebremst wird. Eigentlich sollte der Tropfen durch die Reibung an der Oberfläche gebremst werden. Diese ist jedoch derart gering, dass sie sich kaum mehr auswirkt. Und das ist nicht das einzige scheinbar widersprüchliche Phänomen. So konnten französische Festkörperphysiker aus der Arbeitsgruppe des Nobelpreisträgers Pierre-Gilles de Gennes 1999 zeigen, dass die Tropfen nur anfänglich rollen, jedoch schon nach kurzer Zeit zu rutschen beginnen, da dies energetisch günstiger ist. Beim Auftropfen von kleinen Wassermengen aus einer Höhe von 4 Millimetern springt der Tropfen genauso oft, wie dies für einen perfekt elastischen Festkörper physikalisch vorhergesagt wird. Ein Wassertropfen, der sich wie ein Festkörper verhält!

Die extreme Unbenetzbarkeit, auch Superhydrophobie genannt, findet sich in bislang unübertroffener Perfektion bei der Lotuspflanze.

Das Geheimnis dieser extremen Unbenetzbarkeit liegt in der Struktur der Oberflächen, kombiniert mit der Wasser abstoßenden Chemie der Wachse und der hohen Oberflächenspannung des Wassers. Die Oberflächenspannung ist zwar eine vergleichsweise schwache Kraft, spielt jedoch im alltäglichen Leben eine große Rolle. Sie entsteht durch die wechselseitige Anziehung der Flüssigkeitsmoleküle. Innerhalb einer Flüssigkeit wirken die Anziehungskräfte in alle Richtungen gleich und heben sich dadurch auf. An der Oberfläche fehlt diese Anziehungskraft jedoch, da statt Flüssigkeitsmolekülen nur Gasmoleküle vorhanden sind. So bleibt eine nach innen gerichtete Kraft übrig, die sich als Spannung äußert. Feuchtet man beim Lesen die Finger zum Umblättern der Buchseiten an, dann nutzt man ebendiese Oberflächenspannung der Flüssigkeit aus. Sie ist der Grund für Kapillarkräfte, mit denen man vorübergehend eine Haftung hervorrufen kann.

Aufgrund unserer Größe und Kraft sind für uns die mit der Oberflächenspannung verbundenen Kräfte kaum wahrnehmbar, es gibt aber einige interessante Phänomene, die jedem aus dem Alltag bekannt sind. So kann ein Wasserglas bis knapp über den Rand hinweg gefüllt werden, ohne dass Wasser überläuft. Oder man denke an die Fetttröpfchen, die sich im Wasser nicht lösen und auf der Suppe schwimmen. Wären wir erheblich kleiner, etwa in der Dimension von Insekten, würde die Oberflächenspannung des Wasser für uns eine erheblich wichtigere Rolle spielen.

Hydrophobie oder Wasserabstoßung

Der Wasserläufer *Gerris lacustris* nutzt die Kraft, welche die einzelnen Wassermoleküle zusammenhält, um auf der Wasseroberfläche laufen zu können. Er verdankt der Oberflächenspannung damit seinen Lebensraum. Für sehr kleine Insekten kann die Oberflächenspannung wiederum ihren Untergang bedeuten. Ein Regenschauer ist für eine Ameise ein wahres Horrorszenario. Einmal mit einem Wassertropfen in Kontakt gekommen, saugt dieser die Ameise mit einer ungeheuren Kraft ein und umhüllt sie je nach Größe des Tropfens vollständig. Ein Entkommen ist unmöglich, da die Kapillarkräfte zu groß sind; der Ameise droht der qualvolle Tod durch Ertrinken. Bei unserer Größe müsste die Oberflächenspannung um vier bis fünf Zehnerpotenzen größer sein, damit es uns ähnlich wie den kleinen Insekten erginge. In diesem Fall würden nach einem Regen meterhohe Tropfen auf den Straßen stehen bleiben, die für uns gefährliche Fallen wären. Bei Berührung dieser Tropfen würde uns eine tonnenschwere Kraft erfassen, die uns in den Tropfen einsaugt.

Die Oberflächenspannung des Wassers ist auch der Grund, wieso die Astronauten im Weltraum so gerne mit Wasser spielen, obwohl dies bei der hochempfindlichen Elektronik sehr gefährlich ist. Die Wassertropfen nehmen stets eine Kugelform an und schweben elastisch vibrierend wie Phantasiegebilde durch die Astronautenkapsel. Die Oberflächenspannung zieht die Wassertropfen nach allen Seiten gleichmäßig zusammen. Das Resultat ist eine Kugel, die geometrisch der kleinsten Oberfläche mit dem größten Volumen entspricht.

Auf der Erde sehen wir Wassertropfen nur selten kugelrund, vielmehr spreiten sie auf Oberflächen und benetzen diese unterschiedlich stark. Wie also ist es möglich, dass auf einigen Pflanzen Wassertropfen dennoch kugelrund stehen bleiben? Die Grenzfläche zum Gas hin ist energetisch ungünstiger als eine Grenzfläche zum Festkörper hin. Deshalb verringert Wasser gerne seine Wasser-Gas-Grenzfläche zugunsten einer Wasser-Festkörper-Grenzfläche. Je besser der Festkörper benetzbar ist, desto stärker zerläuft der Tropfen auf der Oberfläche. Auf einer schlecht benetzbaren Oberfläche, zum Beispiel Teflon®, zerläuft der Tropfen nicht, sondern bleibt halbkugelrund auf der Oberfläche stehen. Solche Wasser abstoßenden Materialien werden hydrophob genannt.

Die Benetzbarkeit wird physikalisch mit dem Kontaktwinkel beschrieben. Dieser entspricht einer Tangente, die an der Kontaktstelle zwischen Tropfen und Festkörperoberfläche zum Tropfen hin angelegt wird (Abbildung 7).

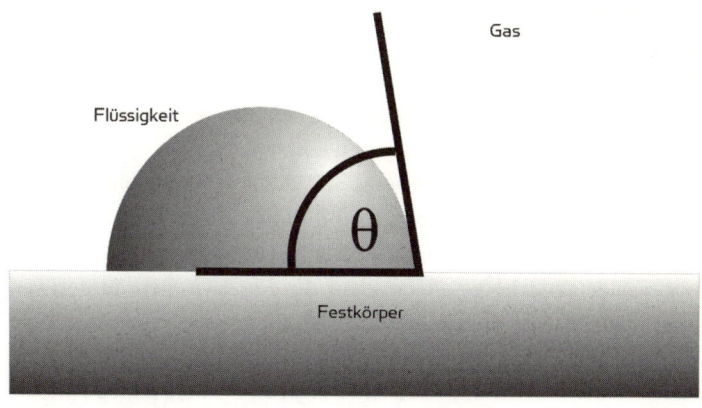

Abbildung 7: Der Kontaktwinkel beschreibt den Winkel zwischen der Oberfläche und der Tangente, die an die Oberfläche eines Wassertropfens an der Kontaktstelle angelegt wird. In diesem Fall beträgt der Kontaktwinkel ca. 80 Grad.

Bei extrem gut benetzbaren Oberflächen, auf denen Flüssigkeiten zu einem feinen, monomolekularen Film zerlaufen, beträgt der Kontaktwinkel 0 Grad. Bleibt der Tropfen kugelrund stehen und berührt die Oberfläche nur in einem einzigen Punkt, beträgt der Kontaktwinkel 180 Grad. Auf Teflon®, einem der stärksten Wasser abstoßenden Materialien, erreicht der Kontaktwinkel zu Wasser maximal 120 Grad. Durch Chemie alleine können keine höheren Kontaktwinkel erzielt werden. Superhydrophobe Oberflächen zeichnen sich jedoch durch Kontaktwinkel von 140 Grad und mehr aus. Die höchsten heute bekannten Kontaktwinkel betragen 174 Grad und liegen damit schon sehr nahe an den theoretisch maximal erreichbaren 180 Grad. Solche Winkel können nur erreicht werden, wenn neben der unbenetzbaren Chemie auch eine Strukturierung der Oberfläche vorliegt.

Wie bereits angesprochen, besitzen superhydrophobe pflanzliche Oberflächen, wie die von Lotusblättern, als Wasser abstoßende

Struktur Wachskristalle. Diese ragen aus der Oberfläche heraus und halten das Wasser auf Abstand zur Oberfläche. Vereinfacht kann man sich die Oberfläche wie eine Bürste vorstellen, auf der ein Stück feiner Stoff liegt. Dieser wird von den nach oben gerichteten Borsten auf Distanz gehalten. Zwischen den Borsten sinkt der Stoff zwar ein wenig ein, erreicht den Borstengrund dabei jedoch nicht. Ähnlich verhält es sich mit dem Wasser auf den Wachskristallen. Die Oberflächenspannung des Wassers verhindert, dass es in die Zwischenräume der Kristalle gelangen kann. In den Zwischenräumen verbleibt Luft, sodass die Grenzfläche des Blattes aus einer Mischung von wenigen Festkörperanteilen (Spitzen der Wachskristalle) und viel Luft (Zwischenräume) besteht. Der Grund für die nahezu perfekten kugelrunden Tropfen liegt also darin, dass der Tropfen wie im Weltraum nahezu frei schwebend fast nur von Luft umhüllt ist. Die benetzten Festkörperanteile sind dabei derart gering, dass sie sich kaum auf die Tropfenform auswirken. Nicht zu vernachlässigen ist jedoch die Schwerkraft, die sich selbstverständlich auch auf die Tropfenform auswirkt. Nur sehr kleine Tropfen bleiben kugelrund, je größer sie sind, desto stärker werden sie abgeflacht. Dies ändert aber nichts an der extremen Unbenetzbarkeit der Oberflächen.

Die Superhydrophobie entsteht also aus dem Zusammenspiel von Wasser abstoßender Chemie, Struktur der Oberfläche sowie der Oberflächenspannung der benetzenden Flüssigkeit. Obwohl diese Erkenntnis bereits seit den 1950er Jahren besteht, blieb eine weitere Eigenschaft superhydrophober Oberflächen bis in die späten 1970er Jahre unerkannt.

Glatt ist nicht gleich sauber!

In den 1970er Jahren untersuchten wir am Botanischen Institut die epicuticularen Wachse zunächst mit dem Ziel, Hinweise für die Verwandtschaftsbeziehungen von Pflanzen zu finden. Mit Erfolg: Verschiedene Wachstypen lassen sich bestimmten Pflanzengruppen zuordnen. Sicherlich für die Botaniker eine interessante Neuigkeit, jedoch nicht mehr als eines der vielen Ergebnisse der Grundlagenforschung, deren Nutzen auf den ersten Blick unbedeutend erscheint. Aber ebendiese zweckfreie Sichtweise offenbarte durch Zufall eine der interessantesten Eigenschaften der wachsstrukturierten Oberflächen.

Für die Raster-Elektronenmikroskopie ist meist eine Reinigung der Oberflächenproben notwendig, da abgelagerter Schmutz aus der Umwelt wie Staub, Ruß, Sporen, Pollen und dergleichen mehr bei den aufwendigen Aufnahmen stört. Für die Reinigung der Pflanzenproben verwendeten wir damals ein Ultraschallbad, welches die Oberflächen von lose aufsitzendem Schmutz befreite. Einige Pflanzenproben waren jedoch auch ohne eine vorherige Reinigung vollkommen sauber. Dabei handelte es sich stets um genau die Pflanzen, welche die hochkomplexen dreidimensionalen Wachsstrukturen besaßen und unbenetzbar waren. Tatsächlich zeigten diese Oberflächen ihre überragende Fähigkeit zur Selbstreinigung bereits in einfachen Experimenten. Selbstverständlich verschmutzten die Oberflächen wie alle anderen auch, jedoch reichte ein kurzer Regenschauer aus, und die Pflanzen waren nicht nur vollkommen sauber, sondern wegen der Unbenetzbarkeit auch noch absolut trocken.

Die ersten Experimente, hauptsächlich an den Blättern der Kapuzinerkresse, fanden mit Verschmutzungen wie Lehm statt (Abbildung 8). Lehm ist aber mit Wasser gut abwaschbar und lässt sich von nahezu allen Oberflächen relativ leicht entfernen. Zur großen Überraschung wurde jedoch selbst Industrieruß mühelos abgewaschen. Dabei ist dieser nicht wasserlöslich.

Ein weiteres, noch stärkeres «Kontaminanz» (= Verschmutzungsmittel) wurde ausprobiert, der Farbstoff Sudanrot. Dieses Pulver ist für seine Hartnäckigkeit bekannt und lässt sich selbst mit Seife und Bürste kaum entfernen. Sudanrot ist fettliebend und wird zum Beispiel in der Kriminalistik eingesetzt, um Geldscheine anzufärben. Bankräubern oder Erpressern haftet das Pulver noch viele Wochen später an den Fingern, wodurch sie leichter überführt werden können.

Abbildung 8: Ein kurzer Regenschauer reicht aus, um die Blätter der Lotuspflanze (*Nelumbo nucifera*) restlos von Schmutz zu reinigen.

Bis vor wenigen Jahren hätte kein Materialwissenschaftler erwartet, dass dieses Pulver von Lotusblättern abgewaschen werden könnte. Schließlich sind die Wachse chemisch gesehen nichts anderes als Fette, und das fettliebende Pulver sollte hervorragend an der strukturierten Oberfläche anhaften. Auf keinen Fall konnte davon ausgegangen werden, dass sich das Pulver allein mit Wasser von der Oberfläche abspülen ließe. Unter großer Verwunderung war von dem Sudanpulver nach einem kurzen Regenschauer aus der Gießkanne nichts mehr auf der Oberfläche der Lotusblätter zu finden. Wie war dies möglich? Selbst renommierte Physiker lehnten die Publikation dieses Experiments mit den Worten ab: «Diese ‹Beobachtung› existiert nur in der Phantasie der Autoren.»

Damals glaubten wir ein für die Biologie neues Phänomen entdeckt zu haben. An eine technische Verwertung der Ergebnisse war zu dieser Zeit nicht zu denken. Selbst großen Konzernen mit Forschungsabteilungen, die sich ausschließlich mit Oberflächen und deren Reinigung beschäftigten, war dieses Phänomen unbekannt. Nie hätten wir erwartet, dass diese Entdeckung einige Jahre später zu einem kompletten Umdenken in den Materialwissenschaften führen würde. Das bis dato herrschende Motto der Industrie «Glatt ist gleich sauber» wurde nun durch «Rau ist gleich rein» ersetzt.

Wie ein Fakir auf dem Nagelbett

Was ist der Sinn hinter den biologischen selbstreinigenden Oberflächen? Will eine Pflanze tatsächlich sauber bleiben? Und wenn ja, warum haben nicht alle Pflanzen solche Oberflächen? Wie effektiv ist die Selbstreinigung, und ist sie nur auf Pflanzen beschränkt? Diese und viele weitere Fragen sind für das Verständnis des Wirkprinzips unerlässlich. Tatsächlich sind mittlerweile circa 300 Pflanzenarten bekannt, die solche superhydrophoben Oberflächen besitzen. Offenbar ist aber der Grund für die nano- und mikrometergroßen Wachskristalle nicht immer der gleiche. Manchmal stehen die extreme Unbenetzbarkeit, manchmal die Reflexion von Strahlung oder andere Funktionen im Vordergrund. Aber die wohl wichtigste Funktion ist in den meisten Fällen die Selbstreinigung, die jedoch weniger dem Schutz vor Verschmutzungen, sondern vielmehr der Abwehr von Krankheiten dient. Die meisten Kontaminanzien verursachen nur einen geringen oder gar keinen Schaden auf den pflanzlichen Oberflächen. Für einige Fluginsekten spielen Verschmutzungen dagegen eine größere Rolle. Libellen oder Schmetterlinge können wegen ihrer Größe die Flügel nicht mit den Gliedmaßen reinigen. Doch ohne Reinigung würde der Schmutz die Flügel mit der Zeit immer schwerer machen und die Flugfähigkeit der Tiere stark herabsetzen. Deshalb haben auch die Insekten in Jahrmillionen selbstreinigende Oberflächen entwickelt, die nach dem gleichen Prinzip wie bei den Pflanzen funktionieren. Der Morgentau reicht aus, um alle Verschmutzungen von den Flügeln abzuwaschen.

Für die unbeweglichen Pflanzen stellen Mikroorganismen die größte Gefahr dar. Viren, Pilze, Bakterien und Algen können die Pflanzen zum Teil beträchtlich schädigen. Einige Krankheitserreger haben sich in Jahrmillionen ausschließlich auf den Befall von Pflanzen spezialisiert. Die Pflanzen wiederum reagierten darauf mit der Entwicklung immer effektiverer Abwehrmechanismen. Nicht zuletzt dieses «Wettrüsten» brachte wahrscheinlich die selbstreinigenden Oberflächen hervor. In der Pflanzenwelt haben sich unterschiedlichste Methoden zur Abwehr von Krankheitserregern entwickelt. Die meisten Pflanzen bekämpfen Mikroorganismen chemisch über eine große Auswahl an sekundären Pflanzenstoffen. Einige davon haben eine ausgewiesen biozide Wirkung. Andere Pflanzen wiederum setzen auf eine Materialschlacht. Sie verdicken ihr Abschlussgewebe, vor allem die Cuticula, derart, dass Pilze mit ihren Keimschläuchen nicht hindurchdringen können. Eine besonders interessante Methode ist die offenbar gewollte und beabsichtigte Kultur bestimmter nützlicher Mikroorganismen auf den Oberflächen, welche die Abwehr von schädigenden Organismen übernehmen.

Doch mit zu den effektivsten Abwehrstrategien gehört wohl die Selbstreinigung. Da die Oberflächen aufgrund ihrer Unbenetzbarkeit trocken sind, finden Mikroorganismen auf ihnen kein lebensnotwendiges Wasser. Eine durch die Luft vertragene Pilzspore kann nach der Landung auf der superhydrophoben Oberfläche ohne Wasser nicht keimen und ist zum Ausharren gezwungen. Gelangt nun Wasser in Form von Regen, Tau oder Nebel auf die Oberflächen, steht es der Spore nicht für die Keimung zur Verfügung. Sofort bei Berührung mit dem Wassertropfen wird sie unweigerlich in diesen hineingezogen. Rollt der Tropfen von der Oberfläche ab, wird die Spore mit dem Tropfen entfernt. Dabei spielt es keine Rolle, ob die Spore gut wie Lehm oder schlecht wie Sudanrot benetzbar ist.

Diese Besonderheit, dass die Chemie der Verschmutzungen für die Reinigung der Oberflächen keine Bedeutung hat, ist wieder auf die Struktur der Oberflächen zurückzuführen. Man kann sich eine Spore oder andere Verschmutzungen auf den mikro- und nanostrukturierten Oberflächen wie einen Fakir auf seinem Nagelbett vorstellen. Der Schmutz liegt nur auf den Spitzen der Wachskristalle und hat dadurch eine extrem verringerte Kontaktfläche zur pflanzlichen Oberfläche (Abbildung 9). Nur an den winzigen Kontaktstellen können Haftkräfte zwischen Schmutz und Oberfläche wirken. Da bei den meisten superhydrophoben Pflanzen diese Kontaktfläche wahrscheinlich auf unter ein Prozent reduziert ist (es ist sehr kompliziert, die Fläche exakt zu bestimmen), spielen die Anziehungskräfte zwischen den Wachsen und den Kontaminantien kaum eine Rolle. Die Wechselwirkungen zwischen der Tropfenoberfläche und den Kontaminantien sind um ein Vielfaches stärker. Obwohl die Wasser abstoßenden Schmutzteilchen (wie Sudanrot) oder die hydrophoben Sporen Wasser eigentlich nicht «mögen», haben sie im Resultat mehr Anziehung zum Wasser als zu der ebenfalls hydrophoben Oberfläche und werden mit abgewaschen.

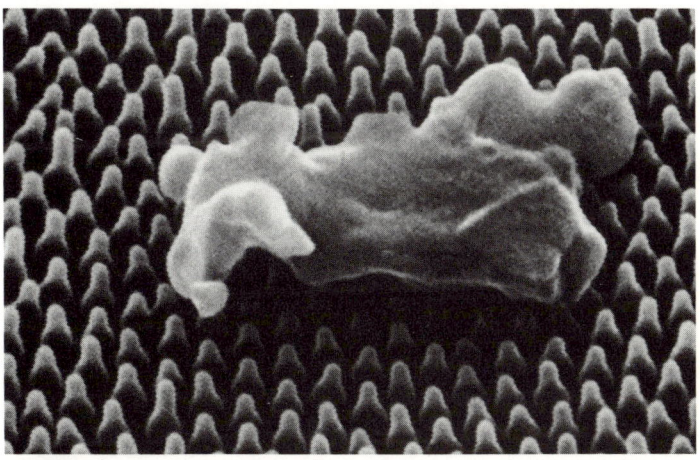

Abbildung 9: Schmutz auf einem Zikadenflügel: Die Schmutzpartikel liegen auf den äußersten Spitzen der Strukturen. Nur an diesen Stellen können Adhäsionskräfte wirken, die dadurch, gegenüber einer glatten Oberfläche, extrem minimiert sind.

Das Geheimnis der Selbstreinigung und damit auch der Ursprung der Verehrung von Lotuspflanzen als heilig liegt in der Struktur und Chemie der Oberfläche. Obwohl schon Tausende Jahre bekannt, wurde das Prinzip erst jetzt entdeckt und entschlüsselt.

Kein Interesse seitens der Industrie

Die Tatsache, dass die Selbstreinigung ein rein physikochemischer Prozess ist und damit nicht an ein lebendes System gekoppelt, macht eine technische Umsetzung denkbar. Als dem Seniorautor (W. B.) klar wurde, dass das von ihm 1973 entdeckte Prinzip der Selbstreinigung bisher technisch nicht umgesetzt war, führte er ab 1988 mit seinem damaligen Mitarbeiter Christoph Neinhuis die ersten Gespräche mit der Industrie. Nach seiner Promotion wurde Neinhuis der wichtigste Mitarbeiter – heute ist er Professor an der Universität Dresden und blieb eng mit der Bionik verbunden. Renommierte und weltweit agierende Firmen aus dem chemischen Bereich waren unsere ersten Ansprechpartner. Trotz der beeindruckenden Vorführung der Selbstreinigung an den Blättern der Lotuspflanze waren die Antworten stets ähnlich und das Interesse an einer Zusammenarbeit meist gering. «Wir arbeiten seit vielen Jahren mit einem großen Team an der Reinigung von Oberflächen. Wenn das was taugen würde, hätten wir es schon längst» oder «Das ist nur ein biologisches Phänomen, das sich nicht in die Technik übertragen lässt».

So oder ähnlich waren die Reaktionen der Industrievertreter. Verärgert über das Desinteresse und überzeugt von unserer Idee, die Selbstreinigung technisch zu nutzen, stellten wir, obwohl wir Botaniker sind, erste technische Oberflächen mit dieser Eigenschaft selbst her und meldeten unsere Entdeckung zum Patent an. Mit Erfolg: Das europäische Patent wurde 1997 erteilt, inzwischen besteht in vielen weiteren Ländern ein Patentschutz. Da die Bezeichnung «superhydrophobe, selbstreinigende mikro- bis nanostrukturierte Oberflächen» recht umständlich klingt, führten wir im Umfeld der

Patentanmeldung gleich eine Markenanmeldung durch: die von uns entdeckten und bionisch umgesetzten Oberflächen werden mit «Lotus-Effect®» gekennzeichnet und damit von anderen Produkten kontrastiert. Die Markenbezeichnung entwickelte sich derart erfolgreich, dass sie fälschlicherweise häufig zur Beschreibung der Selbstreinigung verwendet wird. Der «Lotus-Effekt» ist aber nicht die Eigenschaft der Oberflächen, sondern die Selbstreinigung selbst.

Erst die Patente und unsere selbst entwickelten Prototypen weckten schließlich auch das Interesse der Industrie. Allmählich erkannten Materialwissenschaftler das enorme Potenzial dieser Innovation. Nahezu alle Oberflächen, die im Außenbereich einem ständigen Eintrag an Schmutz ausgesetzt sind und aufwendig gereinigt werden müssen, eignen sich für die Ausrüstung mit selbstreinigenden Eigenschaften nach dem Vorbild der Natur. Das Marktvolumen für solche Oberflächen beträgt mehrere Milliarden Euro weltweit. Entsprechend schnell, auch unterstützt durch ein großes Medieninteresse, wurden unsere Arbeiten bekannt. In den folgenden Jahren bekam das Institut Tausende Anfragen aus Industrie, Wissenschaft und Öffentlichkeit. Für unsere Entdeckung erhielten wir 1999 den renommierten Philip-Morris-Forschungspreis und im Jahre 2000 den Deutschen Umweltpreis der Deutschen Bundesstiftung Umwelt, den höchstdotierten Umweltpreis in Europa.

Trotz des großen Interesses gingen wir lediglich mit circa 20 Firmen Kooperationsverträge ein, da nur bei wenigen die Bereitschaft zu der noch bevorstehenden Entwicklung und Forschung an den Oberflächen zu erkennen war. Die meisten Firmen interessierten sich lediglich für die Anwendung, nicht jedoch für die noch zu leistende Forschungsarbeit. An dieser Stelle verließen wir die uns vertraute Botanik und eigneten uns Know-how in Physik, Chemie und Materialwissenschaften an, um als Berater und Mitentwickler der Produkte einzuspringen. Dies ist wahrscheinlich für eine erfolgreiche technische Übertragung biologischer Phänomene der entscheidende Schritt. Interdisziplinarität wie auch ein technischer Wortschatz, um als Übersetzer zwischen Natur und Technik fungieren zu können, sind für die Bionik immens wichtig und manchmal das Zünglein an der Waage zum Erfolg oder Misserfolg eines Transfers.

Die Anwendungsbereiche für Oberflächen mit selbstreinigenden Eigenschaften liegen bei Fassaden, Dächern, Gläsern, Kunststoffen, Textilien, Metallen, Lacken und vielem mehr. Erstmals wurden unsere Arbeiten von der Deutschen Bundesstiftung Umwelt gefördert. Gemeinsam mit der Firma Sto AG (damals Ispo GmbH) für Fassaden und mit dem keramischen Dachziegelhersteller Erlus Baustoffwerke AG konnten wir zeigen, dass die Übertragung der Selbstreinigung auf nahezu alle gängigen Materialien möglich ist. Das erste Produkt, die Fassadenfarbe Lotusan®, ist bis heute ein Renner unter den Fassadenbeschichtungen mit großem wirtschaftlichem Erfolg. Nicht nur in Mitteleuropa, sondern inzwischen auf der ganzen Welt gibt es mittlerweile rund 400 000 Gebäude mit selbstreinigenden «Lotus»-Oberflächen nach dem Vorbild der Natur.

Die Zusammenarbeit mit den Industriepartnern brachte weitere Anwendungsfelder hervor. Vorstellbar und durch Sprays auch realisierbar sind beispielsweise wieder ablösbare Beschichtungen, die wie eine Art Imprägnierung funktionieren. Sie können auf Autofelgen oder Gartenmöbeln Einsatz finden, die eingesprüht werden und erheblich länger als bei gängigen Imprägnierungsmitteln sauber bleiben und damit die Reinigungsintervalle verzögern. Eine entsprechende Entwicklung präsentierte 2004 Degussa AG mit dem Spray Tegotop® 105. Auch Behältnisse, mit denen kleinste Flüssigkeitsmengen dosiert oder die restlos entleert werden können, eröffnen neue Märkte (Abbildung 10). Beispiele hierfür wären Pipettenspitzen im Laborbedarf oder Safttüten, die vollständig entleert werden können. Noch ist kein Ende der Entwicklungen abzusehen.

Selbstreinigende Oberflächen werden in Zukunft möglicherweise auch den Einsatz von Bioziden überflüssig machen. Derzeit wird geprüft, inwieweit bei technischen selbstreinigenden Oberflächen auch ein automatischer Schutz vor Besiedlung mit Mikroorganismen vorhanden ist. Sollte dies der Fall sein, könnte man bei Fassadenfarben, Holzschutzlacken und anderen Baustoffen bald gänzlich

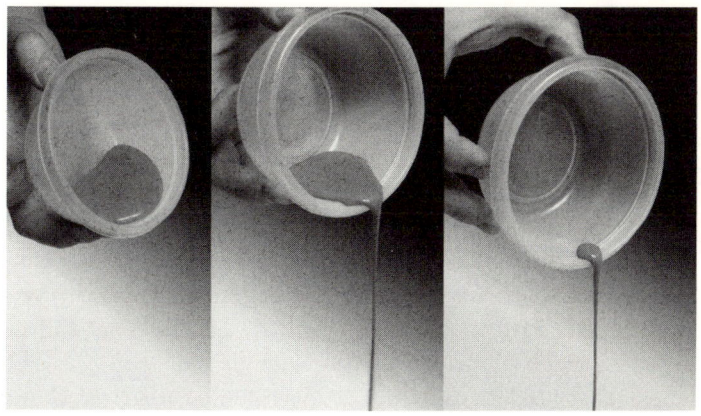

Abbildung 10: Mit Hilfe der Oberflächen nach dem Vorbild der Lotuspflanze können klebrige und hochviskose Flüssigkeiten aus Behältern restlos entleert werden. (© Degussa)

auf die öko- und humantoxischen Stoffe verzichten, was zu einer weiteren wichtigen Entlastung der Umwelt führen würde. Die Natur mit ihren selbstreinigenden Oberflächen hat der Technik einen Weg gezeigt, viele alltägliche Probleme zu lösen. Die bionische Anwendung erlaubt uns eine nachhaltige Weiterentwicklung. Weniger Wasser zur Reinigung, ein geringerer Energieaufwand, keine umweltbelastenden Tenside, möglicherweise auch der Verzicht auf toxische Biozide sind nur einige Vorteile, die uns die mikroskopischen Veränderungen der Oberflächen bieten. Die Natur selbst zeigt uns die Möglichkeiten auf, wie die Technik auch zum Wohle der Natur arbeiten kann.

Leben bedeutet Kleben!

Wie zuvor gezeigt, nutzt die Lotuspflanze bereits seit Jahrmillionen Strukturen, um Adhäsion zu reduzieren. Nun ist in der Natur paradoxerweise bei ähnlich dimensionierten Strukturen auch genau der gegenteilige Effekt zu beobachten: das Haften mit Strukturen im Mikro- und Nanometerbereich. Darin zeigt sich einer der überragenden Vorteile der biologischen Konstruktion. Kleinste Änderungen der Konstruktionen können bereits vollkommen andere Eigenschaften und Funktionen hervorrufen, welche den Organismen einen Überlebensvorteil sichern. Gerade im Bereich der Haftung war die Natur stets sehr erfinderisch.

Eher selten finden sich in der belebten Natur Verankerungen ähnlich unseren Nieten, Nägeln, Haken oder Schrauben. Wenn eine Verbindung notwendig ist, dann wird meist geklebt. Sei es der Aufbau der Grenzschicht von Pflanzen, wo Pektin, Cuticula und Zellwand miteinander verklebt sind, oder die Abermilliarden Zellen, die im Verband durch Proteinkleber zusammengehalten werden, Spinnen, die ihre Beute mit klebrigen Netzfäden fangen, oder Seepocken und Muscheln, die mit körpereigenen Sekreten am Untergrund haften. Leben bedeutet Kleben.

Klebstoffe sind aus der Natur nicht wegzudenken und bieten große Vorteile. Ihre Haftkraft und Haftdauer können gesteuert werden, nach der Verwendung lassen sie sich wieder abbauen. Schon in der Frühzeit haben die Menschen die Vorteile von Klebstoffen für sich entdeckt. In der Steinzeit etwa wurden Pfeilspitzen mit Bitumen an hölzerne Schafte geklebt, und bereits 3000 v. Chr. wurden Ziegel mit Bitumenmischungen verbunden. Die Ägypter nutzten um etwa 1550 v. Chr. beim Verkleben von Holz pflanzliche Leime.

Heute gewinnen Klebstoffe in den Material- und Ingenieurswissenschaften immer mehr an Bedeutung und verdrängen zunehmend Nieten und Schweißnähte. Mittlerweile sind an einem Auto mehr Teile verklebt als verschweißt. Die Materialwissenschaftler haben eine Fülle unterschiedlichster Varianten von Klebstoffen für nahezu alle Materialien auf den Markt gebracht. Moderne Materialien wie etwa Kohlefaser, die für den Flugzeugbau oder die Boliden der Formel Eins unerlässlich sind, könnten ohne Klebstoffe nicht realisiert werden.

Die Funktionsweise von Klebstoffen ist trotz ihrer Vielfalt stets ähnlich. Um gute Haftung hervorzurufen, müssen Substanzen sehr nah (im Nano- oder Angströmbereich) an die Oberflächen der Haftpartner gelangen. Nur wenn eine ausreichende Nähe von wenigen Atomabständen vorliegt, können sich Wechselwirkungskräfte wie Vander-Waals-Kräfte, Wasserstoffbrückenbindungen oder kovalente Bindungskräfte entwickeln. Dabei weisen Van-der-Waals-Kräfte die schwächsten, kovalente Bindungen die stärksten Wechselwirkungen auf. Legt man zwei Festkörper wie beispielsweise zwei glatte Glasscheiben aufeinander, so liegen immer nur wenige Atome nahe genug an der anderen Oberfläche, als dass sich eine starke Bindung entwickeln könnte. Denn selbst dem menschlichen Auge glatt erscheinende Oberflächen offenbaren bei starker Vergrößerung, dass sie ganz und gar nicht glatt sind, sondern zahlreiche mikroskopisch kleine Unebenheiten aufweisen. Auf diese Weise können nur wenige Haftbrücken zwischen den Oberflächen entstehen, wodurch die Trennung der beiden Glasscheiben relativ einfach ist.

Wie aber kann man die Haftung vergrößern? Zwei Feststoffe können sich wegen ihrer starren Hülle nur schwer annähern. Besonders «anschmiegsam» sind hingegen leicht bewegliche, «weiche» Stoffe; Gase und Flüssigkeiten erfüllen diese Voraussetzung. Ihre leicht veränderlichen Oberflächen können die fehlende Nähe zweier Festkörper ausgleichen. Benetzt man eine der Glasscheiben aus dem oben genannten Versuch mit Wasser, bevor man sie aufeinander legt, so schmiegt sich das Wasser durch sein Fließverhalten an beide Glasoberflächen an (die Oberflächen müssen dafür aber gut benetzbar sein!). Die Scheiben sind nun erheblich schwerer voneinander zu trennen (Abbildung 11). Nur durch paralleles Verschieben der Scheiben gegeneinander können die Haftpartner noch leicht getrennt werden.

Die Kraft, die für die Trennung jetzt aufgebracht werden muss, entspricht hauptsächlich der Haftkraft zwischen den Flüssigkeitsmolekülen, den Wasserstoffbrückenbindungen. Diese Wechselwirkung wird Kohäsion genannt.

Die zwei Größen Kohäsion und Adhäsion sind die entscheidenden

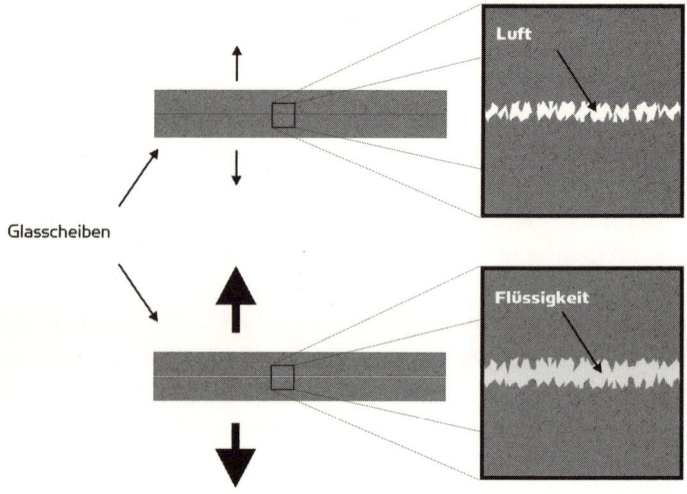

Abbildung 11: Zwei Glasscheiben lassen sich schwer voneinander trennen, wenn Flüssigkeit statt Luft zwischen ihnen ist.

Faktoren eines Klebstoffs, die es auszunutzen gilt. Ein Klebstoff ist durch ein gutes Fließverhalten (Benetzungsverhalten) auf den zu klebenden Flächen gekennzeichnet. Nur auf diese Weise kann eine hinreichende Nähe zu der Haftoberfläche gewährleistet und damit eine hohe Adhäsion erzeugt werden. Die zweite entscheidende Eigenschaft ist die Festigkeit des Klebstoffs. Die Bausteine des Klebstoffs müssen untereinander starke Wechselwirkungen, zum Beispiel durch kovalente Bindungen, ausbilden. Die Festigkeit des Klebstoffs steht jedoch im Widerspruch zu seinem Fließvermögen. Denn je größer die inneren Kräfte (Kohäsion) sind, umso geringer ist die Viskosität oder das Fließverhalten.

Um dieses Dilemma zu lösen, funktionieren Klebstoffe meist in zwei Schritten. In einer flüssigen Form werden sie aufgebracht, um eine gute Adhäsion zu gewährleisten. In einem zweiten Schritt verfestigen sie sich und erreichen so die notwendige Kohäsion. Dabei wird zwischen physikalisch und chemisch abbindenden Klebstoffen unterschieden. Erstere ändern ihre chemische Natur nicht, vielmehr werden Phasenübergänge von flüssig in fest ausgenutzt. Bestes Beispiel hierfür ist Wasser. In flüssigem Zustand können wir einen Eisstiel in Wasser hineinstecken. Nach dem Gefrieren «klebt» der Stiel im Eis fest. Ähnlich verfährt man bei verschiedenen Klebstoffpolymeren. Bei Raumtemperatur liegen sie in fester Form vor, werden sie jedoch erhitzt, fangen sie an zu fließen. Heißkleber, die mit einer Heißkleberpistole aufgetragen werden, sind solche physikalisch abbindenden Klebstoffe. Bei der zweiten Klasse der Klebstoffe wird die Chemie der Klebsubstanzen verändert. Bei der Verklebung findet eine chemische Reaktion statt, die den Klebstoff von flüssig in fest umwandelt. Zwei- oder Einkomponenten-Klebstoffe sind Beispiele für die chemisch abbindenden Substanzen. Die Stoffe sind chemisch blockiert und reagieren erst an der Klebefuge, entweder mit der Feuchtigkeit der Luft oder mit einer zweiten Substanz wie dem «Härter» bei Zweikomponenten-Klebstoffen.

Klebstoffe und Jurassic Park

In der Natur lässt sich kaum eine Nische finden, in der das Kleben oder eine Kombination aus Kleben und mechanischem Haften nicht eine wichtige Rolle spielt. Beide Möglichkeiten, die der physikalisch oder chemisch abbindenden Klebstoffe, sind in der Natur verwirklicht. Im Gegensatz zu den technischen Polymeren, die extrem umweltschädigend sein können, arbeitet die Natur stets mit einigen wenigen wieder verwertbaren Grundbausteinen. Diese werden mit viel Phantasie variiert, um unterschiedlichste Aufgaben zu absolvieren. Dabei ist der Einsatz der Substanzen immer auf höchste Effizienz bei gleichzeitiger Ressourcenschonung hin optimiert. Die wichtigsten Klebesubstanzen bilden Proteine (zum Beispiel Keratin, Kollagen), Polysaccharide (zum Beispiel Stärke, Cellulose), Polyphenole (zum Beispiel Lignin) und Lipide (zum Beispiel Terpenharze). Diese Substanzen können je nach benötigter Eigenschaft in unterschiedlichen Mischungen vorkommen. Die Klebekraft natürlicher Klebstoffe liegt dabei in der Größenordnung von 10–14 Megapascal und ist damit durchaus mit synthetischen Klebstoffen vergleichbar. Das bedeutet, dass an einem von der Decke hängenden Haken mit einer Klebefläche von einem Quadratzentimeter ein Gewicht von circa 142 Kilogramm aufgehängt werden könnte, bevor der Klebstoff nachgeben würde!

Der Einsatz der Klebstoffe in der Natur ist vielfältig. Bäume verwenden Harze als physikalisch abbindende Systeme zur Wundheilung. Diesen äußerst widerstandsfähigen Klebstoffen verdanken wir den Blick in eine längst vergangene Welt. Denn im Bernstein mit seinen Einschlüssen von vor über hundert Millionen Jahren lebenden Insekten, Amphibien und Reptilien befinden sich Zeugnisse der biologischen Vergangenheit der Welt quasi «eingeklebt». Diese Einschlüsse beflügelten Michael Crichton («Jurassic Park») zu der Romanfiktion, aus eingeschlossenen Stechmücken, die von Dinosaurierblut gesaugt hatten, einen Tyrannosaurus genetisch wiederauferstehen zu lassen. Das ist leider nicht realistisch: Die Erbsubstanz überdauert so lange Zeiträume eben doch nicht.

Auch Schmelzklebstoffe sind in der Natur verwirklicht. Bienen erwärmen gesammelte hochmolekulare Wachsmoleküle in ihrem Körper so lange, bis sie flüssig werden. Mit diesem Wachs bauen sie ihre Bienenwaben und kleben ihr Nest an verschiedenste Untergründe. Einige stachellose Bienen (zum Beispiel *Trigona angustula*) sind sogar in der Lage, Angreifer mit Hilfe von Klebstoffen abzuwehren. Harze, die im Nest auf Vorrat gelagert werden, können im Falle eines Angriffs mit den Mundwerkzeugen aufgenommen und während des Kampfes an den Angreifer abgegeben werden. Mit der Zeit verklebt dieser immer mehr mit sich selbst und dem Untergrund, sodass er sich nicht mehr bewegen kann und allmählich verendet. Auf diese Weise werden selbst erheblich größere Gegner der Bienen abgewehrt. Wie es die Bienen schaffen, die klebrigen Harze aufzunehmen, zu transportieren und wieder abzugeben, ohne selbst dabei zu verkleben, weiß die Wissenschaft bislang noch nicht. Möglicherweise steckt auch hier ein noch unentdeckter Trick der Natur dahinter, der uns in der Technik weiterhelfen könnte.

Chemisch abbindende Klebstoffe sind in der Natur ebenfalls nicht selten. Es finden sich Sekundenkleber genauso wie hochkomplizierte Dreikomponenten-Klebstoffe für Unterwasseranwendungen. Letztere stellen bis heute eine der größten Herausforderungen für die Klebstoffentwickler dar. Beispiel für einen Sekundenkleber sind die Florfliegen, die einen Einkomponenten-Klebstoff bilden, der an der Luft in Sekundenschnelle hart wird. Die Fliegen legen ihre Eier an Stielen ab, die sie mit Hilfe von niedermolekularen Substanzen erzeugen. Ein Flüssigkeitstropfen der Substanz wird an einer Oberfläche aufgesetzt und zu einem kurzen Faden ausgezogen. Dieser reagiert mit der Luft und erstarrt sofort zu einem festen Stiel. Das Ei wird anschließend oben auf dem Stiel platziert und ebenfalls verklebt.

Im Rahmen der Dreikomponenten-Klebstoffe finden sich verschiedene Muschelarten, die sich am Untergrund mit einem besonderen Klebstoff festkleben. Die hauptsächlich auf Proteinbasis (Dreikomponenten) aufgebauten Byssusfäden der Miesmuscheln sind exzellente Unterwasserklebstoffe, deren Festigkeit die guter Epoxidharzkleber übersteigen kann. Gleichzeitig sind diese Klebstoffe aber biologisch abbaubar und ermöglichen eine ständige Reparatur von Fehlstellen, die während dem kontinuierlichen Wachstum der Muscheln entstehen. Dabei bleibt die Haftung am Untergrund stets erhalten. Um die hervorragende Haftung unter Wasser zu erzeugen, produziert jede einzelne Muschel zwischen 50 und 100 solcher mehrere Zentimeter langen Byssusfäden, die radial ausgestreckt und einzeln am Substrat festgeheftet sind. Nach einer kurzen chemischen Umwandlung werden die Fäden «steinhart». Auf Muschelfarmen, die eine Anzucht der Muscheln auf Holzpfählen unter Wasser praktizieren, können die Muscheln bei der Ernte nicht mehr vom Holz getrennt werden. Stattdessen wird der Holzpfahl von der Basis ausgehend abgeschält. Die Holzpfähle werden dabei immer dünner und müssen regelmäßig ausgetauscht werden.

Beim Kleben arbeitet die Natur ähnlich wie die Technik mit Klebstoffen, die den Übergang von flüssig zu fest ausnutzen, um eine gute Haftung zu erzeugen. Ist dies die einzige Möglichkeit, wie in der Natur Haftung erzeugt wird? Zur Überraschung der Ingenieure haben einige Tiere weitere Möglichkeiten gefunden, wie sie auf nahezu allen Untergründen überraschend hohe Haftkräfte entwickeln können.

Haften oder Nichthaften? Das ist hier die Frage

Wer hat sich nicht schon einmal gefragt, wie es eigentlich Spinnen, Fliegen, Käfer oder sogar die erheblich schwereren Geckos schaffen, an der Decke oder an einer Glasscheibe entlangzulaufen, ohne abzurutschen? Seit über 300 Jahren beschäftigt sich die Wissenschaft mit diesem Thema, doch erst in den letzten Jahren haben deutsche und amerikanische Forscher auf diesem Gebiet große Fortschritte erzielt. Einer davon war die Entdeckung der Haftprinzipien. Kaum waren diese bekannt, kursierten schon die ersten Ideen einer technischen Umsetzung. Das Laufen an der Wand oder sogar kopfüber an der Decke wie Spiderman in den Comics scheint laut Medienberichten in greifbarer Nähe zu liegen. Was aber ist wirklich dran an diesen Phantasien?

Einer, der den Aufbau der Haftelemente bei verschiedenen Tieren systematisch untersucht hat und zu den Vorreitern auf dem Gebiet der technischen Nutzung dieser Haftprinzipien zählt, ist der Biologe Stanislav Gorb. Er und sein Team arbeiten am Max-Planck-Institut für Metallforschung in Stuttgart. Sein Weg bis dahin ist ebenso interessant wie ungewöhnlich und zeigt, wie unterschiedlich Forscher an das Thema Bionik gelangen können. Bis er als Biologe die Industrie von biologisch inspirierten Projekten überzeugen und für zahlreiche Kooperationen gewinnen konnte, war eine phantasievolle, engagierte und ausdauernde Forschungsarbeit notwendig. Inzwischen genießen er und sein Team auf ihrem Gebiet internationales Renommee und besitzen zahlreiche Industriekontakte, zu denen

Konzerne wie 3M oder DaimlerChrysler gehören. Seine Arbeiten halfen bei der Entwicklung neuer Technologien und führten zu zahlreichen Patenten.

Von schweren Köpfen und Klettverschlüssen

Dem leidenschaftlichen Interesse Gorbs an der Zoologie ist es zu verdanken, dass er bereits vor seiner Diplomarbeit Forschung betrieb. In seiner Freizeit half er seinem damaligen Betreuer Professor L. Frantsevich an dem Schmalhausen Institut für Zoologie in Kiew bei der Untersuchung von Farbsignalreizen bei Libellen. Diese gehören mit ihren Komplexaugen, die aus bis zu 30 000 Einzelaugen bestehen, zu den am besten sehenden Insekten; entsprechend spielt der optische Sinn eine überragende Rolle in ihrem Leben. Die Forscher benutzten Angelruten, mit denen sie wie beim Fliegenfischen mit Farbmustern bemalte Libellenattrappen über Wasserflächen schwangen. Je nach Farbe und Muster reagierten die umherfliegenden Libellen auf die Reize mit verschiedenen Verhaltensmustern. Auf diese Weise konnte die «Sprache» der Libellen entschlüsselt und die Rolle der Farben und Muster geklärt werden.

Im Winter mussten diese Untersuchungen ruhen. Deshalb beschäftigte sich Gorb mit der damals stark diskutierten Frage, wie die schweren Köpfe der Libellen überhaupt am Körper halten können, ohne bei den schnellen und wilden Manövern abzureißen. Bei den schnellsten Libellenarten werden immerhin kurzzeitig Geschwindigkeiten von bis 100 Stundenkilometern gemessen! Man vermutete, dass ein Arretierungsmechanismus an Kopf und Körper der Libellen ein Abreißen des Kopfes verhindert, genaue Untersuchungen lagen bis zu diesem Zeitpunkt aber nicht vor. Wie angenommen zeigte sich, dass der schwere Kopf der Libellen bei Bedarf mit Hilfe von Mikrostrukturen am Körper arretiert wird. Dies ist durch eine Art Klettverschluss möglich, der jedoch nicht aus Häckchen und Ösen besteht, sondern aus Härchen aufgebaut ist, die zur Spitze hin verdickt sind. Wie zwei Schuhbürsten kann die Libelle die Arretierungshär-

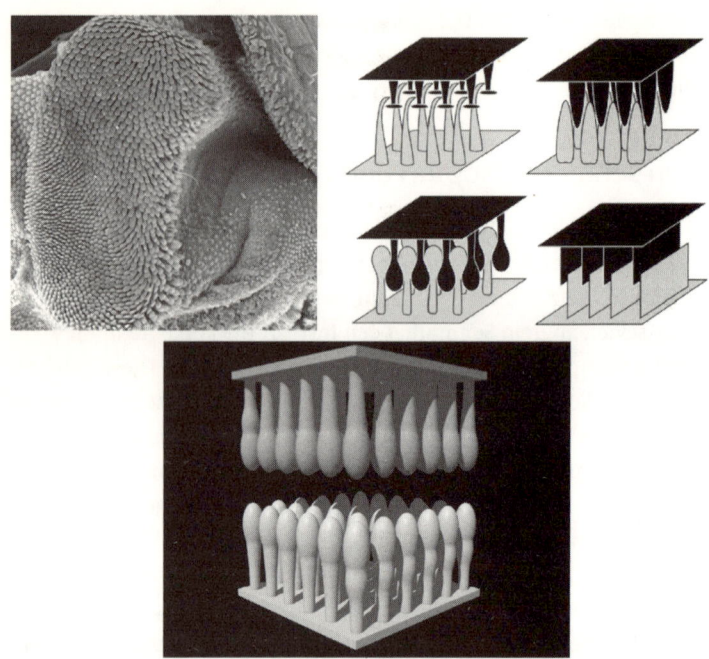

Abbildung 12: Am Hinterkopf, wie auch an den gegenüberliegenden Stellen am Körper, finden sich bei Libellen Arretierungsstrukturen (o. l.) (© S. Gorb, MPI Stuttgart); unterschiedlichste Strukturen werden für die Verankerung der schweren Libellenköpfe verwendet (o. r.) (© S. Gorb, MPI Stuttgart); nach dem Libellenvorbild werden verschleißarme Klettverschlüsse entwickelt (u.)

chen ineinander schieben, wobei sie durch die verdickten Enden besonders gut haften und sich nur schwer lösen lassen (Abbildung 12). Im Gegensatz zu herkömmlichen Klettverschlüssen, die aus Haken und Ösen bestehen und ebenfalls ihren Ursprung in der Biologie haben, nutzt sich dieses Haftsystem mit der Zeit nicht ab. Gemeinsam mit anderen Forschern konnte Gorb inzwischen acht Prinzipien beschreiben, wie Insekten Haftung erzeugen:

a) Einhakstrukturen

b) Schnappsysteme

c) Klemmsysteme

d) Spreizsysteme

e) Saugstrukturen

f) Reibungsflächen

g) adhäsive Sekrete

h) anschwellende Strukturen

Ich kleb an dir wie eine Klette

Das Prinzip der mechanischen Verhakung, ähnlich wie beim Klettverschluss, wenden viele Pflanzen bei der Verbreitung ihrer Früchte an. Diese so genannten Klettfrüchte heften sich mit ihren zu Widerhaken umgebildeten Haaren oder Blättern an Fell beziehungsweise Federn vieler Tiere (Epizoochorie). Eine besonders schmerzhafte Art der Verbreitung haben die Pflanzen in Form von Trampelkletten entwickelt. Besonders in den Trocken-, Steppen-, Dünen- und Wüstengebieten finden sich aufliegende oder niedrig wachsende Pflanzenarten, deren Früchte aus Trampelkletten bestehen. Mit ihren spitzen Klettvorrichtungen verhaken sie sich im Fußbereich darüber laufender Säugetiere oder dringen sogar in deren Hufe ein. Eine besonders grausame Art von Trampelkletten findet sich beim Gemshorn (*Proboscidea louisianica*), einer Pflanze aus der Familie der Gemshorngewächse (*Martyniaceae*) aus dem Süden Nordamerikas. Die längliche, verholzte Frucht passt genau zwischen die Hufteile der Paarhufer. Dies ist sehr schmerzhaft für die Tiere, da zwischen den Hufen weiches Gewebe liegt. Zusätzlich haben die bis zu 12 Zentimeter langen Früchte, um ein Abstreifen zu verhindern, zwei aufwärts gebogene, auseinander spreizende Hörner, mit denen sich die Frucht an den Hufen der Tiere festkrallt (Abbildung 13).

Einmal in eine solche Tretfalle gelaufen, lässt die Frucht nicht mehr los und wird über viele Kilometer und Tage hinweg zu einem plagenden blinden Passagier für das Tier. Hin und wieder sterben die Tiere

Abbildung 13: Die Frucht des Gemshorns (*Proboscidea louisianica*) entwickelt sich zu einer für Tiere gefährlichen Trampelklette.

sogar, wenn sie sich nicht mehr befreien können und entweder einen langsamen Erschöpfungstod finden oder von Räubern gerissen werden. Die meisten Pflanzen aber, die für ihre Verbreitung Kletten verwenden, sind für ihre Träger weitaus weniger gefährlich. Diese Form der Verbreitung ist in vielen Pflanzenfamilien unabhängig voneinander entstanden. Die Vorteile dieser Methode liegen auf der Hand. Viele Pflanzen setzen bei der Ausbreitung ihrer Früchte auf optische Reize, gekoppelt mit süßen Düften und schmackhaften Belohnungen. Sie werden gegessen und wieder ausgeschieden. Der Aufwand für solche Lockmittel ist allerdings hoch und kostet die Pflanzen viel Energie. Kletten müssen nicht gut schmecken und erfordern von der Pflanze deshalb nur verhältnismäßig wenig Energie. Die beweglichen Tiere werden einfach als kostenloses Vehikel missbraucht und die Tatsache ausgenützt, dass diese manchmal viel Zeit brauchen, bis sie die lästigen Begleiter wieder loswerden und bis dahin viele Kilometer gelaufen sind.

Ähnlich muss es auch dem Vierbeiner des Schweizer Erfinders Georges de Mestrel ergangen sein. De Mestrel musste seinen Hund nach dem Spazierengehen im Wald stets von den lästigen Kletten des Kletten-Labkrauts (*Galium aparine*) befreien. Schließlich ging er der Frage nach, wie es die Früchte schafften, sich derart gut im Fell festzukrallen. De Mestrel entdeckte unter dem Mikroskop, dass sich die Kletten mit winzigen Widerhaken an den Hundehaaren hielten und kam dabei auf die Idee, das Prinzip des Verhakens der Widerhaken in Ösen 1951 zum Patent anzumelden. Erste Klettverschlüsse der Firma Velcro wurden damals mit dem Slogan «Der Klette abgelauscht» beworben. Bis heute bleibt trotz der vielen Vorteile ein entscheidender Nachteil dieser Verschlüsse bestehen. Mit der Zeit reißen die winzigen Ösen ab, oder die Haken verschleißen. Damit verliert der Klettverschluss immer mehr an Haftkraft und lässt sich zunehmend einfacher lösen.

Schwimmen, ohne nass zu werden? Nur eine Frage der Struktur!

Die von Gorb bei den Libellen entdeckten Strukturen könnten schon bald die gängigen Klettverschlüsse ablösen. Bei der systematischen Untersuchung von über 230 Libellenarten konnte er unterschiedlichste Arretierungssysteme beschreiben. Fasziniert von dieser Vielfalt begann er, sich auf Strukturen und Funktionen der verschiedenen Systeme bei Insekten und später auch bei anderen Tiergruppen zu spezialisieren. Im Rahmen eines Auslandsstipendiums gelangte er an die Universität in Wien und forschte dort am Institut des bekannten Zoologen Friedrich Barth an Spinnen. Unter anderem untersuchte er eine Spinnenart (*Dolomedes plantarius*), die in der Lage ist, über Wasser zu laufen. Ihre Oberfläche, mit feinen, unbenetzbaren Härchen übersät, ermöglicht es ihr, bei Gefahr sogar von der Wasseroberfläche aus in die Luft zu springen – eine weitere faszinierende Eigenschaft von mikrostrukturierten Oberflächen.

Ähnlich wie beim Lotusblatt nutzen einige Tiere haarige Strukturen, um über Wasser zu laufen. Ein imposantes Beispiel ist der Wasserläufer (*Gerris lacustris*), der scheinbar mühelos in Tümpeln und Gartenteichen wie ein Surfer über die Wasseroberfläche gleitet. Ein anderer naher Verwandter, der Meerwasserläufer, erblickt in seinem Leben niemals das Land. Von Eiablage über Fortpflanzung und Ernährung finden alle Vorgänge auf dem freien Meer statt, manchmal bis zu tausende Kilometer vom nächsten Festland entfernt. Ihr «Seemannsdasein» verdanken sie ihren Strukturen, die ebenfalls für die Technik interessant sind. Erste nachgebaute Wasserläufer existieren bereits und wurden am weltbekannten Massachusetts Institute of Technology vorgestellt. Wir am Nees-Institut der Bonner Universität gehen noch einen Schritt weiter und denken darüber nach, Badetextilien nach dem Vorbild der Wasserjagdspinne (*Ancylometes bogotensis*) herzustellen. Diese kann mit ähnlichen Strukturen sogar tauchen, ohne zu benetzen. Schwimmen, ohne nass zu werden? In der Natur ein alltägliches Phänomen, es kommt nur auf die Oberfläche an!

Metallforschung und Geckos?

Kommen wir zurück auf Gorbs Arbeiten zur Haftung. Am MPI für Metallforschung in Stuttgart geht er inzwischen mit seiner eigenen Arbeitsgruppe den Fragen der Haftung oder Nichthaftung nach. Das Institut ist stark interdisziplinär orientiert, sodass Metalle mittlerweile eine eher untergeordnete Rolle bei der wissenschaftlichen Ausrichtung spielen. Zum Glück, denn die Kombination verschiedener Wissenschaftsdisziplinen ist wahrscheinlich die Zukunft der

Forschungslandschaft und ein Garant für erfolgreiche innovative Projekte. Gorb fand vor Ort Experten, die Modelle für Benetzungsphänomene erstellten, ebenso wie Festkörperphysiker, die mit modernsten Mikroskopen bis tief in den Nanometerbereich vordringen konnten. Diese Zusammenarbeit ermöglichte ihm letztlich die umfassende Erforschung der 300 Jahre alten Frage: Wie haften Insekten, Spinnen, Käfer oder Geckos an der Decke?

Die Strukturen dienen dabei nicht nur der Anheftung an einen bestimmten Untergrund, sondern können vielgestaltig eingesetzt werden. Einige Insekten verankern beispielsweise ihre Flügel am Körper oder halten ihren Geschlechtspartner nach dem Schlüssel-Schloss-Prinzip fest. Die Fülle der Beispiele von Haftstrukturen aus dem Insektenreich würde gänzlich den Umfang des Buches sprengen, deshalb wird im Folgenden lediglich das geheimnisvolle «Kleben» der Insekten, Spinnen und Geckos an nahezu jedem Untergrund behandelt. Die Analysen dieser Systeme werden schon in naher Zukunft, auch dank der umfassenden und systematischen Arbeit von Gorb und seinen Fachkollegen, zu neuen innovativen Produkten führen. Tesastreifen, die auf jedem Untergrund haften und gleichzeitig immer wieder neu verwendet werden können, ohne dass ihre Haftkraft nachlässt, sind durchaus keine Träumereien mehr, sondern Gegenstand der aktuellen Forschung bei internationalen Firmen.

Rutsch mir den Buckel runter, und ich weiß, wie du haftest

Die Haftkräfte, die an den Füßen mancher Tiere erzeugt werden, sind außerordentlich. Ein ausgewachsener Gecko von bis zu 40 Zentimeter Länge und einem Gewicht von über 100 Gramm zum Beispiel ist in der Lage, selbst mit einem einzigen Zeh noch an der Wand zu hängen, ohne abzugleiten. Die Haftzeher, wie der passende Name der Tierfamilie andeutet, bauen unglaubliche Haftkräfte an ihren mit feinsten Härchen übersäten Füßen auf. Basierend auf Messungen der Haftung von einzelnen Kontaktelementen des Fußes wurde eine Kraft pro Fuß errechnet, die 100 Newton entspricht. Das bedeutet: Ein gefüllter Wassereimer könnte am Fuß aufgehängt werden. Auf den Menschen übertragen müsste ein Kletterer an einer einzigen Hand hängend circa fünf Mittelklassewagen halten können. In Wirklichkeit sind die tatsächlichen Kräfte, mit denen der Gecko haftet, jedoch geringer. Dennoch bleibt die Frage offen, wie die Tiere diese Leistung überhaupt erbringen können.

Um dem Geheimnis der Haftung der Insekten, Spinnen, Käfer und Geckos auf die Schliche zu kommen, haben sich Forscher die abenteuerlichsten Versuche (zumindest für ihre Untersuchungsobjekte) überlegt. Von Röntgenbestrahlung bis zu Karussellen mit einigen tausend Umdrehungen in der Minute waren einige spektakuläre Aufbauten dabei. Die Theorien darüber waren mindestens genauso phantasievoll wie die Versuche selbst. Eine Auswahl der verschiedenen Hafttheorien für Geckos und in dem Zusammenhang durchgeführten Versuche hat der Forscher Uwe Hiller aus Münster zusammengestellt. Auch er hat ebenso wie Gorb Jahrzehnte mit der Erforschung der Haftung von Tieren zugebracht und wichtige Bausteine für die Entschlüsselung der Prinzipien geliefert.

Der Fokus seiner Untersuchungen lag auf dem Aufbau der Geckohaftzehen. Hiller gehörte im Jahre 1968 zu den ersten Wissenschaftlern, die sich eines Raster-Elektronenmikroskops zur Darstellung von Strukturen bedienten und bildete mit einer bis dato unerreichten Vergrößerung den Feinbau der Gecko-Zehen ab. Die bereits mit dem bloßen Auge sichtbaren Lamellen, die in gewellten Reihen die Unterseite der Zehen überziehen, bestehen aus unzähligen feinen Härchen oder Haftborsten, auch Setae genannt. Beim Tokee (*Gekko gecko*) finden sich alleine 500 000 solcher Borsten auf einem Fuß, rund 5000 pro Quadratmillimeter. Jede Seta ist zur Spitze hin noch weiter in einzelne feine Spatulae verzweigt (Abbildung 14). Der Durchmesser dieser Strukturen liegt im Bereich von 200–500 Nanometern, und da bis zu Hunderte dieser feinen Spatulae auf jeder Seta vorliegen, beträgt die Anzahl der Haft-Strukturhärchen auf einem Geckofuß einige Millionen.

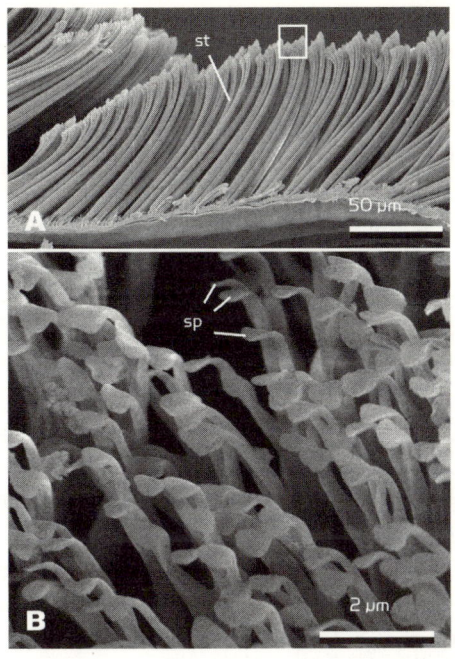

Abbildung 14: Raster-elektronenmikroskopische Aufnahmen der Haftborsten des Tokee-Geckos (*Gekko gecko*). Die einzelnen Setae (st) sind an der Spitze weiter in viele feine Spatulae (sp) verzweigt. (© S. Gorb, MPI Stuttgart)

Noch bevor der Feinbau der Zehen bekannt war, kursierten bereits viele Ideen, wie die Geckos haften könnten. Ende des 19. Jahrhunderts gab es Vermutungen, dass ein Vakuum (Unterdruck) zwischen den Oberflächen und den Füßen der Tiere für das Haften an den Untergründen verantwortlich sei oder dass die Elektrostatik eine Rolle spielen könnte. Um die Theorien zu überprüfen, wurden zum Beispiel die Beine eines Geckos abgeschnitten, in einer Druckkammer an die Wand geheftet und ein Vakuum erzeugt. Würde der Unterdruck für die Haftung verantwortlich sein, müsste der Fuß bei Vakuum von der Wand fallen. Die Forscher konnten aber keine Verringerung des Haftvermögens feststellen. Um zu zeigen, dass auch elektrostatische Wechselwirkungen für das Haftvermögen nicht verantwortlich sein können, hat der Wissenschaftler W.-D. Dellit schon 1934 einen Gecko auf einer verchromten Metallplatte laufen lassen und anschließend Platte und Tier Röntgenstrahlung ausgesetzt. Auch eine Behandlung des Tieres mit radioaktiven Substanzen führte er durch. Beide radikalen Methoden eigneten sich hervorragend, um zu beweisen, dass elektrostatische Kräfte keine Bedeutung bei der Haftung spielen; der Gecko haftete unvermindert gut an der Platte.

Andere Wissenschaftler vertraten die Theorie, dass sich die Tiere an der Oberfläche festkrallen. Bei geringerer Vergrößerung erkennt man nämlich nicht die feinsten Härchen, sondern nur leicht abgebogene Strukturen, sodass die Haftborsten wie Krallen aussehen, die in die feinen Vertiefungen der Oberflächen eindringen können. So wurde eine Theorie nach der anderen diskutiert, entkräftet, zum Teil widerlegt und teilweise wieder aus den Schubladen geholt. Eine Klärung schien lange Zeit nicht möglich, sodass in der Diskussion auf ein «bislang noch unzugängliches Gebiet» hingewiesen wurde.

Fußspuren im Mikroskop

Auch die «Füße» der anderen haftenden Tiergruppen sind komplex aufgebaut. Neben Krallen und Saugnäpfen finden sich auch bei Käfern, Bienen und Fliegen (Abbildung 15) feinste Härchen, die zur Haftung eingesetzt werden, aber ihre Anzahl pro Fläche ist geringer. Bei kleinen Fliegen findet sich gerade mal eine Seta auf 1000 Quadratmikrometern, bei Käfern sind es auf der gleichen Fläche bereits schon einige Dutzend. Spinnen besitzen bis zu 1000 Setae pro 1000 Quadratmikrometer. Die Dichte der Haare wirkt sich direkt auf die Haftung der Tiere aus, wie Gorb mit Hilfe einer Zentrifuge (ähnlich einem Karussell) an Insekten untersuchen konnte. Die nach außen wirkende Zentrifugalkraft wirkt der Haftkraft eines Tieres entge-

Abbildung 15: Raster-elektronenmikroskopische Aufnahme der Haft-strukturen am Fuß der Gemeinen Keilfleckschwebfliege (*Eristalis pertinax*). (© S. Gorb, S. Niederegger, J. Berger, MPI Stuttgart)

gen. Bei langsamen Geschwindigkeiten vermögen die Tiere problem-los auf der Drehscheibe zu haften, bei höheren Geschwindigkeiten beginnen sie zu rutschen, bis sie, stark beschleunigt wie ein kleines Geschoss, davonschießen. Bei einigen Käfern mussten Geschwindig-keiten von über tausend Umdrehungen eingestellt werden, bis sie von der Oberfläche abrutschten.

Bei größeren Insekten wie Heuschrecken untersuchten die Forscher die Haftkraft mit Reibungsmessgeräten, die speziell für diesen Zweck in Zusammenarbeit mit Firmen entwickelt wurden. Dafür wurden die Beine in eine Apparatur eingespannt und die Füße mit einer Oberfläche in Kontakt gebracht, die mit einer feinen Zugwaa-ge verbunden war. Zog man an einem Bein, zeigte die Waage die

Kraft an, die notwendig war, um den Fuß abrutschen zu lassen. Auch direkte Adhäsionsmessungen an einem einzigen Hafthärchen wurden durchgeführt. Dafür bedienten sich die Forscher der modernen Raster-Kraftmikroskopie, die ursprünglich zur Abbildung einzelner Atome in der Physik eingesetzt wurde. Da die Mikroskope zur Abbildung die molekularen Wechselwirkungen zwischen Oberflächenatomen und der Abtastspitze (ähnlich wie bei einem Plattenspieler, nur extrem fein) nutzen, konnte die Wechselwirkung mit dem Hafthärchen bei Annäherung und Entfernung gemessen werden. Die dort wirkenden Kräfte entsprechen den Adhäsionskräften.

Während für einige Insekten wie für Fliegen und Käfer gezeigt werden konnte, dass auch Sekrete zur Adhäsion eingesetzt werden, scheinen Spinnen und Geckos «trocken» an Oberflächen anzuhaften. Die Sekrete der Insekten sind, wie bei den Klebstoffen erwähnt, ideale Haftvermittler. Der Flüssigkeitsfilm erzeugt eine hinreichende Nähe zur Oberfläche, und die Haftung kann über Kapillarkräfte aufgebaut werden. Fliegen vermögen sogar Sekrete an den «Füßen» auszuscheiden, die unterschiedliche Benetzungseigenschaften aufweisen. Gorb ist es gelungen, die winzigen Fußspuren der Fliegen, die in Form mikroskopischer Pfützen auf einer Glasscheibe verbleiben, zu untersuchen. Die Sekrete bilden ein Gemisch aus hydrophilen (Wasser liebenden) und hydrophoben (Wasser abstoßenden) Substanzen. So wird je nach Oberfläche, zur Verbesserung der Haftung, die eine oder die andere Flüssigkeit eingesetzt.

300 Jahre Diskussion beendet?

Zusammenfassend beruht die erstaunliche Eigenschaft der Insekten, Spinnen und Geckos, an jeder Oberfläche zu haften, auf verschiedenen Mechanismen. Auf groben und rauen Oberflächen nutzen die meisten Tiere Krallen, ähnlich wie eine Katze, die Bäume hochklettert. Gleichzeitig verfügen die Tiere jedoch über sehr weiche «Füße», die in der Lage sind, sich den kleinsten Oberflächenstrukturen selbst im Mikro- und Nanometerbereich anzupassen. Diese weichen Haftstrukturen können wie bei Geckos und Spinnen aus einzelnen Härchen oder aus Polstern aufgebaut sein, die vorwiegend bei Schaben, Heuschrecken und Bienen zu finden sind. Bei den Insekten kommen ebenfalls beide Haftstrukturvarianten, manchmal sogar in Kombination, vor.

Allgemein konnte Gorb mit Forscherkollegen unabhängig vom Haftprinzip zeigen, dass mit der Größe oder besser dem Gewicht der Tiere die Anzahl der einzelnen Haftborsten pro Fläche steigt. Während die leichten Fliegen und Käfer, die gerade mal 1 Gramm erreichen, wenige Setae besitzen, steigt die Anzahl bei den bis zu 10 Gramm wiegenden Spinnen an. Geckos, die ein Gewicht bis über 100 Gramm erreichen können, weisen durch die mehrfache Verzweigung ihrer Setae und einen Durchmesser der terminalen Strukturen von wenigen hundert Nanometern die größte Dichte auf.

Da keine Sekrete nachgewiesen werden konnten, beruht ihre Haftkraft hauptsächlich auf der schwächsten der möglichen molekularen Wechselwirkungen, der Van-der-Waals-Kraft. Diese gegenseitigen Anziehungskräfte wirken nur zwischen Partnern, die hinreichend nahe beieinander liegen. Gerade mal 1 Nanometer Abstand darf zwischen den Haftpartnern liegen. In diese Lücke würden nicht mal 20 Sauerstoffatome hineinpassen. Üblicherweise ermöglicht die Geometrie der Oberflächen nur an sehr wenigen Stellen eine solche Nähe, im Normalfall spielen diese Kräfte deshalb keine Rolle. Da aber die Spitzen der Hafthärchen der Geckos winzig klein und gleichzeitig flexibel sind, erreichen die meisten genügend Nähe zur Oberfläche. Die Van-der-Waals-Wechselwirkung wird so zur dominierenden Kraft, die sich durch Millionen Kontakte zu einer riesigen Haftkraft des Tieres addiert.

Diese Erkenntnis wurde von amerikanischen Forschern zuerst publiziert und sorgte 2000 für weltweites Aufsehen. Drei Jahre später folgten Forscher aus Manchester und Russland mit einer Publikation in der renommierten Zeitschrift *Nature Materials* mit einem ersten Klebeband nach dem Vorbild der Geckohaare. Winzige Polyamid-Säulen mit einer Höhe von 0,15–2 Mikrometer und einem mittleren Abstand von 0,4–4,5 Mikrometer, die in einem aufwendigen Prozess auf einer kleinen Fläche hergestellt wurden, konnten bereits Haftkräfte erzeugen, die eine 40 Gramm schwere Spiderman-Puppe an der Decke haften ließen.

Diese Nachricht und die sicherlich sehr geschickte Abbildung der Spielpuppe mit einer Hand von der Decke hängend heizten die Phantasien über mögliche Geckohandschuhe oder Geckoroboter an.

Die verwendeten Strukturen waren aber nicht besonders haltbar. Bereits nach dem ersten Einsatz funktionierte der «Geckokleber» nicht mehr: Die Strukturen kollabierten nach dem Gebrauch. Gorb und seinem Kollegen Andrei Peressadko gelang 2004 ebenfalls die Herstellung eines «Geckoklebers», der jedoch selbst nach tausend Klebzyklen immer noch funktionierte. Gemeinsam mit der Robotik-Gruppe von der Case Western Reserve University in Cleveland (Ohio, USA) realisierten sie 2005 den ersten Klettroboter, der mit trockenen «Adhäsiven» nach dem Vorbild der Geckos eine Glasscheibe hochlaufen konnte.

Inzwischen arbeiten weltweit Forscher mit verschiedensten Materialien und Methoden an der Realisierung der trockenen Haftung (Abbildung 16). Aktuelle Nachrichten, dass die Geckofüße nicht verschmutzen, da Schmutzpartikel energetisch günstiger an den Wänden als an den einzelnen Setae haften, lassen hoffen, einmal Klebestreifen konstruieren zu können, die immer wieder ohne Verschmutzung verwendet werden können.

Den Visionen des Menschen, sich Geckohandschuhe und –schuhe anzuziehen und jede Oberfläche mühelos zu erklimmen, muss Gorb aber widersprechen. Die Dichte der Härchen wächst mit dem Gewicht. Für den Menschen müssten die Strukturen noch feiner, wahrscheinlich 4 Nanometer im Durchmesser sein, damit sie unser Gewicht nach dem gleichen Prinzip tragen könnten. Trotzdem bleiben die möglichen Anwendungen höchst interessant.

Neben dem selbstreinigenden, wieder verwertbaren und trockenen

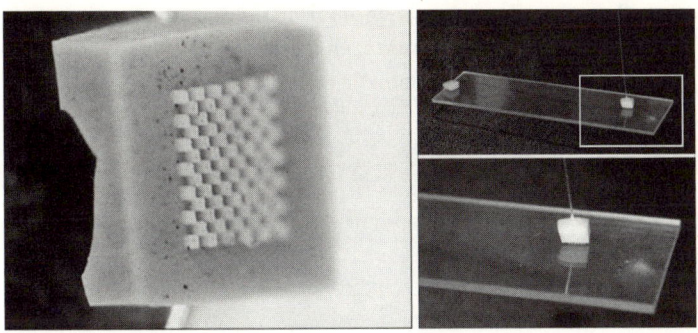

Abbildung 16: Ein Prototyp eines strukturierten Polymers nach dem Vorbild der Geckofüße vermag bereits eine Glasscheibe anzuheben.
(© S. Gorb, MPI Stuttgart)

Klebestreifen könnten beispielsweise Probleme bei der Herstellung von Mikrochips gelöst werden. Unter Vakuum, das beim Herstellungsprozess benötigt wird, arbeiten die schonenden Sauggreifer nämlich nicht mehr, die die Siliziumplatten transportieren sollen. Ein Greifer nach dem Vorbild des Geckos hätte hier kein Problem.

Die Forscher erreichen zwar mit den inzwischen hergestellten bionischen Strukturen ähnliche Kräfte, wie am einzelnen Haar des Geckos gemessen, aber sie können ein banales Problem bislang nicht lösen: Die bionischen Strukturen haften genauso gerne auch an sich selbst. Die technischen Haare bilden Bündel, sodass für die Adhäsion an der Oberfläche weniger Strukturen zur Verfügung stehen. Obwohl der Gecko viel dichter stehende Härchen besitzt, hat er scheinbar eine Lösung des Problems gefunden, die den Materialwissenschaftlern noch verborgen ist.

Vielleicht fragen Sie sich, wie die Tiere bei den großen Haftkräften überhaupt noch über Oberflächen laufen, ohne nach dem ersten Kontakt stecken zu bleiben? Hier die Lösung: Das Enthaften der Füße von der Oberfläche erfolgt entweder über ein allmähliches Lösen einzelner Härchen wie beim Gecko, der seine Zehen teilweise nach oben einrollen kann, oder die «Haftfüße» werden in eine Richtung belastet, in der die Strukturen an der Oberfläche weniger haften (zum Beispiel bei Fliegen).

Sinnliche Tiere

Bereits der griechische Philosoph Platon erkannte, dass die uns umgebende Welt lediglich ein Abbild unserer Sinneswahrnehmung ist. Ein Blinder erlebt seine Umgebung völlig anders als ein tauber Mensch. Beide würden ihre Welt vollkommen unterschiedlich beschreiben, und doch hätten beide Recht, da sie sich jeweils auf die ihnen von den Sinnen zur Verfügung gestellten Informationen stützen. Die Augen verarbeiten Lichtsignale und informieren uns über Farben, Formen, Entfernungen und Geschwindigkeit. Sie ermöglichen uns damit eine Bewegung im Raum und gehören zu den wichtigsten Sinnen des Menschen. Aber unser Bild der Welt wird auf der Netzhaut auf dem Kopf stehend abgebildet. Erst unser Gehirn «kippt» das Bild wieder gerade. Oder steht die tatsächliche Welt auf dem Kopf, und unser Gehirn spielt uns einen Streich (würde wahrscheinlich Platon fragen)?

Die Umwelt nehmen wir in Form vielfältiger Signale wahr, die auf uns von überall her einwirken. Die Verarbeitung der Signale ist dabei stets gleich. Ein Rezeptor nimmt die Signale wahr, und Nervenbahnen transportieren diese Informationen als elektrische Signale an ein übergeordnetes Verarbeitungssystem, zum Beispiel das Gehirn. Dort werden die Informationen gefiltert und aufbereitet. Die Prozesse am Rezeptor werden Reiz- oder Stimulustransduktion (Verwandlung) genannt, da unterschiedlichste Signale in elektrochemische Signale der Nerven überführt werden. In einem weiteren Prozess wird das Nervensignal entschlüsselt (decodiert), sodass der Organismus den ursprünglichen Reiz richtig interpretiert. Die beiden Schritte der Transduktion und Decodierung sind bei Menschen und Tieren gleich. Dennoch können wir beispielsweise keinen Ultraschall wie Fledermäuse und Delphine hören oder elektrische Felder wie manche Fische fühlen. Der entscheidende Unterschied ist deshalb in der Reizaufnahme zu suchen. Die Natur hat spezialisierte Sensoren in einer Fülle hervorgebracht, dass Wissenschaftler oft nicht einmal wissen, welche Reize überhaupt damit wahrgenommen werden. Das Potenzial der Sensorbionik, innovative Lösungen für technische Probleme zu liefern, wird deshalb als sehr hoch eingeschätzt.

Lebensquell Feuer

Millionen Hektar Waldfläche werden jedes Jahr weltweit durch Feuersbrünste vernichtet. Oft werden die Brände durch Menschen verursacht, aber noch viel häufiger entstehen sie durch Blitzschlag. Das Entsetzen ist stets groß, zumal die meisten Tiere und Pflanzen in den Flammen zugrunde gehen. Leicht wird dabei übersehen, dass es ganze Landstriche gibt, die regelmäßig auftretende Waldbrände dringend brauchen. Die Natur hat sich in Jahrmillionen an diese Ereignisse angepasst. Und obwohl nahezu alles durch das Feuer zerstört wird, bereitet es den Weg für neues Leben.

Wer kann sich schon vorstellen, dass manche Tier- und Pflanzenarten ihr Überleben sogar ausdrücklich den Flammen verdanken? Bestes Beispiel sind einige Bäume in Australien. Bei vielen Arten von Eukalyptus und den in Australien und Südafrika weit verbreiteten Proteazeen (zum Beispiel *Banksia*) hat in Jahrmillionen eine spezielle Anpassung an die häufig auftretenden Feuer stattgefunden. Auch Brände bedeuten für die Natur einen Selektionsdruck, der durch genetische Anpassung einigen Arten einen Überlebensvorteil gesichert hat. Die Früchte von *Banksia* fallen nicht einfach, nachdem sie reif sind, auf den Boden, vielmehr bleiben sie teilweise viele Jahre unverändert am Baum hängen. Räuber und andere Tiere kommen nicht an die nährstoffreichen Samen heran; sie sind derart fest am Fruchtstand verankert, dass selbst ein starker Mann nicht in der Lage ist, sie abzubrechen, geschweige denn sie zu öffnen.

Kommt es dann zu einem Feuer, sorgt die enorme Hitze dafür, dass die Samenkapseln geöffnet werden und der Samen herausfallen kann. Die Hitze ist in diesem Fall das ausschlaggebende Signal für die Pflanze, dass sie jetzt einen großen Vorteil ausnutzen kann. Nahezu alle pflanzlichen Konkurrenten sind dem Feuer zum Opfer gefallen und haben sich in Form von Asche zu einem idealen Dünger verwandelt. Die Wahrscheinlichkeit für erfolgreiche Nachkommen, die sich zunächst ohne Konkurrenz etablieren können, ist zu einem solchen Zeitpunkt am höchsten. Diese speziell an das Feuer angepassten Pflanzen werden Pyrophyten genannt. Im Falle von einigen Proteazeen spricht man sogar von obligaten Pyrophyten: Pflanzen, die ohne Brände nicht überleben könnten. Flammen bedeuten in der Natur eben nicht nur Tod und Verderben, sondern auch neues Leben.

Auch einige Tiere profitieren vom Feuer. Während große und schnelle Tiere vor Bränden fliehen können, bedeutet ein Wald- oder Savannenbrand für viele kleinere Tiere wie flugunfähige Insekten den Tod. Vor einer Feuerwand kann man deshalb kleinere Säuger und Kriechtiere beobachten, die um ihr Leben rennen. Einige Vögel nutzen diese «Massenflucht» für sich aus. Während die einen fliehen, finden die anderen einen reich gedeckten Tisch. Die Nahrung läuft ihnen geradezu ins Maul. Andere Tiere durchstöbern die abgebrannten Flächen nach all den Überresten derer, für die die Flammen zu schnell waren. Glücklicherweise ziehen aber die meisten Feuer so schnell durch das Dickicht, dass Tiere, die sich eingraben konnten oder hinreichend tiefe Gänge im Boden besitzen, solche Katastrophen überstehen. Bei Waldbränden wird die oberste Bodenschicht nur kurzfristig auf 70–100 Grad Celsius erhitzt, und auch Bäume überstehen ein solches Ereignis meist ohne Probleme, da in Höhen von 0,5 bis 1 Meter gerade einmal 500 Grad Celsius erreicht werden. Diese Brände werden «Bodenfeuer» genannt.

Katastrophale Auswirkungen haben jedoch Kronenfeuer, die mit Temperaturen von mehr als 1000 Grad Celsius alles vernichten, was ihnen in den Weg kommt. Solche Feuer finden auch ab und zu in unseren Breiten statt, und wie zu erwarten, versuchen sich die Tiere des Waldes vor einem solchen Feuer in Sicherheit zu bringen. Je früher sie gewarnt werden, desto höher sind die Chancen insbesondere für kleine Tiere, dem Feuer zu entkommen.

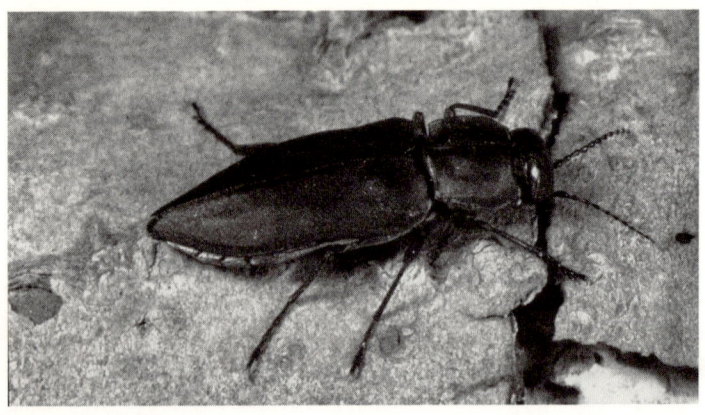

Abbildung 17: Der einen Zentimeter lange Schwarze Kiefernprachtkäfer *Melanophila acuminata*. (© H. Schmitz, Zoologie Bonn)

Der Brandgeruch ist ein erstes warnendes Signal, das sich schnell in alle Richtungen ausbreitet und damit die Tierwelt lange im Voraus alarmiert. So kommt es, dass auch ein kleiner, nur etwa 1 Zentimeter großer Käfer in seiner «Nase» (in diesem Fall handelt es sich um seine Antennen) einige wenige Moleküle der Rauchgase des brennenden Holzes erfasst. *Melanophila acuminata* ist der Name des kleinen Käfers, der auch Schwarzer Kiefernprachtkäfer (Abbildung 17) genannt wird.

Vor allem die Guajakol-Verbindungen des Rauchgases sind es, die in den Antennen des Käfers eine starke neuronale Reaktion auslösen. Bereits Konzentrationen von nur 1 Pikogramm/Milliliter können wahrgenommen werden. Das bedeutet, dass die «Duftfahne» eines einzigen brennenden zwei Meter hohen Kiefernstamms (30 Zentimeter Umfang) bei schwachem Wind (30 Zentimetern pro Minute) von einem Käfer noch in einer Entfernung von einem Kilometer wahrgenommen werden kann. Da selbst bei einem kleinen Waldbrand meist mehrere tausend Bäume verbrennen, ist davon auszugehen, dass die Käfer das Rauchsignal wahrscheinlich aus einer noch viel größeren Entfernung wahrnehmen können. Reichlich Zeit also, um die Flucht vor dem Feuer zu ergreifen. Der Käfer spreizt seine Flügel und schwingt sich in die Höhe. Kaum über den Baumkronen angekommen, versucht er das Feuer zu lokalisieren. Während unter ihm die Tiere in Angst fliehen, scheint der Käfer geradezu auf das Feuer loszufliegen. Sein Verhalten könnte uns zum Beispiel helfen, in Zukunft nachts sicherer Auto zu fahren. Wie das zusammenhängt, werden wir im Folgenden klären.

Das unsichtbare Licht in der Dunkelheit

Zoologen der Bonner Universität um Horst Bleckmann und Helmut Schmitz haben zeigen können, dass der kleine Kiefernprachtkäfer in der Lage ist, das Feuer nicht nur zu riechen, sondern es auch mit speziellen Sinnesorganen hoch empfindlich zu lokalisieren. Dabei wendet der Käfer eine Methode an, die in dieser Form in der Technik bislang nicht verwirklicht ist, und eröffnet damit den Weg für eine technisch hochinteressante innovative Anwendung.

Bereits in den 1960er Jahren haben Wissenschaftler bei Verhaltensversuchen zeigen können, dass der Schwarze Kiefernprachtkäfer bei Bestrahlung durch Infrarot-(IR)-Licht mit schnellen Antennenbewegungen reagieren. Offensichtlich verursacht diese, für uns nicht sichtbare, Strahlung eine deutliche Verhaltensänderung. Die IR-Strahlung ist wie das sichtbare Licht eine elektromagnetische Strahlung. Sie breitet sich in Lichtgeschwindigkeit aus und unterscheidet sich von dem für uns wahrnehmbaren Licht lediglich durch ihre Frequenz beziehungsweise Wellenlänge. Die Wellenlänge ist größer und liegt im Bereich zwischen 700 Nanometern bei nahem und bis zu 20 Mikrometern bei extremem Infrarot (Abbildung 18).

Eine längerwellige IR-Strahlung sendet auch der Mensch bei normaler Temperatur aus, und nicht nur er, sondern ebenfalls die Gegenstände in unserer Umgebung. Damit können sie bei Temperaturdifferenzen im Dunkeln sichtbar gemacht werden. Dies ist der

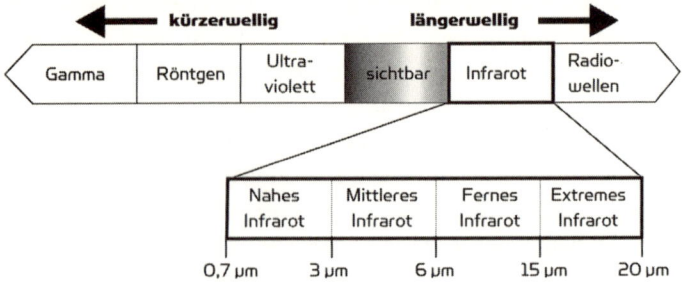

Abbildung 18: Spektrum elektromagnetischer Strahlung

Grund, warum Soldaten bei Nacht Infrarotbrillen tragen. Die Nacht wird dadurch zum Tage. Auch die Polizei setzt bei der Hubschrauber-Suche nach Verbrechern oder Vermissten IR-Kameras ein, um in Wäldern Personen ausmachen zu können. Dabei gilt, dass die Infrarotstrahlung eines Körpers umso intensiver aufscheint, je wärmer er ist. Ein Waldbrand erzeugt eine Wärmestrahlung im nahen bis mittleren Infrarot (Wellenlänge 2–4 Mikrometer). Und gerade in diesem Bereich von 3–5 Mikrometern liegt in unserer Atmosphäre ein so genanntes «IR-Fenster». Das bedeutet, dass die Strahlung in diesem Wellenlängenbereich nahezu ungehindert durchgelassen wird, ohne absorbiert zu werden.

Dieses IR-Fenster macht man sich bei der (sehr kostenintensiven) Suche aus dem Weltraum nach Waldbränden zu Eigen. Satelliten mit hochempfindlichen IR-Sensoren sind in der Lage, selbst durch Wolken hindurch größere Waldbrände auszumachen. Solche technischen IR-Sensoren erreichen eine kaum vorstellbare Empfindlichkeit. Tatsächlich ist es heutzutage möglich, ein einziges IR-Photon (Lichtteilchen) nachzuweisen. Dafür bestehen die Detektoren aus teuren Halbleitermaterialien, die aber nur eine extrem hohe Empfindlichkeit erreichen, wenn sie auf mindestens −80 Grad Celsius gekühlt werden. Auf diese Weise wird das eigene thermische Rauschen dieser Detektoren unterdrückt. Im Weltraum ist der Einsatz solcher

Systeme relativ einfach, da sowieso tiefe Temperaturen vorliegen, aber auf der Erde müssen die Detektoren für eine ausreichende Empfindlichkeit mit flüssigem Stickstoff gekühlt oder mit anderen Mitteln auf tiefe Temperaturen gebracht werden.

Der IR-Rezeptor des Kiefernprachtkäfers

Ganz im Gegensatz zur kostenintensiven Detektion der IR-Strahlung in der Technik vermag der Kiefernprachtkäfer die Strahlung offenbar ohne viel Aufwand sehr empfindlich wahrzunehmen. Er braucht dabei auch nicht auf Halbleiterdetektoren zurückzugreifen, sondern

Abbildung 18: Spektrum elektromagnetischer Strahlung

nutzt ein gänzlich anderes physikalisches Prinzip aus. Der Weg zu dieser Erkenntnis war lang, und wie so oft in der Bionik waren für die Entschlüsselung des Problems ungewöhnliche Untersuchungsmethoden notwendig. Zunächst begannen die Forscher Horst Bleckmann und Helmut Schmitz mit dem Nachweis der Reizwahrnehmung und Reizverarbeitung. Alle *Melanophila*-Arten, die Waldbrände anfliegen, verfügen über paarige Grubenorgane, die sich unmittelbar hinter den Hüften der Mittelbeine am Thorax (Körperabschnitt zwischen Kopf und Hinterleib) befinden. Man kann sie bereits mit den bloßen Augen sehen, da die etwa 0,2 Millimeter breiten und 0,3 Millimeter langen Gruben mit einem Geflecht feiner weißer Wachsfäden angefüllt sind. Unter dem Wachsgeflecht finden sich die eigentlichen Sensoren, in diesem Fall IR-Sensillen genannt. Am Grunde der Vertiefung sieht man unter dem Raster-Elektronenmikroskop etwa 70–80 kuppelförmige Erhebungen, die jeweils an einer Stelle kleine Poren aufweisen. Aus diesen Poren dringt das Wachs nach außen. Wahrscheinlich schützt das Wachs einerseits die Grube vor Verschmutzungen (siehe Kapitel «Die unglaubliche Welt der Oberflächen»), andererseits sorgt es für gleich bleibende Temperaturbedingungen an den Sensoren, die sonst beim Flug durch den Wind ständig unterschiedlich gekühlt würden. Die kuppelförmigen

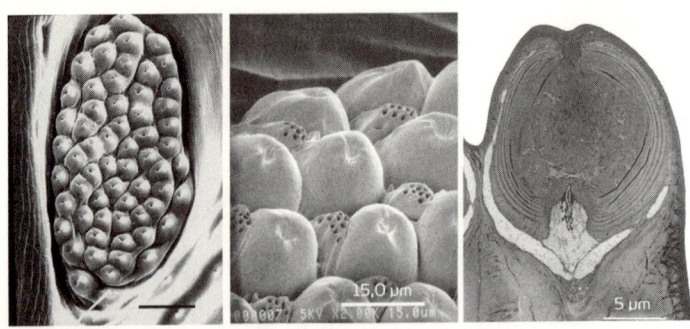

Abbildung 19: Grubenorgan eines Kiefernprachtkäfers (l.); Detailaufnahme der IR-Sensillen mit Wachsporen (m.); Längsschnitt durch ein IR-Sensillum. In der Mitte unten ragt ein Nervenfortsatz (Dendrit) in die Cuticulakugel hinein (r.). (© H. Schmitz, Zoologie Bonn)

Erhebungen entsprechen dem von außen sichtbaren Teil der IR-Sensillen (Abbildung 19).

Diese sind kompliziert aufgebaut. Sie bestehen aus einer 2 Mikrometer dicken äußeren Cuticula, die die Kuppel bildet. An diese schließt sich nach innen hin ein Hohlraum an, der vollständig von einer Cuticulakugel mit einem Durchmesser von 12 Mikrometern eingenommen wird. Diese Kugel ist mit einem Stielchen am Dach der Cuticulakuppel befestigt. An der Basis ragt der Fortsatz einer Sinneszelle in die Kugel hinein. Auf diese Weise ist jede der IR-Sensillen mit einer Nervenzelle verbunden (Abbildung 19).

Anatomisch unterscheidet sich diese Art der Nervenzelle nur wenig von der eines Mechanorezeptors bei Insekten. Mechanorezeptoren dienen den Insekten zur Wahrnehmung von mechanischen Reizen, die zum Beispiel bei der Auslenkung einzelner Haare entstehen. Dabei wird der mechanische Reiz (Auslenkung) durch Druckveränderung an dem Dendritenfortsatz der Nervenzelle in ein elektrisches Signal umgewandelt und über die Nervenbahnen weitertransportiert.

Wie aber nützt dem Kiefernprachtkäfer ein Mechanorezeptor, um elektromagnetische Strahlung (IR-Strahlung) wahrzunehmen? Bei Versuchen mit Infrarotlasern, die im Aufbau ganze Räume des Physikalischen Instituts in Bonn in Anspruch nahmen, zeigte sich, dass tatsächlich eine Erregung der offensichtlich mechanosensitiven Sinneszelle stattfand, wenn die Sensillen mit dem Laser getroffen wurden.

Nur durch die ungewöhnliche Zusammenarbeit zwischen Physikern, die in komplizierten technischen Aufbauten die spezielle Laserstrahlung generierten und Biologen, die als Versuchsobjekt den nur einen Zentimeter großen Käfer beisteuerten, erhielten die Forscher die entscheidenden Hinweise über Funktionsweise und Empfindlichkeit der Infrarotwahrnehmung. Dabei ist nicht nur der Aufbau des Lasers kompliziert. Oft ist die Suche nach Antworten im biologischen System mindestens genauso schwierig. Da elektrophysiologische Untersuchungen zur IR-Detektion am Käfer durchgeführt werden sollten, musste eine einzelne, gerade mal einige wenige Mikrometer große Nervenzelle mit einer hauchfeinen Nadel getroffen und die nur wenige Mikrovolt starken Nervensignale abgegriffen werden. Letztere mussten zudem mit einer Auflösung von unter 1 Millisekunde aufgenommen werden. Hinzu kam, dass die dazu notwendige Apparatur und Abschirmung gegenüber Störsignalen beinahe genauso kompliziert war wie der eigentliche Aufbau des Lasers.

Der Aufwand hat sich gelohnt. Die Versuche zeigten, dass die Sensillen bereits nach drei Millisekunden auf die IR-Strahlung reagieren und dass selbst geringste Laserleistungen pro Quadratzentimeter ausreichen, um ein Nervensignal zu erhalten, welches ein phasisches Verhalten zeigt. Das bedeutet: Auf einen IR-Reiz antwortet die Nervenzelle nur kurz, auch wenn das Signal länger andauert. Wahrscheinlich muss also der Käfer, da die Grubenorgane an den Seiten liegen, auf der Suche nach dem Waldbrand zunächst Schlangenlinien fliegen. Dabei werden die Grubenorgane abwechselnd bestrahlt. Der Käfer reagiert jeweils mit einem Hinwenden, bis das Signal wieder an der gegenüberliegenden Seite auftritt. Auf diese Weise fliegt er zunehmend zielstrebig auf das Feuer zu.

Ein Mechanorezeptor und die IR-Spektroskopie

Anhand der Experimente haben die Forscher berechnet, dass 500 Mikrowatt pro Quadratzentimeter ausreichen sollten, um ein Nervensignal zu erhalten. Selbst ein Waldbrand von der Größe nur eines Hektars (etwas mehr als ein Fußballfeld) könnte also noch aus einer Entfernung von 12 Kilometern wahrgenommen werden. Trotz dieser hohen Empfindlichkeit bleibt immer noch die Frage offen, wie genau die IR-Strahlung über die eigentlich mechanisch arbeitenden Sensillen aufgenommen wird. Antwort auf diese Frage lieferte der auf IR-Spektroskopie spezialisierte Bonner Physiker Manfred Mürtz. Sein Fachgebiet ist der Nachweis von Molekülen mittels IR-Strahlung. Dabei nutzt man die Tatsache aus, dass Moleküle, bestehend aus Atomen und den entsprechenden Bindungen, entlang dieser Bindungen schwingen. Die Verbindungen zwischen den Atomen sind oberhalb des absoluten Nullpunkts (−273 Grad Celsius) nicht starr, sondern schwingen wie mit einem Gummiband verbunden elastisch hin und her.

Diese Schwingung ist charakteristisch für die Moleküle. Kennt man die Schwingfrequenz des Moleküls, ist vorhersagbar, um welche Moleküle und die daran beteiligten Atome es sich handelt. Wird die Bindung zwischen den Atomen von einem IR-Photon getroffen, so absorbiert die Bindung die Energie des Lichtteilchens und überträgt diese auf das gesamte Molekül. Das führt zu einer stärkeren Bewegung des Moleküls, und diese Veränderung macht sich dann als Temperaturänderung bemerkbar. Absorbieren viele Moleküle gleichzeitig die Strahlung, führt die Temperaturänderung auch zu einer Ausdehnung; die Moleküle benötigen für ihre Bewegungen mehr Platz.

Womit wir bei einem mechanischen Vorgang angelangt wären. Tatsächlich funktioniert die Energieübertragung des IR-Photons nicht

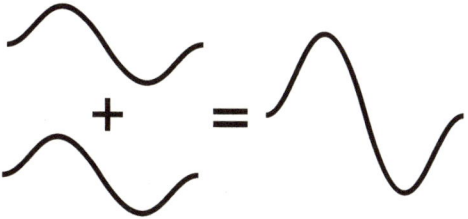

Abbildung 20: Überlagern sich Wellen gleicher Wellenlänge und Frequenz exakt übereinander, kommt es zur Verdopplung der Amplitude.

immer, sondern nur im Falle einer Art Resonanz. Ein schwingfähiges System besitzt eine Eigenfrequenz, die bei Anregung mit einer Frequenz in ihrer Nähe stärker zu schwingen beginnt. Einfacher kann man das System mit einer Gitarrensaite vergleichen. Hält man zwei Gitarren voreinander und schlägt eine Saite einer Gitarre an, beginnt auch die entsprechende Saite der zweiten Gitarre zu schwingen. Veranschaulicht lässt sich die Resonanz an einer einfachen Welle erklären (Abbildung 20). Sobald zwei Wellen gleicher Wellenlänge exakt aufeinander treffen (Wellenkamm auf Wellenkamm und Wellental auf Wellental), kommt es zur Verdopplung der Wellenhöhe.

Ähnliches gilt auch für die Bindungen der Moleküle. Der schmale Energiebereich der stärksten Absorption wird auch als IR-Fingerprint der Verbindung bezeichnet, da er spezifisch ist. Die IR-Sensillen des Kiefernprachtkäfers sind hauptsächlich aus langkettigen Biopolymeren aufgebaut. Diese Moleküle zeichnen sich durch viele Verbindungen mit einem Absorptionsmaximum von 3 Mikrometer aus; also genau der Bereich der Infrarotstrahlung, der von der Atmosphäre durchgelassen und gleichzeitig bei Waldbränden erzeugt wird. Trifft die Infrarotstrahlung auf die IR-Sensillen, dann erzeugt die Absorption der Strahlung eine Ausdehnung der Moleküle, die im Gesamtverbund eine winzige Druckänderung an der Basis der Cuticulakugel erzeugt. Dieser Druck (mechanischer Reiz) wird vom

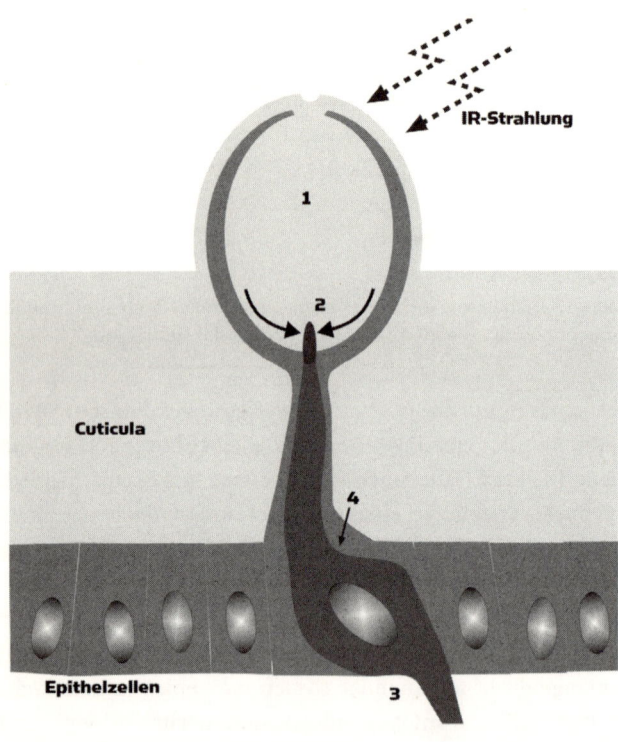

IR-Strahlung

1

2

Cuticula

4

Epithelzellen 3

Abbildung 21: Schematischer Aufbau eines IR-Sensillums. Die aufgenommene Infrarotstrahlung führt zu einer Ausdehnung der im Inneren befindlichen Cuticulakugel (1). Durch die Ausdehnung wird der Dendritenfortsatz (2) einer Nervenzelle (3) gedrückt und dadurch ein Nervensignal erzeugt. Die Nervenzelle, umgeben von Hüllzellen (4), leitet das Signal weiter.

Nervenfortsatz aufgenommen und als elektrisches Signal weitergeleitet (Abbildung 21).

Mit Kiefernprachtkäfern sicher durch die

Dunkelheit fahren?

Da Schmitz und Bleckmann durch ihre Versuche die Aufklärung von Empfindlichkeit und Funktion der IR-Detektion gelang, konnten sie diese mit den gängigen technischen Systemen vergleichen. Es stellte sich dabei heraus, dass kein technisches System die verschiedenen Vorteile vereint. Zwar existieren erheblich empfindlichere Sensoren, ihr Betrieb und ihre Herstellung sind aber extrem teuer. Billige Systeme, wie so genannte Bolometer, arbeiten nach dem Prinzip der Erwärmung von Absorberoberflächen. Dieses Prinzip ist jedoch nicht hinreichend empfindlich und relativ unspezifisch. Das technische Potenzial ihrer Entdeckung wurde den Forschern aber erst bewusst, als die amerikanische Air Force Interesse an dem kleinen Käfer zeigte. Auf der Suche nach günstigen IR-Sensoren für Flugzeuge kontaktierten die Amerikaner weltweit Arbeitsgruppen und boten ihnen ihre Zusammenarbeit an.

Das Prinzip der IR-Detektion ist seit 1997 für die Bonner Forscher patentrechtlich geschützt. Gespräche mit der Industrie zur Umsetzung laufen bereits. Die Vorteile des Systems liegen auf der Hand. Die Aufnahme der IR-Strahlung ist billig, denn die dafür notwendigen Materialien kosten nur wenige Euro, und die Einstellung des Sensors auf die nachzuweisende IR-Strahlung kann problemlos durch die Auswahl des Absorbermaterials erfolgen. Da das Prinzip der Detektion auf den spezifischen Bindungseigenschaften (Absorption) von Molekülen beruht, kann allein über das Absorbermaterial eine Art Filter eingebaut werden. Verwendet man beispielsweise Teflon®, wird eine IR-Strahlung mit einer anderen Wellenlänge detektiert als bei einem Polyethylen.

Um zu zeigen, dass die technische Übertragung möglich ist, haben die Forscher einen eigenen, sehr einfachen Sensor gebaut. Eine Teflonscheibe dient dabei als Absorbermaterial; dazwischen wurde ein kleiner Piezokristall eingefügt. Piezokristalle erzeugen bei Verformung elektrischen Strom. Bereits kleinste Formveränderungen reichen aus, um ein elektrisches Signal zu erhalten. Da die Teflonscheibe in eine metallische Fassung eingespannt wurde, kann sich

Abbildung 22: Erster IR-Sensor nach dem Vorbild des Kiefernpracht-käfers (l.) (© H. Schmitz, Zoologie Bonn). Im hinteren Teil des Sensors befindet sich das Absorbermaterial (1), das über einer Stellschraube mit einem Piezokristall (2) verbunden ist (© M. Müller, Zoologie Bonn).

das Material bei Erwärmung nur in Richtung gegen den Piezokristall ausdehnen (Abbildung 22). Der dort ausgeübte Druck erzeugt ein Signal, das abgegriffen und verstärkt werden kann. Auf diese Weise kann bereits eine Hand in einer Entfernung von 20–30 Zentimetern ein Signal erzeugen, obwohl ihre ausgesendete IR-Strahlung recht gering ist.

Die möglichen Anwendungen sind vielfältig. Vor allem bei Brandmeldesystemen wäre der Einsatz ideal, denn die Überwachung durch Menschen ist sehr kostenintensiv. Holz als ein natürlicher und nachwachsender Rohstoff ist in vielen Regionen der Welt ein wichtiger Wirtschaftsfaktor. Allein in Europa zerstören Waldbrände jedes Jahr circa eine halbe Million Hektar Wald. Schätzungen beziffern die Kosten pro Hektar Brandfläche, die durch die Brandbekämpfung und anschließenden Renaturierungsmaßnahmen entstehen, auf 5000 Euro. Das heißt, jährlich verursachen die Waldbrände in Europa einen Schaden von circa 2,5 Milliarden Euro.

Der Schutz der Wälder vor Bränden ist auch aus wirtschaftlicher Sicht enorm wichtig. Manchem Wanderer sind sicher schon Überwachungstürme in den großen Waldgebieten aufgefallen. Von dort aus beobachten Wächter in den heißen Sommermonaten mit Ferngläsern die Baumbestände und schlagen bei jeder kleinsten Wolke im Wald Alarm. Auch Hubschrauber, Flugzeuge oder Satelliten werden als Rauchmelder eingesetzt. Diese Überwachungsmethoden sind jedoch sehr teuer.

Die Bemühungen um eine kostengünstige Überwachung führten in vielen Gebieten zur Einrichtung von autonomen Rauchgassensoren, die in den Wäldern verteilt sind. Diese sind jedoch nicht unfehlbar und verursachen häufig Fehlalarme. Rauchgassensoren, die hauptsächlich Verbrennungsgase detektieren, schlagen in der Nähe einer Straße oft schon an, wenn Autoabgase in der Luft sind. Da dann vorsichtshalber Feuerwehr, Flugzeuge oder Hubschrauber eingesetzt werden, ist jeder Fehlalarm eine kostspielige Angelegenheit. Sensoren, die nach dem biologischen Vorbild der Kiefernprachtkäfer funktionieren, könnten kostengünstig mit Rauchgasmeldern kombiniert werden. Ihre selektive Aufnahme der IR-Strahlung würde erst einen Alarm auslösen, wenn neben dem Rauch auch tatsächlich sehr hohe Temperaturen vorlägen. Auch für den Hausgebrauch wäre ein solcher Feuermelder optimal. Er wäre in der Lage, Zigarettenrauch oder einen verkohlten Braten von gefährlichem Feuer zu unterscheiden, sodass bei gleichzeitig garantierter Sicherheit überflüssige teure Einsätze der Feuerwehr vermieden würden.

Dabei ist das Entwicklungsoptimum der Sensoren noch lange nicht erreicht. Durch Verkleinerung des Systems kann sogar über eine Art Thermographie (Wärmebildgebung) nachgedacht werden. Eine Visualisierung der Wärme hätte etwa in der Automobilindustrie großes Anwendungspotenzial. Schon längst arbeiten Autobauer an Warnsystemen, die bei Dunkelheit den Autofahrer vor Fußgängern oder Tieren warnen. Die Autohersteller zeigen bereits Interesse an einer Zusammenarbeit mit den Bonner Zoologen. In Zukunft könnte der kleine, Feuer liebende Kiefernprachtkäfer das Leben vieler Menschen im Straßenverkehr retten.

Auf der Suche mit schwach elektrischen Feldern

Es ist eines der Wunder der Natur, dass Ameisen in der Wüste zielsicher ihre Behausung finden. Das verdanken sie der Polarisation des

Sonnenlichts. Es scheint uns selbstverständlich, dass Tiere ihre Augen, Ohren und auch ihre Nase verwenden, um sich zu orientieren. Einige wissen vielleicht auch noch aus dem Biologieunterricht, dass Magnetfelder für manche Tiere eine große Rolle spielen, um auf langen Wanderungen auf Kurs zu bleiben. Dass aber auch derart exotische Umweltsignale wie die Infrarotstrahlung zur Orientierung eingesetzt werden, ist sicherlich den meisten unbekannt. Die Natur hält aber noch mehr Überraschungen bereit. So wird zum Beispiel von einigen Tieren sogar Elektrizität genutzt. Dabei dient diese nicht nur als Angriffs- und Verteidigungswaffe bei Beutefang oder Abschreckung von Feinden, wie etwa beim Zitteraal (*Electrophorus electricus*), sondern auch zur Orientierung und Kommunikation.

Schon Alexander von Humboldt machte die unliebsame Bekanntschaft mit diesem bis zu zwei Meter langen Aal, der in Guayana und am Amazonas beheimatet ist. Mit einem speziellen elektrischen Organ erzeugt er bis zu 600 Volt und lähmt damit seine Beute oder Feinde. Außerdem senden die Tiere mit einem zusätzlichen elektrischen Organ bis zu 50 schwache Dauerimpulse in der Sekunde aus, mit deren Hilfe sie sich im trüben Wasser wie dem des Amazonas orientieren. Im Übrigen leiden sie am grauen Star, sodass ihre Augen selbst im klaren Wasser nicht sehr hilfreich sind.

Eine solche Nutzung von schwachen elektrischen Feldern für die Orientierung findet sich auch bei Nilhechten (*Mormyridae*), bei denen einige Arten durch ihre zweifellos ungewöhnliche Kopfform auffallen. Die Gattung *Campylomormyrus* besitzt zum Beispiel eine extrem verlängerte Schnauze, die halb so lang wie der ganze Fisch werden kann. Eine andere Art (*Gnathonemus petersii*) wird als Elefantenrüsselfisch bezeichnet, da das verlängerte Kinn wie ein Elefantenrüssel wirkt. Dieser Fisch ist der Star in der Arbeitsgruppe des Bonner Zoologen G. von der Emde. An ihm wird die Leistung und Effizienz der schwach elektrischen Ortung untersucht. Die Ergebnisse lassen auf den Einsatz neuartiger Sensoren in der Technik hoffen.

Das elektrische Auge

Schwach elektrische Fische produzieren elektrische Felder, um im trüben Wasser zu «sehen». Sie erkennen mittels der Felder nicht nur ihre Umgebung, sondern erfassen auch Beute, Räuber oder Artgenossen und sind sogar in der Lage, Materialien voneinander zu unterscheiden. All diese Fähigkeiten verdanken sie speziellen Sensoren an Kopf und Körper (insgesamt bis zu 4000 Sensoren) und umgewandelten Muskeln (elektrisches Organ), die sich am hinteren Teil des Körpers in der Nähe der Schwanzflosse befinden. Das elektrische Organ erzeugt durch seine Entladungen ein elektrisches Wechselfeld. Solche Entladungen können bis zu 1700-mal pro Sekunde erfolgen, wobei die Schwanzspitze zunächst negativ gegenüber dem Kopfende geladen ist und dann innerhalb von wenigen Mikrosekunden zu einer positiven Ladung wechselt.

Bei der aktiven Elektrolokalisierung erfassen die Fische die Nähe von anderen Objekten, indem sie die Verformung des elektrischen Feldes auswerten. Das elektrische Feld wird von Objekten mit einer anderen elektrischen Leitfähigkeit als der des Wassers verändert. Befindet sich in der Nähe etwas mit einer höheren Leitfähigkeit, beispielsweise ein metallischer Gegenstand, wird lokal die Dichte der elektrischen Feldlinien erhöht. Dies macht sich für den Fisch in Form einer veränderten Erregung der Sensoren am Körper bemerkbar. Im unverzerrten Feld werden an der Fischoberfläche, zum Beispiel bei *Gnathonemus*, Feldstärken zwischen 50 und 100 Millivolt pro Zentimeter erzeugt. Bereits eine Verzerrung des Feldes von weniger als 1 Prozent wird von dem Fisch wahrgenommen. Würde sich statt Metall ein schlechter Leiter, zum Beispiel aus Plastik, in der Nähe befinden, würde das elektrische Feld lokal schwächer (Feldlinien werden abgestoßen) und damit auch die sensorische Erregung in dieser Körperregion (Abbildung 23).

Kleinste Änderungen der Leitfähigkeit werden hochempfindlich registriert. Bei Fischen, die in unterschiedlichen Mischungen von Leitungs- und destilliertem Wasser gehalten wurden, fand man heraus, dass selbst Änderungen des durchsetzenden Stromes von nur

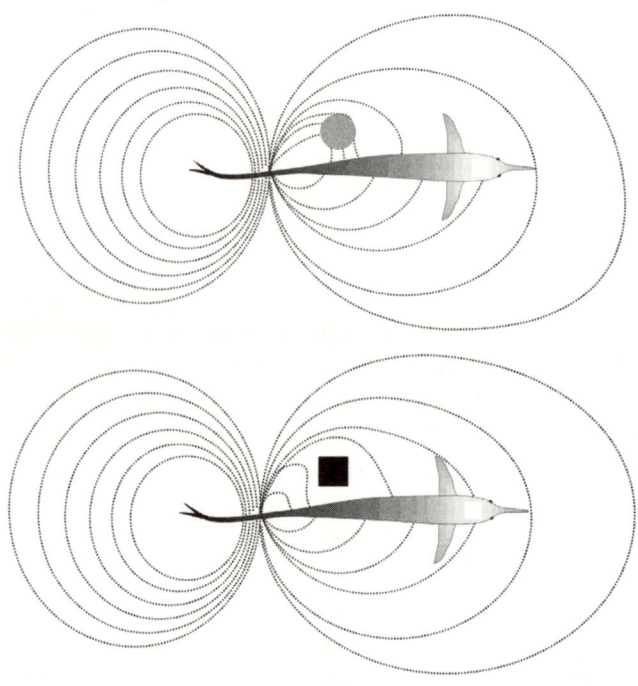

Abbildung 23: Objekte mit höherer Leitfähigkeit als die des Wassers erhöhen lokal die Dichte der elektrischen Feldlinien am Körper des Elefantenrüsselfischs *Gnathonemus petersii* (o.), während Objekte mit einer geringeren Leitfähigkeit die Dichte verringern (u.).

3×10^{-15} Ampere von den Rezeptoren noch wahrgenommen wurden. Dabei werden nicht nur ohmsche Eigenschaften (Leitfähigkeit) bei der Wahrnehmung der Umgebung ausgewertet, sondern auch kapazitive Eigenschaften von Objekten, die zum Beispiel bei belebten Objekten auftreten, wirken sich aus. Diese Eigenschaften verändern die Wellenform eines elektrischen Signals. Das heißt, die ausgesendete Wellenform des schwach elektrischen Signals wird beim Auftreffen auf ein Objekt verzerrt und informiert den Fisch damit auch über die Materialeigenschaften. Hierdurch kann der Fisch unter anderem zwischen belebten und unbelebten Gegenständen in seiner Nähe unterscheiden.

Der Zoologe von der Emde formulierte dies einmal so: «Wenn man die Elektrorezeption mit der optischen Wahrnehmung vergleicht, wandelt die Detektion der kapazitiven Eigenschaft von Objekten ein ansonsten schwarz-weißes elektrisches Bild der Umgebung in ein farbiges um.» Die aktive Elektroortung liefert dem Fisch ein präzises elektrisches Bild seiner Umgebung, selbst bei absoluter Dunkelheit. Dabei werden die Objekte nicht nur dreidimensional erfasst, sondern auch katalogisiert, damit sie später wieder erkannt werden können. Selbst Entfernungsmessungen sind möglich. In Versuchen wurde einigen Fischen antrainiert, nur weiter entfernt liegende Objekte anzuschwimmen, damit sie mit Futter belohnt wurden. Kleinste Entfernungsdifferenzen zwischen zwei teilweise vollkommen verschiedenartigen Objekten (hinsichtlich Form und elektrischen Eigenschaften) konnten die Fische sicher wahrnehmen und schwammen zu dem weiter entfernt liegenden Objekt. Dabei berechneten die Fische offenbar die Schärfe (den Fokus) des elektrischen Bildes des Objekts, das sich auf der Fischhaut abbildete. Die Schärfe gab Auskunft über die Entfernung des Objekts, unabhängig von den Materialeigenschaften oder der Form.

Die Fähigkeit zur Elektroortung verdanken die Fische einem umgewandelten Seitenliniensystem. Alle Fische besitzen entlang ihres Körpers in Reihe angeordnete und oft in Gruben versenkte Sensoren, die empfindlich Wasserbewegungen registrieren. Diese Sensoren bestehen aus Haarsinneszellen, die beim Verbiegen der feinen haarigen Fortsätze ein Nervensignal erzeugen. Da die Sensoren entlang des gesamten Körpers vorliegen und besonders dicht am Kopf stehen, sind Fische in der Lage, anhand von Wasserbewegungen Objekte, Beute und Räuber auszumachen. Das Seitenlinienorgan stellt also eine Art sechsten Sinn dar.

Für die Elektroortung wurden die Haarsinneszellen in Jahrmillionen umgewandelt. Sie verloren ihre haarigen Fortsätze, und die Sensoren wurden tief in die Körperoberfläche eingelagert. Man unterscheidet zwei verschiedene Typen von Organen für die Detektion von elektrischen Feldern. Ampulläre Organe besitzen etwa 20–50 am Grunde einer Ampulle liegende Sinneszellen. Die Ampulle ist mit einer Gallerte angefüllt. Diese Rezeptoren reagieren hochempfindlich auf niederfrequente (< ca. 50 Hertz) elektrische Felder von nur wenigen Nanovolt pro Zentimeter! Diese Organe findet man bei verschiedenen Fischfamilien, unter anderem auch bei Haien und Rochen. Sie dienen hauptsächlich der Wahrnehmung von anderen äußeren elektrischen Feldern. Tuberöse Organe hingegen, die für die Elektroortung eingesetzt werden, besitzen nur die schwach elektrischen Fische wie beispielsweise *Gnathonemus*. Diese Organe weisen zwischen 10–30, in einigen Fällen sogar 100 Sinneszellen auf, die aber nur von einem oder zwei Nerven abgegriffen werden. Sie registrieren hochfrequente Felder von 100 bis mehreren 1000 Hertz und reagieren optimal auf die von den Fischen selbst erzeugten elektrischen Signale. Diese Organe unterscheiden sich von den ampullären durch die Art der Reaktion nach einem erfolgten Reiz.

Vom Elefantenrüsselfisch in den Hochofen

Die schwach elektrischen Fische, die alle nachtaktiv sind, verschaffen sich über ihren ausgefallenen Sinn eine klare Vorstellung von der Umwelt und sind dabei nicht abhängig von ihrem optischen Sinn. Mit elektrischen Strömen erhalten sie zusätzlich zur Information über Form, Größe und Anordnung von Gegenständen im Raum auch Angaben über deren Materialbeschaffenheit. Derartige Sensoren, die mehrere grundlegende Informationen liefern, sind in der Technik sehr begehrt. In Hochöfen, Kläranlagen oder in großen Wassertiefen herrschen Bedingungen, die den Einsatz herkömmlicher Sensoren für Prozessüberwachungen unmöglich machen. Hohe Drücke oder Temperaturen ebenso wie stark verschmutzte Umgebungen lassen die meisten Sensoren versagen. Elektrosensoren nach dem Vorbild der schwach elektrischen Fische sind aber genau unter diesen Bedingungen ideal geeignet und liefern je nach Optimierung präzise Informationen für Objekterkennung, Anordnung im Raum, Entfernungsmessung sowie Materialeigenschaften wie Dicke und Fehlstellen.

Solche Sensoren haben die Forscher bereits gebaut und erprobt. Mitarbeiter von Professor von der Emde planen sogar, sich mit solchen Systemen selbständig zu machen, und wollen der Industrie funktionsangepasste Sensoren für Produktionsabläufe anbieten. Der Aufbau folgt einem ähnlichen Schema wie bei den Fischen. Neben einer Quelle für die Erzeugung der schwach elektrischen Ströme wird ein Detektor benötigt, der aus vielen einzelnen Sensoren zusammengesetzt ist. Der «Sender» wird von zwei unterschiedlich geformten Polen gebildet, die zusammen das elektrische Feld aufbauen. Der Detektor ist gleichzeitig der positive Pol, an dem die einzelnen Sensoren in Reihe angebracht sind. Diese sind wiederum mit einem Rechner verbunden. Eine Signalveränderung, hervorgerufen zum Beispiel durch ein Objekt, wird am Computer ausgewertet, indem das Signal des unbeeinflussten Feldes mit dem aktuell vorliegenden Signal verglichen wird.

Die Fülle an biologischen Sensoren und die Informationen, die sie den Organismen über ihre Umgebung bereitstellen, überrascht nicht nur die Biologen. Auch Ingenieure müssen feststellen, dass selbst mit scheinbar einfachsten Mitteln nahezu alle physikalischen und chemischen Ereignisse wahrgenommen werden können. Es ist nur eine Frage der Anpassung des einzelnen Organismus an seine Umgebung. Ist Magnetismus, Elektrizität oder Infrarotstrahlung für das Überleben in einer ökologischen Nische entscheidend, so hat die Natur den entsprechenden Sensor hierfür entwickelt. Diese biologischen Sensoren sind in ihrer Empfindlichkeit oder Effizienz oft wesentlich besser als die technischen Pendants. Immer wieder zeigt die Natur der Technik neue Wege auf, an die der Mensch bislang nicht gedacht hat. Die Ingenieure stehen bei der Erforschung der biologischen Sensoren jedoch stets vor dem Problem, dass sie ein komplex aufgebautes System betrachten, in dem einzelne Teile mit diskreten Funktionen nicht existieren. Selbst ein Sensor, der nur wenige Mikrometer groß ist, besteht in der Natur aus in sich komplex verzahnten Strukturen und Materialien, deren Funktion selten nur auf eine Aufgabe beschränkt ist. Aus diesem Grund müssen die Ingenieure beim Untersuchen der biologischen Sensoren in der Regel «rückwärts konstruieren» (so nannte das der bedeutende Biologe Friedrich G. Barth aus Wien), um ihrem Geheimnis auf die Spur zu kommen.

Kleine fliegende Gespenster

Immer wieder wird in der Bionik der Ultraschall als ein Paradebeispiel für die Übertragung biologischer «Erfindungen» in die Technik genannt. Den Ultraschall gibt es in der Natur seit Jahrtausenden, er dient Fledermäusen als Orientierungshilfe und Delphinen als Kommunikationsmittel. Tatsächlich dauerte die Entdeckung des im ursprünglichen Wortsinn übersinnlichen Phänomens jedoch ziemlich lange. Und seine Erforschung war oft nicht ganz ohne Risiken sowohl für die Forschungsobjekte wie auch für die Wissenschaftler. Im Jahr 2002 infizierte sich eine Forschergruppe beim Besuch einer von Fledermäusen bewohnten Höhle sogar mit dem gefährlichen Krankheitserreger *Histoplasma capsulatum*, einem Pilz, weil die Teilnehmer die Atemmasken abgenommen hatten. Dieser Pilz gedeiht im Kot der Fledermäuse.

Für die kleinen flugfähigen Säugetiere war die Erforschung ihrer Sinne jedoch erheblich gefährlicher. Lazzaro Spallanzani (1729 bis 1799), Bischof von Pavia (Italien), wollte wissen, wie die Fledermäuse selbst bei vollkommener Dunkelheit scheinbar mühelos auf Beutefang gehen und mit Leichtigkeit Hindernissen ausweichen konnten. Getrieben von wissenschaftlicher Neugier, blendete er die Fledermäuse – und musste mit Erstaunen feststellen, dass die blinden Tiere genauso geschickt Hindernissen auswichen wie die sehenden. Einem Durchbruch nahe war einige Zeit später der Genfer Naturforscher Charles Jurin, der den Tieren die Ohren verstopfte und beobachtete, dass sie ihren Orientierungssinn verloren. Er zog jedoch die falschen Schlüsse und glaubte, dass die Tiere Hindernisse mit dem Tastsinn erkannten. Der Franzose Georges Baron de Cuvier (1769 bis 1832) stellte die These auf, die Fledermäuse würden den Luftwiderstand bei Annäherung an ein Objekt mit ihren Flügeln spüren. Eine Erklärung, die von der Wissenschaftswelt für die nächsten hundert Jahre anerkannt und nicht weiter hinterfragt wurde.

Erst 1864 bezweifelte der Wissenschaftler Alfred Brehm (1829 bis 1884) vorsichtig die Theorie der fühlenden Flügel und räumte den Ohren und dem Geruchsinn eine wichtige Rolle bei der Orientierung ein. Trotzdem war man zu Beginn des letzten Jahrhunderts noch nicht viel weiter gekommen. Experimente mit betäubten Flügeln, zum Ausschalten des Tastsinns, zeigten keine merkliche Veränderung des Flugverhaltens. Verstopfte man aber die Ohren der Tiere mit Wachs, taumelten sie umher und kollidierten mit Hindernissen. Die Bedeutung der Ohren war geklärt – es fehlte jedoch eine Antwort auf die Frage, welche Geräusche die Tiere zum Orientieren verwendeten.

Der holländische Forscher Sven Dijkgraaf arbeitete mit Maulkappen, die er den Tieren aufsetzte und sie dann fliegen ließ. Da sich die Kappen öffnen ließen, konnte er Versuche mit geschlossenen und geöffneten Kappen durchführen. Der Forscher zeigte, dass offenbar Töne, die die Tiere selbst ausstoßen, zur Orientierung herangezogen werden. Die Fledermäuse mit geschlossenen Kappen scheiterten beim Flugversuch. So stellte sich die Akustik mit Frequenzen, die der Mensch nicht hören kann, als das Geheimnis der Fledermäuse heraus. Die überdimensionierten Ohren der Tiere dienen dabei dem Empfang der Echosignale der von ihnen ausgestoßenen Laute. Ob die Signale im Maul oder in der Nase erzeugt werden, hängt davon ab, um welche der beiden Fledermaus-Großgruppen, Hufeisennasen oder Glattnasen, es sich handelt.

Der Untergang der Titanic

Doch bis zur Nutzung von Ultraschall für technische Zwecke war es noch ein langer Weg. Erst seit der Entdeckung des piezoelektrischen Effektes durch Pierre Curie und seine Gattin Marie Curie um 1880 verfügt der Mensch über die Möglichkeit zur Erzeugung von Ultraschall. Interessanterweise ist es dem Untergang der Titanic im Jahre 1912 zu verdanken, dass über die technische Nutzung von Ultraschall nachgedacht wurde. Für den Physiker Alexander Behm war dieser traurige Anlass Ansporn, ein Frühwarnsystem für Schiffe zu entwickeln. Im Ersten Weltkrieg erlangte der Ultraschall welthistorische Bedeutung, als deutsche U-Boote mit seiner Hilfe aufgespürt und zerstört werden konnten. In den 1930er Jahren nutzte man Ultraschall auch für eine zerstörungsfreie Materialprüfung, und Japan setzte Ultraschall für die Lokalisierung von Fischschwärmen ein.

Die Anwendung in der Diagnostik dauerte jedoch noch einige Jahre. Erst 1957 konnte ein erstes Kontaktgerät entwickelt werden. Zuvor wurden die Menschen mit Ultraschall sitzend in einem Wasserbad untersucht. Erst 1977 kam ein erster serienreifer Scanner auf den Markt, und Anfang der 1980er Jahre gelang der Durchbruch der Sonographie.

Dieser Weg von der Entdeckung des biologischen Phänomens bis zu seiner technischen Nutzung war in diesem Fall extrem lang. Ob wir hier von Bionik sprechen können, mag dahingestellt sein. Sicher kann aber behauptet werden, dass es die Fledermäuse waren, die den Wissenschaftlern gezeigt haben, wie mit Ultraschall ein Hörbild der Umgebung produziert werden kann. Und da die Fledermäuse dies mit einer scheinbaren Leichtigkeit vermögen, ist die Erforschung ihrer Leistungen noch lange nicht abgeschlossen.

Zurzeit arbeiten in einem europäischen Forschungsverbund Wissenschaftler von fünf Universitäten (Antwerpen, Edinburgh, Leuven, Loughborough und Tübingen) an der Entwicklung eines fledermausähnlichen Kopfes, der die Erzeugung eines räumlichen Bildes über Ultraschallsignale ermöglichen soll. Die Vorteile solcher Systeme liegen auf der Hand. Schon heute werden Ultraschall-Einparkhilfen in Autos eingesetzt, diese sind aber noch nicht besonders präzise. Das könnte sich ändern, wenn man das Zusammenspiel von Schallerzeugern (Mund oder Nase) und Schallaufnehmern (bewegliche Ohren) der Fledermäuse besser verstehen würde. Ultraschall ist zur Bilderzeugung erheblich günstiger als optische Systeme und arbeitet störungsfrei selbst unter schwierigen Bedingungen wie Schneefall, Dampf, Rauch und Regen. Anwendungen im diagnostischen Bereich sind ebenso denkbar wie Ultraschallsensoren als Orientierungshilfe für Blinde.

Im Übrigen sollten Sie sich in Zukunft nachts nicht über Ihre lauten Nachbarn beschweren. Die wahren nächtlichen Krawallmacher sind die Fledermäuse. Sie führen einen unerträglichen Sonarkrieg gegen Falter, Mücken und Fliegen. Bei Lautstärkemessungen wurden schon mehr als 100 Dezibel registriert. Das ist lauter als ein Presslufthammer (90 Dezibel)! Allerdings muss das auch so sein, da Ultraschall von der Luft stark gedämpft wird. Wir können nur froh sein, dass unser Gehör Ultraschall nicht wahrnehmen kann, sonst würden wir manch eine schlaflose Nacht verbringen.

Mit Delphingesang auf der Suche nach Erdöl

Nicht nur Fledermäuse nutzen jedoch den Ultraschall, um sich im Dunkeln zu orientieren. Auch Vögel wie der Fettschwalm (*Aegotheles cristatus*) finden sich mittels Ultraschall in der Dunkelheit ihrer Höhlen in den Anden zurecht. Schall als Orientierungshilfe spielt an Land bei den meisten Tieren indes eine eher untergeordnete Rolle. Sie verlassen sich vornehmlich auf ihren Sehsinn. Unter Wasser sieht es schon anders aus. Die Reichweite von Lichtstrahlen ist stark begrenzt, deshalb setzen viele Tiere bei der Fernkommunikation oder Orientierung auf Schall. Die Redensart «Stumm wie ein Fisch» stimmt nicht. Fische produzieren entweder mit ihrer Schwimmblase, ihren Zähnen oder den Flossenstrahlen Töne unterschiedlicher Art. Auch geschluckte Luft wird zur Lauterzeugung verwendet.

Als Taucher kann man, wenn man leise ist, Knacklaute (Kaiserfisch), Knurrlaute (Knurrhahn), Klick- und Grunzlaute (Lipp- und Soldatenfische), Quieklaute (Welse), Trommellaute (Trommler), Quaklaute (Krötenfisch) und Tocktock-Laute (Anemonenfische) wahrnehmen.

Unter Wasser eignet sich Schall eben optimal zur Kommunikation über größere Entfernungen. Funkwellen oder Lichtstrahlen werden von den Wassermolekülen schnell absorbiert und kommen deshalb nicht weit. Schall wird unter Wasser jedoch kaum absorbiert oder gedämpft und wird im Gegensatz zur Luft mit der vergleichsweise hohen Geschwindigkeit von circa 1500 Metern pro Sekunde weitergeleitet, da das Wasser eine etwa tausendfach höhere Dichte als die Luft besitzt (Schallgeschwindigkeit in Luft circa 333 Meter pro Sekunde).

Der Krebs mit der Pistole

Unter Wasser herrscht ein wildes Durcheinander an Tönen. Der größte Krachmacher unter Wasser ist – hätten Sie's gewusst? – der Pistolenkrebs (*Alpheus heterochaelis*). Dieser nur etwa 2 Zentimeter kleine Kerl schafft tatsächlich 150–200 Dezibel. Das entspricht ungefähr der Lautstärke eines startenden Düsenjets an Land. Wenn sich diese Tiere in Schwärmen versammeln, produzieren sie ein «Feuerwerksgeknatter», das sogar Sonargeräte von Schiffen und U-Booten stören kann. Dieser Krebs besitzt eine spezielle Schere (die «Pistole») mit Muskeln, die das Wasser beim «Schnalzen» auf über 100 Stundenkilometer beschleunigt. Die Wassermoleküle um den Strahl herum werden dadurch kurzfristig auf fast 5000 Grad Celsius (!) erhitzt. Als Folge entsteht eine so genannte Kavitationsblase aus heißem Wasserdampf, die implosionsartig in sich zusammenfällt und den lauten Knall erzeugt.

Der Pistolenkrebs setzt seine gefährliche Schere als Waffe ein und erbeutet oder verscheucht auf diese Weise selbst größere Fische oder Krebse. Im Zweiten Weltkrieg nahm die US-Navy an, dass die Russen eine Störwaffe gegen das Sonar der U-Boote vor der Küste Floridas platziert hätten. Dabei hatten nur ein paar Pistolenkrebse «Krieg» geführt.

Schlechte Akustik – kein Problem für Flipper & Co

Meister der Kommunikation unter Wasser sind die Wale. Mit Leichtigkeit verständigen sie sich selbst über große Distanzen. Dabei ist zwar der Schall – wie bereits gesehen – optimal für die Kommunikation im Wasser geeignet, aber seine Ausbreitung ist kompliziert. Das Meer ist nicht homogen, und das Wasser ist ständig in Bewegung. Daraus resultieren komplexe Schallreflexionen, und zwar nicht nur an der Wasseroberfläche, die ja mit den Wellen unablässig hin und her schwankt. Auch der Meeresboden, Hindernisse und sogar Schichten unterschiedlicher Temperatur und Salzkonzentration reflektieren mehrfach die akustischen Signale. Es kommt zu Verzerrungen und Nachhalleffekten. Einzelne Signalkomponenten können unterschiedliche Wege nehmen und treffen auf diese Weise zu verschiedenen Zeitpunkten beim Adressaten ein. In der Überlagerung ergibt sich ein Durcheinander der akustischen Wellensignale. Woher weiß aber der Adressat, was sein Gegenüber gemeint hat?

Man kann sich das ungefähr so vorstellen: Ein Delphin signalisiert seinem Jungen, das vorwitzig beim Spielen außer Sichtweite geraten ist: «Gefahr, dort schwimmen Haie, habe aber keine Angst.» Da die einzelnen Signale jedoch unterschiedlich reflektiert werden, brauchen sie auch unterschiedlich lange, um beim Nachwuchs anzulangen. Im schlimmsten Fall kommt dabei heraus: «Schwimm dort, aber keine Gefahr, Haie haben Angst!» Und schon ist das risikoreiche Missverständnis da.

Tatsächlich ist für jede funktionierende Kommunikation die Reihenfolge der Signale essenziell. Durch die unterschiedlichen Weglängen und durch die Reflexionen können auch Echos entstehen, die in einigen Fällen das Signal verstärken oder aber vollständig auslöschen. Ähnliches passiert im Auto, wenn man durch eine Stadt fährt. Die Radiowellen werden an den Häuserfassaden reflektiert, Echos können übereinander gelagert werden (interferieren) und sich dadurch verstärken oder abschwächen. Die Lautstärke verändert sich, oder der Sender verschwindet sogar vollständig.

Irgendwie müssen die Wale jedoch einen Weg gefunden haben, um das Problem der komplexen Signalweiterleitung unter Wasser zu lösen. Dieser Frage ist der Berliner Biologe Rudolf Bannasch zusammen mit seinem ukrainischen Kollegen Konstantin G. Kebkal nachgegangen. Sie untersuchten die Signale von Delphinen, die im Frequenzbereich von 7 bis 200 Kilohertz, das heißt überwiegend im Ultraschallbereich, kommunizieren. Die menschliche Hörschwelle endet bei maximal 20 Kilohertz. Im Gegensatz zu den tiefen Tönen der großen Wale reichen die Ultraschallsignale der Delphine nur wenige Kilometer, dafür können sie aber mehr Information transportieren. Eine Analyse der Delphinsignale ergab, dass die Tiere ständig die Frequenz ändern. Statt monotoner Signale zwitschern, singen, chirpen und sweepen die Tiere. Die Tonhöhe wird dabei in einem breiten Frequenzspektrum ständig variiert. Ebendieses Singen ist zugleich auch ihr Trick, mit dem sie das oben beschriebene Problem der Überlagerung der Signale mit den Nachhallkomponenten lösen. Wenn die Echos ankommen, ist das erste Signal bereits ein Stück weiter in seiner Melodie, liegt somit schon in einem anderen Frequenzbereich. Das Delphinbaby braucht sich nur auf die Melodie des Singsangs seiner Mutter zu konzentrieren, um ihre Signale zu entziffern, und kann so die störenden Nachhalleffekte und Nebengeräusche ausblenden. Das funktioniert ähnlich wie der so genannte «Partyeffekt», den wir aus unserem eigenen Erleben kennen. So gelingt es uns zum Beispiel in einem überfüllten Raum, in dem unzählige Partygäste durcheinander reden, uns auf die Rede einer bestimmten Person zu konzentrieren und die Stimmen der übrigen Gäste auf mysteriöse Weise «im Nebel» verschwinden zu lassen. Dabei spielt die Melodie der Sprache eine wichtige Rolle. Wenn alle Personen in dem Raum mit monotoner Stimme in der gleichen Frequenzlage reden würden, hätten wir Mühe, auch nur einen Satz zu verstehen.

Aber genau das macht man üblicherweise bei technischen Übertragungssystemen. Sender und Empfänger werden auf eine bestimmte Frequenz geeicht, mit der dann die Signale ausgetauscht werden. Signale auf anderen Frequenzkanälen werden durch Filter unterdrückt. Bei Überlagerungen und Halleinflüssen ergibt sich ein «Wellensalat», aus dem sich die Information nur noch schwer herausfischen lässt.

Delphine und Wale zwitschern und singen munter über alle Frequenzbänder hinweg. Ihr Sende- und Empfangssystem ist hochgradig adaptiv, kann mit einer Vielzahl von Pfiffen und Melodien arbeiten und sich leicht auf unterschiedliche Umgebungsverhältnisse einstellen. So können sich die Tiere mühelos unter Wasser unterhalten und orientieren.

Nachdem sie das Geheimnis der singenden Wale entschlüsselt hatten, übertrugen die beiden Forscher das Prinzip auf die moderne Kommunikationstechnik. Ein von ihnen entwickeltes Schallmodem vermag per Ultraschall Steuersignale, Mess- und Bilddaten in digitaler Form elegant, zuverlässig und störsicher über kilometerweite Distanzen durch das Meerwasser zu übertragen. Dabei entfällt auf jede einzelne Frequenzzelle nur wenig Energie, sodass der Übertragungsprozess die Meerestiere nicht beeinträchtigt. Bei Versuchen mit den von ihnen entwickelten Kommunikationssystemen arbeiteten die Experten im Delphinarium und konnten erleben, wie viel Spaß die Delphine am «Mitsingen» hatten. Vielleicht ist damit ein entscheidender Schritt für die Verständigung mit Delphinen getan? Auf jeden Fall gelang den Forschern mit Hilfe des Delphingesangs ein umweltfreundlicher Durchbruch in der Meerestechnik. Clever, wenn man bedenkt, dass die heute gängigen Verfahren mehr auf Lautstärke setzen, gewissermaßen versuchen, die Probleme der komplexen Schallausbreitung zu «überbrüllen». So stehen die Sonarsysteme der Militärs schon länger unter dem Verdacht, die Ortung und Kommunikation der Wale zu stören und das häufige Stranden der Tiere zu verursachen. Dagegen beeinträchtigt die Technik der «singenden Modems» die Tiere offenbar nicht.

Die Delphine brachten Bannasch und Kebkal sogar einen Weltrekord ein. Mit ihren Modems konnten sie 36 Kilobit pro Sekunde unter Wasser übertragen, das entspricht immerhin einer halben ISDN-Rate. Mit diesem Modem ist das Zeitalter der Kabelübertragung unter Wasser vorbei. Da die einschränkenden Kabel wegfallen, erhöht sich die Bewegungsfreiheit für Unterwasserkameras oder -roboter ungemein. Die Erforschung des Meeresbodens, die Suche nach Rohstoffen oder die Wartung von unter Wasser befindlichen Geräten wird dadurch außerordentlich vereinfacht.

Das inzwischen weltweit zum Patent angemeldete Verfahren, von den Experten Sweep Spread Carrier genannt, wurde auch schon bei Erdölbohrungen erprobt und kann auch auf die Funktechnik übertragen werden. Eine wesentliche Verbesserung des Mobilfunks, von Rundfunk- und Fernsehübertragungen oder des Fernleitverkehrs in der Luftfahrt scheint mit dieser Methode möglich. Zudem konnten die beiden Forscher zeigen, dass das Auflösungsvermögen von Vermessungssonaren, zum Beispiel für die Kartierung des Meeresbodens oder bei der Suche nach Erdölvorkommen, mit den «Delphinsignalen» um den Faktor 10 bis 100 verbessert werden kann. Und auch in der Medizintechnik, etwa bei der Krebsdiagnose oder in der zerstörungsfreien Materialprüfung, wird man von dem Verfahren profitieren können.

Wachsen: Konstruktionen der Natur

Die Natur hat mit dem Bauteil «Zelle» eine schier unüberschaubare Vielfalt an Konstruktionen geschaffen. Einfache, nur mikroskopisch kleine Konstrukte oder Bauteile, aber auch hochkomplexe, multifunktionale und intelligente Konstruktionen, die bis zu hundert Meter Länge erreichen, sind so in Jahrmillionen entstanden. Für die Technik interessant sind sowohl die Lösung von Bau- und Konstruktionsproblemen auf der molekularen Ebene wie auch Fragestellungen zur Statik großer Bauten. Die Konstruktion einzelner Moleküle offenbart der Nanotechnologie Möglichkeiten zur Schaffung von Motoren, Pumpen, Rädchen, Kolben und anderen Bauteilen, die in Zukunft Einzug finden sollen in Computern, Sensoren und vielem mehr. Nicht nur deren Zusammensetzung und Konstruktion ist dabei interessant – sondern gerade ihre Entstehung birgt eines der größten Potenziale für die Nanotechnologie.

Schon längst ist klar, dass die Möglichkeiten zur Herstellung von komplizierten Nanostrukturen in einem *Top-down*-Prozess beschränkt sind. Als *Top-down*-Herstellungsprozess wird der Aufbau von Nanostrukturen «Vom Ganzen zum Einzelnen» über physikalische Prozesse wie Lithographie oder Laserbehandlung bezeichnet, wobei aber die Dimensionierung der Strukturen inzwischen fast an ihre Grenzen gestoßen ist. Die Herstellung von Computerchips ist ein solcher *Top-down*-Prozess. Je nach verwendetem Lithographieverfahren können mit dieser Methode maximal Strukturen von 10–14 Nanometern erreicht werden. Die Natur hingegen nutzt Strategien wie die Selbstorganisation, also das spontane Auftreten eines höher geordneten Zustands, um komplexe Strukturen aus einzelnen Molekülen aufzubauen. Ein solcher Prozess «Vom Einzelnen zum Ganzen» wird *Bottom-up*-Prozess genannt. Die biologischen Mechanismen, die dem Aufbau zugrunde liegen, sind längst zu einem der Schwerpunkte der Nanotechnologie geworden. Als eigener Zweig wird diese Wissenschaft Nanobiotechnologie genannt.

Beim bloßen Betrachten der bunten und dynamischen Natur an einem Frühlingstag spielen wahrscheinlich bei jedem von uns Gefühle eine größere Rolle als die logische und systematische Überprüfung von Bau- und Konstruktionsprinzipien. Wir freuen uns über Blumen und hinterfragen nicht ihre Funktion oder Bedeutung als «Geschlechtsorgane» der Pflanzen. Biologische Konstruktionen bergen nicht nur ein technisches Potenzial, sondern liefern auch Architekten und Designern vielfältige Ideen zur Gestaltung. Dabei müssen nicht immer funktionelle Aspekte im Vordergrund stehen. Auch ästhetische Gesichtspunkte können zur technischen Realisierung anregen. Die Betrachtung der Natur als Ideenlieferant für Designobjekte ist weit verbreitet und findet häufiger Anwendung als eine tatsächlich funktionelle Übertragung der Prinzipien.

Dieser Ansatz sollte im Hinblick auf die Bionik zwar stets kritisch hinterfragt werden, ist aber in Anbetracht der Kreativität und Phantasie der biologischen Vorbilder durchaus nachvollziehbar. Die Nutzung der Natur als Ideengeber für die Gestaltung von Gegenständen oder Bauten ist also berechtigt, da wir mit den biologischen Formen meist auch Ästhetik verbinden. Die ausgiebige und teilweise überzogene Verwendung des Slogans «Nach dem biologischen Vorbild» oder die Kopplung von Bildern entsprechender Pflanzen oder Tiere mit technischen Dingen führt aber zu einer gefährlichen «Vermischung» der Bionik mit pseudobionischen Inhalten.

Bauprojekte wie das höchste geplante Bauwerk der Welt, der «Bionic Tower», der in Shanghai entstehen soll, lassen nur schwer die biologischen Prinzipien erkennen, die angeblich den Bau des über einen Kilometer hohen Gebäudes (1228 Meter!) ermöglichen sollen. Immerhin werden rund 100 000 Menschen in dem Turm Platz finden, und der Bau wird nach ersten Schätzungen über 17 Milliarden US-Dollar kosten. Falls die Bionik hier wirklich helfen sollte, wäre das sicherlich eines der erfolgreichsten und glorreichsten Bionik-Beispiele seit dem Beginn dieser Wissenschaftsrichtung. Um die Höhe des Gebäudes zu ermöglichen, möchte der Architekt Javier Pioz von den Pflanzen lernen. Mit pflanzlichen Bauprinzipien lässt sich zwar einiges erreichen, aber wahrscheinlich wird ein grundsätzliches Problem bestehen bleiben: Ändern sich die Dimensionen, ändern sich meist auch die Gesetzmäßigkeiten. Pflanzen wie Bambus können, obwohl die Wände der dünnen Halme nur 1 Zentimeter dick sind, Höhen von 40 Metern erreichen. Ihre Stabilität ist jedoch auf ihre Flexibilität zurückzuführen, aber wer möchte schon gerne in einem Gebäude wohnen, das im Wind über 50 Meter hin und her schwingt?

Nur allzu gern wird auch nachträglich einem Bauwerk oder einem Design die biologische Inspiration zugesprochen. Solche Beispiele für «Als-ob-Inspirationen» (nach Nachtigall) finden sich oft. So wird bis heute die Idee für das Design des Opernhauses in Sydney auf die Form von Muscheln zurückgeführt, obwohl der Architekt nie davon gesprochen hat.

Das dicke Fell der Eisbären

Echte Anregungen für die Technik liefert die Natur in Form von pneumatischen Strukturen, Skelett- und Tensegrity-Bauten (Prinzip «Zusammenhalt durch Spannung»), Tragflächenkonstruktionen, Lichtsammelstrukturen, Leichtbauten, Membrankonstruktionen, Faltwerken, Faserversteifungen, Wärmedämmung und vielem mehr. Viel lernen können wir Menschen aber auch vom Fell der Eisbären, dessen Aufbau und Funktion der Berliner Physikochemiker Helmut Tributsch im Jahre 1990 erstmals beschrieb. Eisbärenhaare sind weiß und besitzen einen zentralen Markzylinder (ein im Längsschnitt verlaufender Kanal), der anderen Tieren mit einem Fell fehlt. Die Eisbärenhaut selbst, auf der sich die Haare befinden, ist dunkel. Natürlich fungieren die dichten Haare bereits als Wärmespeicher, so wie wir es auch von Schlafsäcken her kennen. Die eingeschlossene Luft transportiert nur schlecht die Wärme, sodass Tiere mit Fell generell warm bleiben. Dem Eisbären würde aber allein diese Funktion zum Überleben nicht ausreichen. So haben die Haare gleichzeitig eine Funktion als Lichtleiter und sorgen damit dafür, dass die dunkle Haut von den Lichtstrahlen erreicht und damit erwärmt wird. In diesem Zusammenhang ist der Zentralzylinder (Markzylinder) von Bedeutung. Zusätzlich konnte eine Lumineszenz der Haare nachgewiesen werden: Kurzwellige Strahlung (UV, 352 Nanometer) wird in längerwellige Lichtstrahlen, die die Oberhaut erreichen und erwärmen können, umgewandelt.

Das Prinzip könnte auch in der Gebäudeisolierung Anwendung finden. Transparentes Isolationsmaterial für Gebäude gibt es schon länger, die Nutzung von effektiver Lichtweiterleitung und Lichtumwandlung, um die Oberfläche zusätzlich zu erwärmen, wird jedoch bislang technisch nicht umgesetzt.

Termiten wird es auch ohne Klimaanlage niemals zu warm

Wahre Wolkenkratzer bauen die australischen *Nasutitermes*-Termiten: Ihre Säulennester können bis 8 Meter Höhe erreichen. Unterhalb des Bodenniveaus reichen die «Keller» noch einmal mehrere Meter in die Tiefe, sodass die mächtigen Erdkonstruktionen eine Gesamtgröße von 10 und mehr Metern erreichen können (Abbildung 24). Klimatisierung von Großbauten – das hat schon so manchen Techniker ins Schwitzen gebracht. Wie aber schaffen es die Termiten, die Bauten zu belüften und für eine gleichmäßige Temperatur im Inneren zu sorgen?

Auch Termiten produzieren Wärme, die schnell unerträgliche Temperaturen erreichen könnte, da das poröse Material des Termitenhügels wie Isolationsmaterial wirkt. Ohne eine ausgeklügelte Belüftung der Bauten würden in kürzester Zeit keine Termiten überleben können.

Offenbar verstehen es die kleinen Insekten meisterhaft, die Sonneneinstrahlung zu nutzen, um eine Zirkulation der Luft im Inneren des Hügels anzukurbeln. Der Bau ist grob in einen Keller, ein Nest, eine Königinnenkammer und einen Dom eingeteilt. Gleichzeitig ziehen sich, der Außenwand nahe, Kanäle von oben nach unten. Diese sind durch Poren und Öffnungen mit der Außenluft verbun-

Abbildung 24: Im nördlichen Australien erreichen die Bauten der Nasutitermes-Termiten nicht selten Höhen von 6 Metern und mehr.

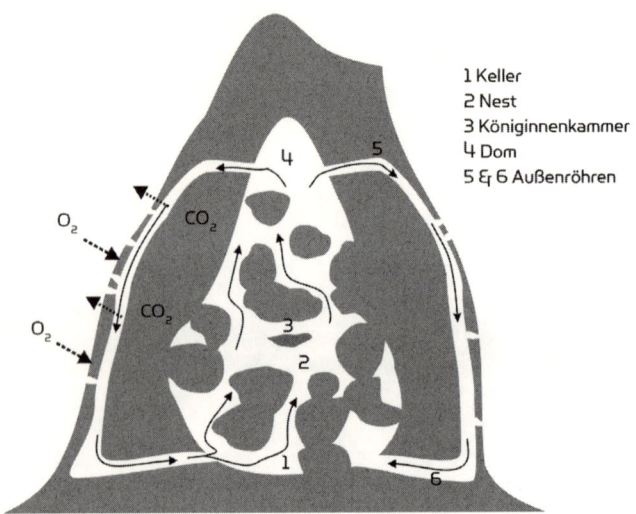

1 Keller
2 Nest
3 Königinnenkammer
4 Dom
5 & 6 Außenröhren

Abbildung 25: Belüftung im Termitenbau. Die von den Termiten produzierte Wärme steigt aus Nest (2) und Königinnenkammer (3) in den Dom (4). Dort kühlt sie sich ab und sinkt über die Außenröhren in den Keller (1). Dabei wird Kohlendioxid abgegeben und Sauerstoff aufgenommen.

den. Je nach Tageszeit und Sonnenstand strömt die Luft vom Keller in den oben liegenden Dom oder umgekehrt. Die Luft wird dabei jeweils in den Kanälen erneuert; Sauerstoff wird aufgenommen, Kohlendioxid im Gegenzug abgegeben (Abbildung 25).

Noch extremer haben sich einige Termiten (*Amitermes laurensis* und *A. meridionalis*) in Australien an die schwankenden Temperaturbedingungen angepasst. Die Temperaturdifferenz zwischen Tag und Nacht ist sehr groß, weshalb für die Nacht Wärme getankt und tagsüber die Sonneneinstrahlung minimiert werden muss. Dafür sind die Bauten nicht wie bei ihren Verwandten rund, sondern flach wie Grabsteine aufgebaut. Da die planen Flächen des Baus genau in Ost-West-Ausrichtung stehen, werden die Termiten in Australien «Magnetic Termites» genannt. Mit diesem, an den Verlauf der Sonne angepassten Aufbau wird dafür gesorgt, dass morgens Wärme nach nächtlicher Auskühlung aufgenommen, in der Mittagszeit nur die schmale Oberkante des Baus beschienen und abends vor der Nacht nochmals an der Westseite Wärme gespeichert wird.

Bis heute sind die meisterhaften Leistungen der kleinen Insekten trotz zahlreicher Untersuchungen nicht hinreichend verstanden. Die passive Klimaregulierung der Termitenbauten ist zwar seit längerem bekannt, aber bis heute in der Architektur noch nicht realisiert worden. Vor dem Hintergrund der Energieeinsparung und der Forderung nach immer besseren Niedrigenergiehäusern ist die Erforschung der Termitenbauten wieder neu angekurbelt worden. Obwohl in den 1960ern von dem Berner Zoologen Martin Lüscher die Prinzipien bereits beschrieben wurden, konnte man noch 2004 aus der Presse entnehmen, dass sich erneut Wissenschaftler, diesmal von der Loughborough University, mit der Erforschung der Termitenbauten und ihrer Klimatisierung beschäftigten. Die Resultate der Forscher sollen dabei helfen, die Entwicklung neuartiger Gebäude mit einer Passivlüftung voranzutreiben.

Autofahren wie auf Katzenpfoten

Können Sie sich vorstellen, dass Katzenpfoten als Vorbild für Autoreifen dienen? Das Prinzip ist einleuchtend: Läuft eine Katze, sind ihre Tatzen normal breit und ermöglichen ihr eine hohe Laufeffizienz. Landet sie hingegen nach einem Sprung oder bremst aus dem Laufen heraus ab, spreizen sich die Ballen ihrer Tatzen auf. Die Katze erreicht dadurch einen größeren Bodenkontakt und damit mehr Reibung. Auf diese Weise kann sie schnell und effektiv bremsen. Die Firma Continental stellt seit einigen Jahren Reifen her, deren Technologie sich am Vorbild der Katzenpfoten orientiert. Zusammen mit der Forschergruppe um Werner Nachtigall von der Universität Saarbrücken haben die Entwickler einen Reifen gebaut, der kürzere Bremswege und stabileres Fahren in Kurven ermöglicht.

Das «Pfoten-Prinzip» wurde bei dem Autoreifen ContiPremiumContact® aufgegriffen. Bei normaler Last ist die Breite des Reifens die gleiche wie die eines herkömmlichen Reifens. Dadurch ist eine hohe Laufeffizienz mit gutem Aquaplaningverhalten gewährleistet. Beim Bremsen wird die Vorderachse stärker belastet, der Druck wirkt sich auf die Reifen aus und verbreitert ihre Kontaktfläche. Während ein herkömmlicher Reifen in einem solchen Fall um etwa 5 Millimeter breiter wird, bremst der Spezialreifen bei gleicher Last mit 11 Millimeter mehr Breite. Allein dieser Unterschied verbessert das Bremsverhalten deutlich und gewährleistet ein sichereres Kurvenverhalten. Nach Herstellerangaben verkürzt sich der Bremsweg um ganze 10 Prozent, was in einer Notfallsituation über Leben oder Tod entscheidet!

Die unerträgliche Leichtigkeit des pflanzlichen Seins

Pflanzen sind aufgrund ihrer eingeschränkten Bewegungsfreiheit an einen Standort gebunden und müssen deshalb vielfältige Konstruktionen schaffen, die es ihnen erlauben, sich an die unterschiedlichsten Belastungen optimal anzupassen. Im Gegensatz zu Tieren zwingt sie ihre Unbeweglichkeit zu Konstruktionen, mit denen sie an Wasser, Nährstoffe, Licht und andere wichtige Überlebensfaktoren gelangen können. Sie stehen dabei unter großem Selektionsdruck, da Konkurrenten, ebenso wie wechselnde Wasserverfügbarkeit, Nährstoffbedingungen und Lichtverhältnisse, eine starke Auslese bedingen.

Es ist deshalb nicht verwunderlich, dass besonders Pflanzen für Konstrukteure und Ingenieure ein großer Fundus für technische Innovationen sind. So hat die Technik in den letzten Jahren großes Interesse an botanisch inspirierten Materialien und Strukturen gezeigt. Einige der wichtigsten Eigenschaften von Pflanzen wie Leichtbauweise, Strukturoptimierung, Wasserleitung und Reparatur von Schadstellen stehen im Fokus der Bioniker, die in Zusammenarbeit mit der Industrie Produkte entwickeln und Innovationen testen. Dass von Pflanzen inspirierte technische Lösungen dabei in den unterschiedlichsten Industriebranchen wie Automobilbau, Architektur und Flugzeugbau Einzug finden, zeigt das überraschende Potenzial dieser scheinbar unbeweglichen Lebensform.

Die Qualität biologischer Strukturen ist vor dem Hintergrund, dass in der Regel nicht nur eine Funktion, sondern gleich mehrere erfüllt sein müssen, beträchtlich. Bei einer hoch in den Himmel ragenden Pflanze muss die oberirdische Achse nicht nur ein großes Gewicht tragen können, auch die Leitung von Wasser zu den Blättern und die gegenläufige Leitung von Assimilaten (Produkte der Fotosynthese) müssen gewährleistet sein. Darüber hinaus besitzt die oberirdische Achse oft noch eine Speicher- und/oder Fotosynthesefunktion. Biologische Konstruktionen sind also als mehrfachoptimierte Systeme zu betrachten und dementsprechend komplex aufgebaut.

Mit den Veränderungen der Gewebe von Holzpflanzen im Verlauf ihrer Entwicklung beschäftigten sich die Wissenschaftler Thomas Speck und Nick P. Rowe. Während die meisten Bäume und Sträucher ihre Last selbst tragen müssen, überlassen Lianen ihr Gewicht anderen Trägerbäumen und lassen sich von diesen «huckepack» nehmen. Da die Belastungen für Bäume und Lianen unterschiedlich sind und sich die Belastungsbedingungen im Laufe des Heranwachsens einer Pflanze verändern, interessierten die Forscher insbesondere die Anpassungen dieser pflanzlichen «Achsen» im Verlaufe ihrer Individualentwicklung. Sie untersuchten die durch Gewebeumbau hervorgerufenen statischen und dynamischen mechanischen Eigenschaften und konnten, basierend auf diesen Arbeiten, Prinzipien ableiten, wie technische Tragkonstruktionen beim Einsatz geringer Materialmengen dennoch hohe Steifigkeiten erreichen oder versagenstolerant gebaut werden können. Technische Konstrukte sind meist hochgradig materialoptimiert und selten strukturoptimiert. Im Gegensatz dazu arbeiten Pflanzen stets mit einigen wenigen Materialien wie Lignin,

Zellulose, Hemizellulosen und Pektin. Sie sind gezwungen, Wege zu finden, um über die Struktur die unterschiedlichsten funktionellen Anpassungen vorzunehmen.

Hoch (Holz) dynamisch!

In Kalifornien wächst (immer noch!) der 112 Meter hohe «Howard Libby Tree» (ein *Sequoia sempervirens*) und hält damit den Weltrekord. Niedriger, aber massiger ist der «General Sherman Tree» mit einem Durchmesser von 11 Metern und fast 1500 Kubikmeter Holzvolumen. Das entspricht etwa 1200 Tonnen oder 30 voll beladenen LKWs. Die Mammutbaum-Wälder an der amerikanischen Westküste sind also wahre Kathedralen der Naturbaukunst. Wie schaffen die Bäume diese konstruktiven Höchstleistungen?

Dazu findet während des Wachstums ein komplexer Umbau der Gewebe im Inneren des Stammes statt, der neben der Stützfunktion auch eine Funktion als Flüssigkeits-Transportbahn gewährleisten muss. Im Stammesinneren finden sich verschieden aufgebaute Bereiche, die im Zuge der Entwicklung umgewandelt werden. Im Stammquerschnitt können bei verholzten Pflanzen mehrere Gewebetypen unterschieden werden (Abbildung 26). Jeder Stamm ist von einer Abschlussschicht, der Rinde und Borke, umgeben. In einem frühen Stadium wird diese Abschlussschicht von einer sogenannten Epidermis gebildet, diese wird aber beim Fortschreiten des Wachstums von einer Korkschicht ersetzt. Kork ist undurchlässig, besteht aus toten, gasgefüllten Zellen und ist ein für verschiedene Anwendungen sehr beliebtes Material. Wegen seiner Wasserundurchlässigkeit verwenden die Winzer Kork etwa zum Verschluss von Weinflaschen. Er eignet sich aber auch ideal als Isolationsmaterial. Die Abschlussschicht besteht neben dem toten Kork auch aus einem Bereich, in dem sich noch Zellen bilden, die erst allmählich zu Kork werden. Dieses Abschlussgewebe wird Borke genannt und übernimmt für die Pflanzen wiederum mehrere lebenswichtige Funktionen.

Abbildung 26: Querschnitt durch eine alte Achse der tropischen Liane *Aristolochia brasiliensis*. Man erkennt in dem aus verschiedenen Geweben aufgebauten Stamm das mächtige äußere, korkartige Abschlussgewebe und die dunkel angefärbten schmalen, keilförmigen Holzsegmente im Innern der Achse. (© Plant Biomechanics Group Freiburg)

Die Borke stellt eine Barriere für Parasiten, Mikro- und andere Organismen dar, die an das «saftige» und lebende Material im Stamminneren wollen. Sie bietet Schutz vor mechanischen Beschädigungen wie auch vor der schädigenden UV-Strahlung. Bei vielen Bäumen fungiert die Borke zudem als Schutzmantel vor Kälte und Hitze.

Weiter im Inneren schließt sich das Bastgewebe (Phloem) und das

Holz (Xylem) an. Holz erfüllt bei Bäumen und Sträuchern drei wichtige Funktionen, denen jeweils bestimmte Zelltypen zugeordnet werden können.

1. Die Stützfunktion wird von festigenden Zellen (Holzfasern und Fasertracheiden) übernommen.

2. Die Wasser- und Nährsalz-Transportfunktion wird von speziellen Wasser leitenden Zellen (Tracheiden und Tracheen) übernommen (der Assimilattransport findet in den Siebzellen bzw. Siebröhren des Bastgewebes statt).

3. Die Speicherfunktion wird von so genannten Holzparenchymzellen übernommen.

Das Festigungsgewebe besteht hauptsächlich aus längs verlaufenden länglichen Holzfasern und Fasertracheiden, die in der Regel bereits tot sind und stark verdickte Zellwände aufweisen. Die Zellwände verholzter (lignifizierter) Zellen können vereinfacht als Verbundmaterialien aufgefasst werden, bei denen lange, sehr zugstabile Zellulosefasern (Armierungen) in eine druckstabile Matrix, das Lignin, eingebettet sind. Dieser Zellwandaufbau ermöglicht die hohe Belastbarkeit verholzter Pflanzenachsen. Im Bastgewebe finden sich neben den assimilatleitenden Zellen häufig auch lang ausgezogene, der Festigung dienende Sklerenchymfasern. Manche Sklerenchymfasern werden bis zu 50 Zentimeter lang (zum Beispiel beim Brennnesselgewächs *Boehmeria*) und werden seit alters her als Bastfasern für die Herstellung von Stoffen, Bindfäden und Seilen verwendet.

Das Leitgewebe wird von spezialisierten länglichen Zellen gebildet, die zum einen den Wassertransport aus den Wurzeln zu den Blättern übernehmen und zum anderen in den Blättern gebildete organische Verbindungen wie Zucker (Assimilate) zu den Wurzeln oder anderen Speicherorten bringen. Beide Transporte finden in getrennten Bereichen statt (Abbildung 27). Der Transport von Wasser wird vom Holz, dem so genannten Xylem übernommen, die Assimilate werden im Bast (Phloem) befördert.

Die Weltmeister des Wassertransports sind Lianen und Rattanpal-

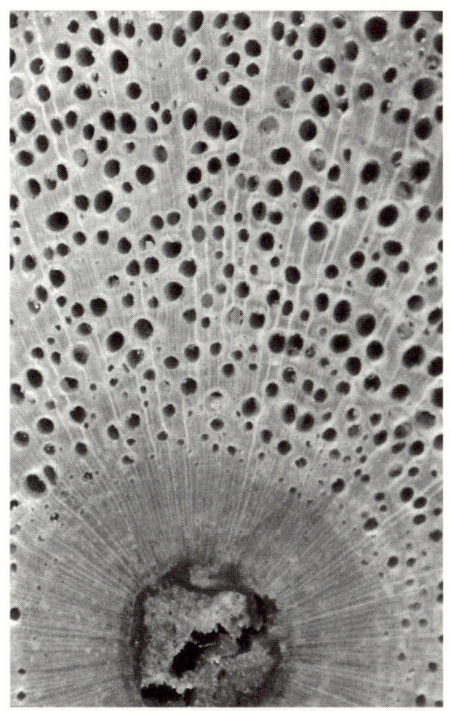

Abbildung 27: Querschnitt durch das Holz der tropischen Liane *Condylocarpon guianense*. Deutlich sind im äußeren Holzzylinder die großen der Wasserleitung dienenden Tracheen zu erkennen, die bei dieser Art einen Durchmesser von über 500 Mikrometern erreichen können. (© Plant Biomechanics Group Freiburg)

men. Das für die Möbelherstellung beliebte Rattanrohr wird aus den Sprossen der tropischen Rattanpalmen hergestellt, die mit weit über 100 Metern zusammen mit anderen Lianen die längsten Sprossen im Pflanzenreich haben. Bis heute ist physikalisch nicht ganz klar, wie der durch die Wasserverdunstung in den Blättern induzierte («Transpirationssog»), nahezu rein passive Transport des Wassers von den

Wurzeln zu den Blättern bei diesen Pflanzen mit der beobachteten hohen Transportsicherheit funktioniert.

Im Grundsatz geht die Wasserversorgung so vor sich: Die Pflanzen verlieren aufgrund der Verdunstung (Transpiration) über die Blätter ständig Wasser, das nachgeliefert werden muss und von den Wurzeln aus dem Boden aufgenommen wird. Dabei nutzen die Pflanzen nicht wie wir Menschen einen Energie verbrauchenden Pumpmechanismus, sondern setzen vollständig auf den Transpirationssog.

Man kann sich den Vorgang ähnlich wie beim Umfüllen von Benzin aus dem Tank vorstellen. Manch einer hat schon mal in der Not, wenn der Autotank leer und die nächste Tankstelle noch viele Kilometer entfernt war, das Benzin aus dem Tank eines anderen Wagens umgefüllt. Dafür wird an einem im Tank steckenden Schlauch gesaugt und ein Unterdruck erzeugt. Ist das Benzin hoch genug im Schlauch gestiegen, hält man diesen nach unten, und das Benzin fließt von alleine aus dem Tank. Voraussetzung ist, dass der Ausfluss eine geringere Höhe hat als der Benzinpegel im Tank. Im Gegensatz zu diesem Beispiel hören die Pflanzen aber nicht auf zu «saugen». Die Blätter verlieren ständig Wasser, was zu einem konstanten Sog führt. Dieser Sog «zieht» an der Wassersäule mit großer Kraft (Saugspannung), die umso größer ist, je weiter das Wasser transportiert wird. Versucht man mit einem einfachen Schlauch von einem Zentimeter Durchmesser Wasser allein durch einen Sog in die Höhe zu ziehen, so reißt die Wassersäule nach einigen Metern ab. Dieses Phänomen wird Kavitation genannt und lässt sich auf Faktoren wie die Benetzung, Gas- und Luftblasen in der Wassersäule und die Oberflächenspannung zurückführen. Wie die Pflanzen dieses Problem lösen und ob wir auch in diesem Bereich für die Technik Neues lernen können, versuchen Wissenschaftler aktuell zu klären.

Bis ins Detail optimiert

Zurück zu den verschiedenen Zelltypen im Holz. Alle nicht weiter spezialisierten Zellen im Stamm sind dem Holzparenchym zuzuordnen. Diese Zellen übernehmen Speicherfunktionen und lagern die in den Blättern gebildeten organischen Verbindungen. Das Parenchym kann als eine Art «Matrix-Gewebe» angesehen werden, in das die festigenden Zelltypen eingebettet sind bzw. das Festigungsgewebe hineinreicht.

Die Forscher Speck und Rowe haben in Zusammenarbeit mit ihrem Kollegen Hanns-Christof Spatz in mechanischen Tests die Biegesteifigkeit der Pflanzenachsen mit verschiedenen Verfahren untersucht, die Querschnitte der Pflanzenachsen betrachtet und deren makroskopischen und mikroskopischen Aufbau dokumentiert. Neben Versuchen zur Biegesteifigkeit wurden auch Torsions- und Zuguntersuchungen durchgeführt. Der Fokus lag dabei auf drei verschiedenen Wuchsformen der Holzpflanzen, die sich in ihrer Mechanik unterscheiden: selbsttragende Bäume, halb selbsttragende Spreizklimmer und nicht selbsttragende Lianen (Abbildung 28). Halb selbsttragende Spreizklimmer sind Gewächse, die sich – häufig ohne spezielle Verankerungsstrukturen – an vorhandene Äste anderer Bäume «anlehnen» und dadurch eine Verankerung erreichen.

Bei selbsttragenden Wuchsformen stellten die Forscher eine Erhöhung des Biegeelastizitätsmoduls mit Zunahme des Alters fest. Das bedeutet, die Bäume werden mit dem Alter steifer, damit sie die zunehmend größere Last der wachsenden Krone tragen und vor allem den steigenden Windlasten widerstehen können. Entsprechend wandelt sich der Gewebeaufbau im Stamm. Der Holzanteil als Festigungsgewebe nimmt mit dem Alter zu. Von ursprünglichen Gewebeanteilen von 10–20 Prozent bei sehr jungen Pflanzen wächst das Festigungsgewebe am Ende auf 80–95 Prozent an. Auch in den für Bäume typischen Jahresringen findet sich die Anpassung an das stetig steigende Gewicht. In älteren Jahresringen ist häufig ein größerer Anteil an verholzten Zellen zu finden. Auch der Grad der Verholzung der einzelnen Zellen (Einlagerung von Lignin) kann mit dem

Abbildung 28: Ein 60 Meter hoher selbsttragender Laubbaum (Gattung *Tabebuia*) mit circa 3 Meter Stammdurchmesser aus dem Tieflandregenwald von Französisch-Guyana (l.). Achse einer vom Trägerbaum abgerutschten windenden (nicht selbsttragenden) Liane (*Condylocarpon guianense*) aus dem Tieflandregenwald von Französisch-Guyana (r.). (© Plant Biomechanics Group Freiburg)

Alter bei selbsttragenden Bäumen zunehmen. Es gibt Hinweise, dass selbst die Orientierung der Zellulosefibrillen in den Wänden einzelner Zellen als Anpassung an die Biegesteifigkeit verändert wird. Letztlich kann sich sogar die biochemische Zusammensetzung des Festigungsgewebes wandeln. Das bedeutet, es werden Stoffe gebildet, die wiederum zu einer weiteren Optimierung der Biegesteifigkeit führen.

Im Gegensatz dazu werden Lianen im Verlauf ihrer Entwicklung zunehmend flexibler. Zu Beginn als kleine Pflanze am Erdboden, müssen sie wegen ihres Lichthungers schnell größere Höhen erreichen, ohne sich an anderen Pflanzen stützen zu können. Deshalb benötigen sie zu Beginn ihrer Entwicklung einen möglichst steifen Aufbau. Dies trifft auch auf die «Suchertriebe» in der Krone von Bäumen zu, die die Distanz zu anderen, neuen Trägerbäumen überbrücken müssen. Ist einmal ein «Partner zum Verankern» gefunden, müssen sie nicht mehr biegesteif sein. Vielmehr ist Flexibilität gefragt, damit sie die Bewegungen ihrer Stützpflanze mitmachen können. Zudem müssen nicht sie selbst das Gewicht ihrer Blätter und ihres Stammes tragen, sondern der Stützbaum. Nicht selten brechen deshalb die umschlungenen Bäume unter der Last von Lianen zusammen.

Doch selbst ein solches Ereignis macht den Lianen wegen ihrer Flexibilität im Alter wenig aus. Entsprechend den Anforderungen verringert sich der Anteil des Festigungsgewebes von 20–40 Prozent bei jungen auf 1–5 Prozent bei älteren Pflanzenachsen. Bei Regenwaldlianen kann der Unterschied noch gravierender ausfallen. Von anfänglich bis zu 65 Prozent Festigungsgewebe bleiben im Alter teilweise nur noch 0,1 Prozent übrig. Kein Wunder also, dass sich Tarzan derart geschmeidig durch den Regenwald schwingen konnte. Die Lianen machen nahezu jede Bewegung mit, ohne zu reißen.

Ähnlich wie bei den selbsttragenden Bäumen endet die Umwandlung nicht auf dieser Ebene. Betrachtet man einen Querschnitt älterer Lianenachsen, scheint das Festigungsgewebe plötzlich aufzuhören. Eingeschlossen finden sich flexible Komponenten, hauptsächlich charakterisiert durch weitlumige Tracheen (tote längliche Zellen, die dem Wassertransport dienen) und Parenchymgewebe. Zudem wird der anfänglich geschlossene Ring aus Festigungsgewebe zunehmend stärker fragmentiert (Abbildung 29). Das Festigungsgewebe reißt beim Wachstum auf und wird durch andere, nicht verholzte Zellen schnell ersetzt. Am Ende sieht das Festigungsgewebe aus wie ein in Segmente zerschnittener Kuchen. Dieser Prozess des Aufreißens und der unmittelbaren Reparatur durch andere Zellen wird noch in einem späteren Abschnitt näher betrachtet werden, da auch hier ein mögliches Prinzip für die Technik schlummert.

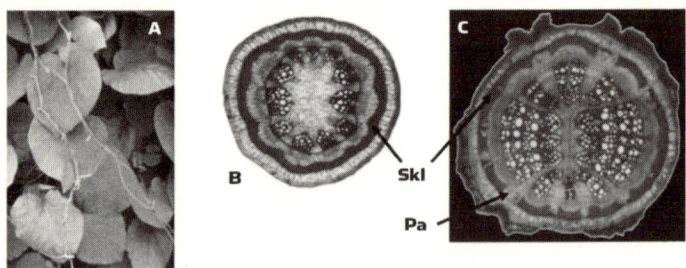

Abbildung 29: Veränderung der Achsenanatomie bei der Pfeifenwinde (*Aristolochia macrophylla*), einer windenden Liane (A) aus Nordamerika. Die jungen Suchertriebe sind durch den im äußeren Achsenbereich vorhandenen geschlossenen Ring aus verholztem Festigungsgewebe (Sklerenchym, Skl) sehr biegesteif (B). Bei älteren, bereits an einer Trägerstruktur verankerten Achsen bricht dieser Festigungsring aufgrund von Spannungen durch das zunehmende Dickenwachstum des innen liegenden Holzgewebes auf, und es entstehen mit elastischem Grundgewebe (Pa) gefüllte Risse (C). Durch diese Fragmentierung des Festigungsrings werden die alten Achsen der Pfeifenwinde immer flexibler. (© Plant Biomechanics Group Freiburg)

Im Gegensatz zu den Bäumen, bei denen die Biegesteifigkeit im Alter durch vermehrte Spätholzbildung und somit einem höheren Zellwand-zu-Zelllumen-Anteil erhöht werden kann, nimmt im Holz von Lianen das Verhältnis zwischen Zellwand und Zelllumen häufig ab. Das bedeutet, dass ihr Holz im Alter weniger biegesteif wird. Neuere Untersuchungen zeigen, dass nach einer Verankerung am Trägerbaum sogar die Zellwand im Hinblick auf mehr Flexibilität optimiert werden kann. Auch die chemische Ausstattung der Zellwände im Lianenholz verändert sich im Laufe der Zeit. Die Ergebnisse legen nahe, dass dabei das Lignin mit zunehmendem Alter aufgrund bestimmter Verhältnisse chemischer Komponenten zur Ausbildung weniger «steifer» Zellwände beiträgt.

In der bisherigen Betrachtung sind die halb selbsttragenden Spreizklimmer ausgeklammert worden. Rein intuitiv würde man erwarten, dass sie als Pflanzen mit einer Wuchsform zwischen den beiden vorgestellten Wachstumsarten zeit ihres Lebens sowohl biegesteif wie auch relativ flexibel bleiben müssen. Tatsächlich ändern sich die mechanischen Eigenschaften von Spreizklimmern mit dem Alter nicht, entsprechend wurden keine besonderen funktionellen Gewebeanpassungen festgestellt (Abbildung 30).

Steif und elastisch zugleich

Typisch für die biologischen Problemlösungen, in diesem Fall Konstruktionen, die bestimmte Aufgaben zu bestimmten Zeiten erfüllen müssen, ist die Verschachtelung der Ebenen oder Niveaus, auf denen eine Veränderung stattfindet. Thomas Speck und seine Kollegen haben fünf hierarchische Strukturebenen beschrieben, die zur Funktionsanpassung herangezogen werden. Von Achsenstruktur (Anordnung der Gewebe), Gewebestruktur (Veränderungen innerhalb des Festigungsgewebes), Zellstruktur (Zellwanddicke und Anordnung der Verstärkungselemente) über die Zellwandstruktur (Anordnung der Zellulosefibrillen) bis hin zur biochemischen Ebene werden alle Komponenten bei der Optimierung berücksichtigt (Abbildung 31). Eine überragende Leistung, die technisch bislang nicht realisierbar scheint.

Die Kenntnis über die Möglichkeiten, wie mit bestimmten Stoffen allein durch ihre Anordnung und Anpassung auf verschiedenen Strukturebenen technische Konstruktionen biegesteifer oder elastischer gebaut werden können, war ein entscheidender Fortschritt. Mit diesen Ergebnissen lassen sich zum Beispiel tragende Bauteile im Fahrzeugbau oder in der Architektur optimieren. Besonders auf der Ebene der Achsenstruktur, also der Anordnung der verschiedenen tragenden und nicht tragenden Gewebe, zeigen sich die stärksten Auswirkungen auf die mechanischen Eigenschaften. Die Veränderungen auf den übrigen vier Ebenen verstärken lediglich die mechanischen Tendenzen und dienen überwiegend der «mechanischen Feinanpassung». Entsprechend groß ist das Potenzial tech-

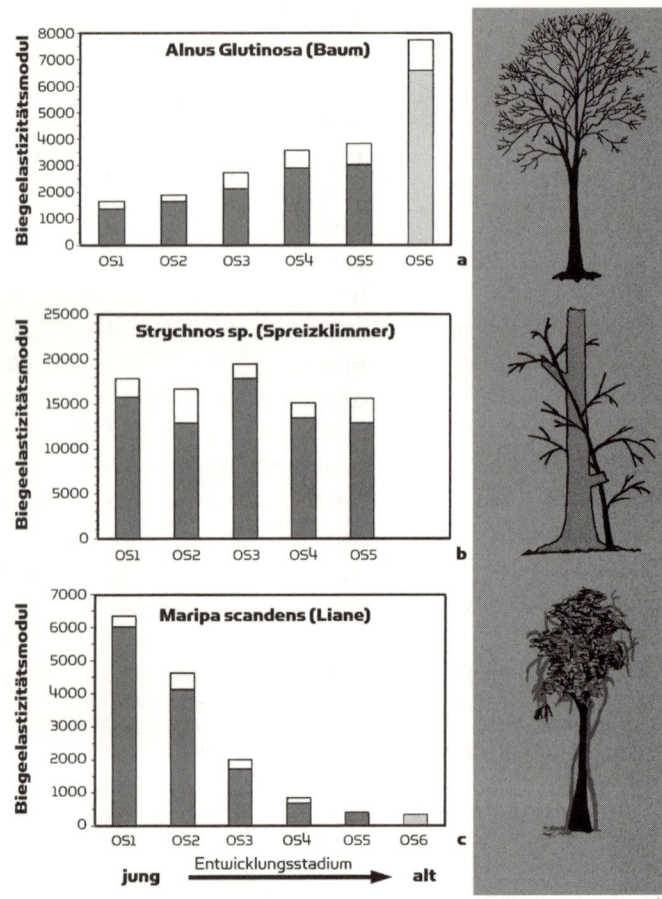

Abbildung 30: Veränderung der biegemechanischen Eigenschaften bei Pflanzen mit unterschiedlicher Wuchsform. Bei selbsttragenden Bäumen nimmt das Biegeelastizitätsmodul mit zunehmendem Alter der Achsen deutlich zu, während es sich bei den nicht selbsttragenden Lianen drastisch verringert. Beim dritten Wuchsformtyp, den halb selbsttragenden Spreizklimmern hingegen bleibt das Biegeelastiziätsmodul während des gesamten Wachstums annährend konstant.
(© Plant Biomechanics Group Freiburg)

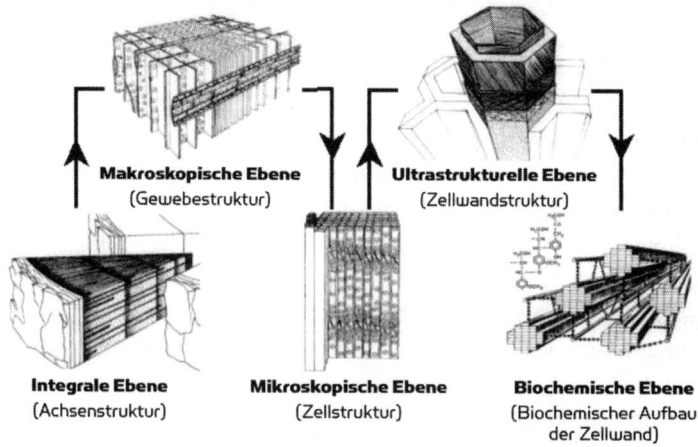

Makroskopische Ebene
(Gewebestruktur)

Ultrastrukturelle Ebene
(Zellwandstruktur)

Integrale Ebene
(Achsenstruktur)

Mikroskopische Ebene
(Zellstruktur)

Biochemische Ebene
(Biochemischer Aufbau
der Zellwand)

Abbildung 31: Materialoptimierung kann bei Pflanzenachsen auf mindestens 5 Strukturebenen stattfinden. Diese strukturellen Ebenen reichen – wie hier am Beispiel von Stamm und Tracheiden eines Nadelbaumes gezeigt – von der Stammstruktur bis hin zum biochemischen Aufbau der Zellwand. (© Plant Biomechanics Group Freiburg)

nischer Konstruktionen allein über eine funktionsangepasste Anordnung der tragenden und nicht tragenden Elemente – um zum Beispiel bei Hochhäusern oder Türmen eine hohe Steifigkeit zu erhalten oder umgekehrt eine gewisse Elastizität zu gewährleisten.

Diese Erkenntnis ist nicht neu. Die Gewebeanordnungen in den Pflanzenachsen folgen aber durchaus nicht immer den gleichen technischen Schemata. Damit liegt in der Vielfalt der pflanzlichen Achsen ein noch kaum entdecktes Reservoir an Konstruktionsvariationen.

Ein weiteres Ergebnis der Forschung von Speck und seinem Team entfaltet bereits jetzt sein ganzes Potenzial in der Technik. In der Natur finden sich meist verzahnte oder einander angepasste Konstruktionen. Selbst für einen Botaniker ist es schwer, die genaue Trennung zum Beispiel zwischen dem Festigungsgewebe und dem Transportgewebe auszumachen; im Gegensatz zur Technik, wo eine Schraube deutlich von einer Mutter unterschieden werden kann. Entsprechend gravierend wirken sich auch die Kräfte auf zwei derart voneinander abgegrenzte Bauteile aus.

In den Pflanzenachsen sind die Übergänge zwischen den Geweben mit unterschiedlicher Funktion allmählich und aufeinander abgestimmt. Während bei einer Betonsäule mit integrierten längs verlaufenden Stahlstäben bereits bei einer relativ geringen Biegung der Säule der Beton wegen des abrupten Übergangs zwischen dem steifen und dem flexiblen Material abplatzt, kann ein Baum ungeheure Windbelastungen aushalten, bevor er bricht. «Smart Materials» oder Gradientenwerkstoffe sind Bezeichnungen für technische Materialien, die bereits seit Jahrmillionen in der Natur verwendet werden.

Auf Biegen und Brechen

Hohlprofile für den Architekturbereich oder zum Transport von Flüssigkeiten müssen unterschiedlichen Anforderungen gerecht werden. Biegefestigkeit bei hoher dynamischer Belastbarkeit und möglichst geringem Gewicht sind einige der Kriterien, die es technisch zu lösen gilt. Solche Profile werden vielfach eingesetzt und bestehen neben Metallen auch aus Kunststoffen oder sogar aus Papier. Die Belastbarkeit fällt je nach Material und Wanddicke sehr unterschiedlich aus. Optimierungen des Aufbaus finden in der Technik kaum statt, sodass die Belastbarkeit meist eine Frage des Materials und nicht der Struktur ist.

Gibt es hier Alternativen? Dieser interessanten Fragestellung gehen die Freiburger Biomechanikforscher um Professor Thomas Speck derzeit in Kooperation mit dem Institut für Textil- und Verfahrenstechnik (ITV) in Denkendorf nach.

Auch in der Pflanzenwelt finden sich viele Hohlachsen, die bestimmten Bedingungen gerecht werden müssen. In der Biomechanikgruppe untersuchten Olga Speck und Hanns-Christof Spatz die mechanischen Eigenschaften von Gräsern, die eine Hohlachse aufweisen, hohes Gewicht tragen müssen und gleichzeitig bei dynamischen Lastwechseln nicht brechen dürfen. Ihre biologischen Vorbilder waren Gräser, zum Beispiel das Pfahlrohr (*Arundo donax*) oder Bambus.

Arundo donax ist eine 2–4 Meter hohe Pflanze, die an Ufern und sumpfigen Stellen wächst. Wahrscheinlich aus dem Orient stammend, wird sie seit dem Altertum in Europa kultiviert. Häufig findet *Arundo donax* als Zierpflanze Verwendung. Ihre holzigen Halme werden aber auch gerne als Stützen für Tomaten und Erbsen eingesetzt oder sogar als Angelruten. Auch Flechtwerk oder Matten werden aus dem Gras hergestellt. Die alten Ägypter nutzten die Halme als Kiele zum Schreiben auf Papyrus oder stellten daraus Musikinstrumente her. Dieses Material wird bis heute zur Herstellung der Rohrblätter von Holzblasinstrumenten verwendet, einen vollwertigen Ersatzstoff konnte die Technik bislang nicht entwickeln.

Am Seeufer ist dieses Riesengras den sich auf der glatten Wasserfläche frei entwickelnden Winden voll ausgesetzt. Und obwohl der gesamte Halm Blätter trägt und der Halm nur wenige Zentimeter dick ist, kann dem Gras selbst starker Wind nichts ausmachen. Wie die Hohlachsen die Windenergie aufnehmen und geschickt umwandeln, gehört zu den Geheimnissen, denen die Forscher nachgegangen sind. Wieder zeigt sich, dass ein bestimmter Aufbau des Halmes der Schlüssel für diese Eigenschaft der Pflanzen ist. Ähnlich wie beim Holz ist die Anordnung von steifen Bereichen (Sklerenchym oder Festigungsgewebe) und weicher Matrix, dem Parenchym (wenig spezialisiertes Grundgewebe), entscheidend (Abbildung 32).

Um ein Abbrechen oder Entwurzeln zu verhindern, müssen die Pflanzen die mechanische Windenergie umwandeln. Nur so erreichen sie eine Dämpfung der Schwingung. Die Energieumwandlung, auch Dissipation genannt, kann auf drei unterschiedliche Dämpfungsarten erfolgen:

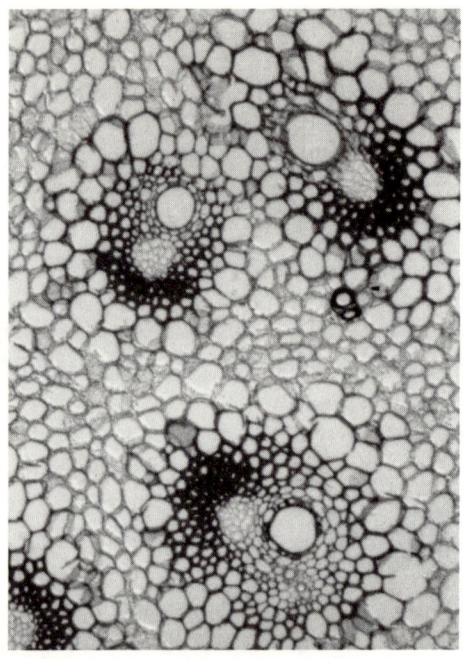

Abbildung 32: Querschnitt durch das unterirdische Rhizom des Pfahlrohrs (*Arundo donax*). Deutlich erkennt man den graduellen Übergang zwischen dem wenig differenzierten Grundgewebe (Matrix) und den dunkel angefärbten, stark verholzten festigenden Zellen (Sklerenchymfasern). Die Zellen werden zunehmend dickwandiger und kleiner und der Verholzungsgrad nimmt zu, was an der intensiver werdenden Rotfärbung zu erkennen ist. (© Plant Biomechanics Group Freiburg)

1. materialbedingte Dämpfung,
2. aerodynamisch bedingte Dämpfung,
3. strukturelle Dämpfung.

Jedes Material besitzt eine spezifische Dämpfungskonstante, die letztlich auf die Materialzusammensetzung (Atome und Moleküle) zurückzuführen ist. Viskoelastisch-plastisches Verhalten des Materials wandelt die eingebrachte Energie der Schwingung in Streckung und Stauchung einzelner atomarer oder molekularer Verbindungen um. Da die Verbindungen aus ihrem Ruhezustand gebracht werden, verbraucht dieser Prozess Energie, wodurch die Dämpfung entsteht. Bei *Arundo* wurde gemessen, dass die materialbedingte Dämpfung 30–40 Prozent ausmacht. Voraussetzung ist ein ausgeprägtes visko-elastisches Verhalten, hervorgerufen unter anderem durch die im lebenden Halm wassergesättigten Zellwände. Ist der Halm trocken, beträgt diese Dämpfung nur circa 10 Prozent. Die hohe Effizienz der materialbedingten Dämpfung ist begründet in der kontinuierlichen Verbindung zwischen Geweben und Zellen mit unterschiedlichen mechanischen Eigenschaften. Es besteht ein Gradient zwischen dem festigenden, biegesteifen Gewebe und den elastischen Gewebe-arealen. Ein Gradient bezeichnet dabei einen allmählichen Verlauf von einer Eigenschaft zur anderen. Diese Änderung wurde am Grad der Elastizität, dem so genannten Elastizitätsmodul, gemessen. Nähert man sich von der Matrix mit ihrem wenig differenzierten Grundgewebe dem Sklerenchymgewebe, so wird die Flexibilität des Materials immer geringer. Die Pflanzen erreichen diesen allmählichen Übergang der Elastizität durch eine zunehmend stärkere Verholzung der Zellen, die gleichzeitig kleiner und dickwandiger werden.

Die aerodynamisch bedingte Dämpfung wird durch den Luftwiderstand verursacht, der beim Schwingen wirkt. Die Halmform, vor allem aber die Blätter, erhöhen den Luftwiderstand beim Schwingen deutlich. Entsprechend wird die Energie der Schwingung teilweise zum Überwinden des Luftwiderstandes eingebracht. Als Folge wird die Schwingung immer kleiner.

Die strukturelle Dämpfung hat ihre Ursache in den unterschiedlichen Schwingungsfrequenzen von Blättern, Seitenästen und Hauptachse. Ähnlich wie beim Abbremsen auf einer Schaukel, wenn man die Beine gegen den Schwung bewegt, wird durch ein unterschiedliches Schwingen der verschiedenen Organe der Pflanze die Amplitude der Schwingung verkleinert, das heißt, die Schwingung wird gedämpft.

Wäre die Achse, wie die meisten Rohre, nur auf statische Belastung (zum Beispiel ein zu tragendes Gewicht) optimiert, so würde man einen äußeren Ring mit Festigungsgewebe erwarten. Da aber die Umweltbedingungen ständig wechseln und Winde unterschiedlich stark wehen, hat das Gras einen statischen Kompromiss gewählt. Zwar besitzt *Arundo donax* einen außen liegenden Ring mit Festigungsgewebe, dieser ist aber relativ dünn. Einen wichtigen Beitrag zur Festigung leisten daher auch die Leitbündel, die im Parenchymgewebe eingebaut sind. Die Transportgefäße der Leitbündel sind von länglichen, verholzten Zellen (Sklerenchymfasern) umringt. Je weiter man sich von den Gefäßen in Richtung Parenchym bewegt, desto weniger verholzte Anteile finden sich.

Auch der Übergang von dem außen kreisrund liegenden Festigungsgewebe erfolgt nicht schlagartig, sondern allmählich. Die verholzten Anteile der Zellen werden immer kleiner. Allein dieser materialbedingte Beitrag zur Dämpfung beträgt immerhin mindestens 30 Prozent. Wahrscheinlich wird bei diesem Aufbau die Energie der Schwingung in Scherkräfte umgewandelt. Wäre kein Gradient vorhanden, würden die Scherkräfte an den Gewebegrenzen zu einem Abreißen führen, und die Schwingung könnte ein Versagen der Struktur der Pflanzenachse verursachen.

Textile «Pflanzenachsen»

Diese Ergebnisse der Forschung an den pflanzlichen Hohlachsen aus der Arbeitsgruppe von Thomas Speck nutzen Ingenieure wie Markus Milwich und Thomas Stegmaier am Institut für Textil- und Verfahrenstechnik in Denkendorf (ITV), um innovative Faserverbundstrukturen mit hoher Biegesteifigkeit bei gleichzeitig dauerhaft hoher dynamischer Belastbarkeit herzustellen. Mit komplizierten Flechtmaschinen werden in mehreren Schritten aus Fasern dreidimensionale Hohlkörper hergestellt (Abbildung 33).

Im ersten Prozessschritt werden verschiedene Fasern geflochten und anschließend in einer Matrix meist Kunststoffe eingebettet. Im

Abbildung 33: Flechtpultrusionsmaschine, die die Herstellung von dreidimensionalen Geflechten mit bionisch optimierter Faseranordnung erlaubt und die Einbettung dieser Geflechte in eine Kunststoffmatrix mit Gradientenstruktur (l.). Strukturoptimiertes technisches Faserverbundmaterial mit hervorragenden mechanischen Eigenschaften. Dieses extrem leichte Material mit bionisch optimiertem Faserverlauf wurde im Institut für Textil- und Verfahrenstechnik (ITV) Denkendorf hergestellt (r.). (© ITV Denkendorf)

Gegensatz zu gängigen Faserverbundmaterialien wird versucht, eine graduelle Anpassung der Steifigkeit zwischen Faser und Kunststoffmatrix zu erreichen. Die Nachfragen nach derartigen Faserverbundstrukturen sind groß. Mögliche Anwendungen finden sich in der Luft- und Raumfahrttechnik (zum Beispiel Flügelbau), im Fahrzeugbau und in der Medizintechnik (Prothesen). Nicht zuletzt sind die Materialien auch für die Hersteller von Sportartikeln (zum Beispiel Snowboards, Ski) interessant. Die Forscher wollen aber noch viel mehr von den Pflanzen lernen. Ihnen reicht es nicht, die allmähliche Anpassung der statischen oder dynamischen Eigenschaften zu übertragen. Es laufen bereits erste Versuche, inwieweit die Matrix selbst, ähnlich wie die Zellen, durch die Verwendung von Schäumen gestaltet werden kann.

Bei einigen Anwendungen ist jedoch nicht nur eine bestimmte Biegesteifigkeit oder Elastizität erforderlich, auch Torsionsbelastungen muss standgehalten werden. So besitzt der Winterschachtelhalm (*Equisetum hyemale*) als tragendes Element ebenfalls an der Stän-

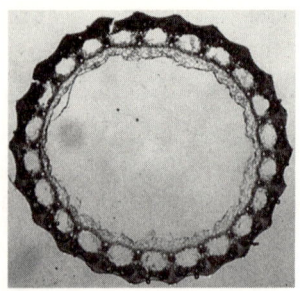

Abbildung 34: Querschnitt durch eine oberirdische Achse des Winterschachtelhalms (*Equisetum hyemale*). Die Achse stellt eine extreme Leichtbaukonstruktion mit einem großen zentralen Markhohlraum und zusätzlichen Hohlräumen im Rindengewebe dar. Die festigenden Zellen liegen an der Halmaußenseite und bilden einen Ring aus im Querschnitt T-förmigen Trägerelementen, die mit einem dünneren, weiter innen liegenden zweiten Festigungsring eine mechanisch sehr stabile Sandwich-Struktur bilden. (© Plant Biomechanics Group Freiburg)

gelaußenseite einen Ring aus festigenden, dickwandigen Zellen (diese Zellen sind nicht verholzt, aber sehr dickwandig). Dieser Ring ist aber nicht gleichmäßig dick, sondern regelmäßig an einigen Stellen dünner, an anderen ragen verholzte Fasern ins Innere des Rings hinein. Auf diese Weise entsteht eine Art T-Profil, das neben der Biegesteifigkeit zusätzlich auch eine hohe Torsionsbeständigkeit garantiert (Abbildung 34).

Auch diese Struktur versuchen die Forscher auf die Verbundmaterialien zu übertragen. Durch bestimmte Flechtmuster schaffen sie Abstandsstrukturen, deren Funktion ähnlich wie bei dem Schachtelhalm eine höhere Torsionsbeständigkeit gewährleistet. Ein erster «technischer» Pflanzenhalm wurde bereits realisiert.

Von Brüchen und Reparaturen

Bei der Untersuchung von *Arundo donax* haben die Freiburger Forscher eine weitere interessante Beobachtung gemacht. Knickt man die Halme zu weit, brechen natürlich auch diese optimierten Hohlachsen ab. Vor dem eigentlichen Brechen sind jedoch deutlich hörbar noch andere, innere «Brüche» zu vernehmen. Dieses Phänomen haben die Forscher «partielles Versagen» genannt. Solche Vorversagensereignisse erhöhen die Belastbarkeit der Halme. Im Gegensatz zu einem gängigen Strohhalm, der bei Biegung auf einmal nachgibt, ist der Pflanzenhalm selbst nach einem solchen teilweisen Versagen noch weiter belastbar. Für die Pflanze als Organismus ist entscheidend, dass der Halm, wenn auch geschwächt, immer noch funktionsfähig bleibt. Wenn keine erneuten zu großen Belastungen auftreten, ist die Pflanze durchaus überlebensfähig.

Diese Funktion kann als eine weitere Verbesserung des mechanischen Designs angesehen werden. Dabei bleibt es nicht bei einem einzigen Vorversagensereignis, bei *Arundo donax* können bis zu 10 solcher kleineren inneren Brüche beobachtet werden. Die tolerierbare Krümmung wird dadurch um bis zu 300 Prozent erhöht, bis es letztendlich zum Bruch oder Versagen kommt. Dies ist eine für die Technik sehr interessante Eigenschaft. So ist bei Fahrzeugen seit Jahren von Energie absorbierenden Bauteilen die Rede, die bei Unfällen das Risiko für die Insassen verringern sollen. Hier zeigt die Natur eine Möglichkeit, wie große Energiemengen effektiv vernichtet werden können.

Das Geheimnis liegt im Inneren der Pflanze verborgen. Vergleicht man den durchgebrochenen Ast etwa einer Bruchweide (*Salix fragilis*), die bei Krümmung wie ein Strohhalm mit einem Mal nachgibt, mit der Bruchkante anderer biegsamer Weidenarten oder von *Arundo donax*, sieht man bereits einen großen Unterschied. Im Gegensatz zum Pfahlrohr ist die Bruchfläche der Weide nahezu glatt. Bei *Arundo* ist die gesamte Fläche stark strukturiert, einzelne Fasern und Leitbündel ragen überall heraus. Die Ergebnisse der Freiburger Forscher legen nahe, dass die Vorversagensereignisse auf das Abknicken einzelner Leitbündel zurückzuführen sind, die aus dem Gewebeverband herausgerissen werden. Durch eine derartige Vergrößerung der Bruchfläche kann viel mehr Energie vernichtet werden, als wenn der Bruch über eine glatte Kante in einem Mal erfolgt (Abbildung 35).

Das Knicken der Halme zeigt also eine weitere Möglichkeit, wie technische Konstruktionen selbst bei Einwirkung großer Kräfte versagenstoleranter gebaut werden können. Anstatt eine Belastungssicherheit allein durch die Menge des eingesetzten Materials, das heißt durch eine Überdimensionierung von Konstruktionsbauteilen, zu gewährleisten, könnte diese auch durch einen funktionsangepassten Einsatz von bruchtoleranten Verbundmaterialien nach dem Vorbild der Natur erreicht werden.

Wie bereits angedeutet, findet beim Wachstum von Lianen ein Aufreißen des Festigungsgewebes statt. Um auch in diesem Fall zu vermeiden, dass eine solche Stelle zu einer möglichen Bruchstelle wird, und um zusätzlich die Elastizität zu erhöhen, müssen diese Stellen schnell repariert werden. Diese Eigenschaft ist für einen weiteren Industriekooperationspartner der Arbeitsgruppe von Thomas Speck, die Schweizer Firma Prospective Concepts, sehr interessant. Das Unternehmen stellt pneumatische Stützkonstruktionen her, zum Beispiel Dächer, die aufgepumpt werden können. Dabei wird ein luftgefüllter Körper in Kombination mit metallischen Stützen eingesetzt, die mit Drahtseilen verbunden sind. Auf diese Weise entsteht eine ultraleichte, mechanisch hoch belastbare Konstruktion nach dem patentierten Tensairity®-Prinzip, die gleichzeitig aus nur wenig Material besteht und sehr kleine Packmaße besitzt. So entstand zum Beispiel eine transportable Brücke. Diese wiegt gerade mal 150 Kilogramm und würde zusammengepackt in nahezu jeden Kofferraum passen. Gleichzeitig besitzt sie aber aufgebaut eine Spanne von 8 Metern und trägt 3,5 Tonnen (Abbildung 36)!

Tragendes Element ist dabei stets der luftgefüllte Körper, der lediglich mit Drahtseilen und dünnen Stangen stabilisiert wird. Wie bei einem Luftballon wird zur Stabilität der Hülle Druckluft benötigt.

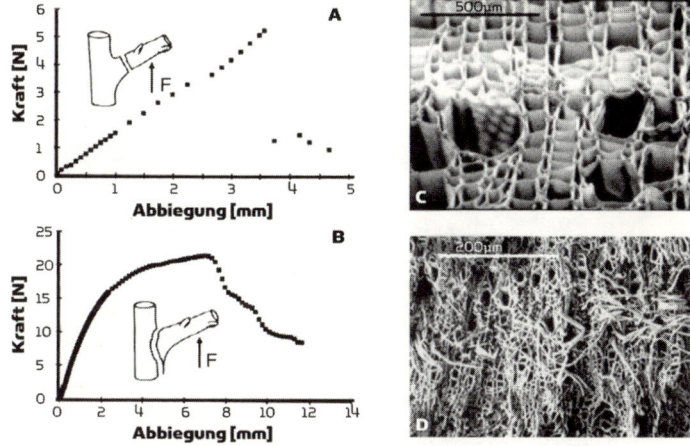

Abbildung 35: Bruchverhalten (A) der Bruchweide (*Salix fragilis*), einer Art mit sehr brüchigen Seitenzweigen und (B) einer Weidenart (*Salix appendiculata*) mit sehr wenig brüchigen Zweigen. Man erkennt das abrupte Versagen der brüchigen Zweige beim Erreichen der Bruchkraft, während die wenig brüchigen Zweige erst allmählich nach mehreren Vorversagensereignissen brechen. Bei der Bruchweide entstehen sehr glatte Brüche (C), bei denen sehr wenig Energie vernichtet wird. Bei der wenig brüchigen Weidenart hingegen entstehen extrem strukturierte Bruchflächen (D), für deren Bildung sehr viel Energie benötigt wird.
(© Plant Biomechanics Group Freiburg)

Es genügen dabei 0,1 bis 0,3 bar, also nur ein Zehntel des normalen Drucks von Autoreifen. Trotz der Vorteile wie geringem Gewicht, guter Transportierbarkeit, wenig Material und damit günstigeren Kosten als bei anderen Konstruktionen bleibt ein entscheidender Nachteil bestehen. Löcher und Risse, die ein Entweichen der Druckluft ermöglichen, verringern die Tragfähigkeit der Konstruktion. Dabei werden wenige Löcher durchaus toleriert. Angeschlossen an einen Kompressor, können kleine Fehlstellen bei dem geringen Druck problemlos ausgeglichen werden.

Abbildung 36: Ultraleichte Brücke nach den Tensairity®-Prinzip mit 8 m Spannweite und einer Traglast von 3,5 Tonnen. (© Prospective Concepts A.G.)

Nicht zu unterschätzen ist jedoch die Rolle einer weiteren produktspezifischen Eigenschaft, und zwar die psychologische Akzeptanz dieser Strukturen durch die Benutzer. Sollten nach diesem Prinzip irgendwann Brücken für Autos oder Fußgänger gebaut werden, ist die Akzeptanz der Konstruktionen durch den Menschen nur dann zu erwarten, wenn auch eine Reparatur der Löcher gewährleistet wird. Da eine ständige Kontrolle der Luftkörper gar nicht möglich ist, muss also möglichst eine automatische Reparatur «eingebaut» sein. Schnelle Selbstreparatur tragender Konstrukte ist eine der besonderen Fähigkeiten der Lianen und anderer Pflanzen. Entsprechend interessiert sind die Ingenieure an den Biomechanikarbeiten von Speck & Co.

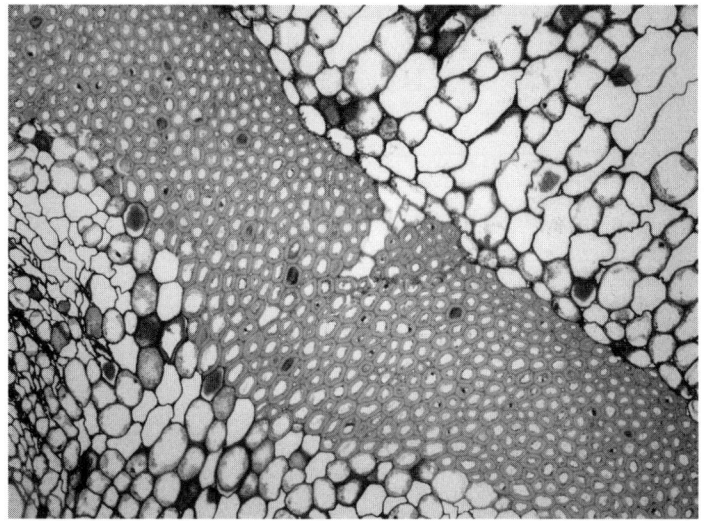

Abbildung 37: Verschluss eines Risses in der Außenseite des Festigungsrings der Pfeifenwinde (*Aristolochia macrophylla*) durch in den Riss gequollene Parenchymzellen. (© Plant Biomechanics Group Freiburg)

Wie stopft die Natur Löcher?

Wie bereits erwähnt, reißt beim Wachstum der Lianen (etwa bei der Gattung *Aristolochia*) immer wieder der Festigungsring aus verholzten Zellen. Aber auch bei der Gartenbohne (*Phasaeolus vulgaris*) können Reparaturmechanismen bei (künstlich gesetzten) Rissen beobachtet werden. Entsteht ein Riss, erfolgt sofort eine Selbstreparatur dieser Stellen durch Zellen aus der Umgebung. Dabei finden zunächst kein Wachstum und keine Teilung der Zellen statt, sondern die umliegenden, wenig spezialisierten Zellen des Parenchyms dringen passiv in den Riss ein und füllen ihn aus (Abbildung 37). Der Innendruck in den Zellen lässt diese anschwellen. Die zuvor eher rundlichen Zellen «quellen» in den Riss ein und schmiegen sich an die Risswände. Vergleicht man das Verhältnis von Umfang und Fläche der betroffenen Zellen vor und nach einem Riss, stellt man fest, dass die Zellen viel größer geworden sind. Gleichzeitig nimmt aber die Zellwanddicke im gleichen Verhältnis ab.

Dies brachte die Forscher zu dem Schluss, dass die ersten Schritte der Reparatur der Risse weitgehend ohne Zellwandbiosynthese und allein durch physikalisch-chemische Prozesse erfolgen müssen. Eine wichtige Voraussetzung für die Übertragung in die Technik! Erst nachdem die Zellen den Riss versiegelt haben, finden weitere Prozesse zur Versteifung der Stellen statt, zuvor dominieren rein passive Prozesse die Selbstheilung.

Schon heute gibt es in der Technik Systeme, die eine Reparatur von Löchern in Membranen ermöglichen. Zum Beispiel die Autoreifen «Protectis» der Firma Kleber, die Löcher von bis zu 4,7 Millimeter tolerieren, ohne dass es zum Druckabfall kommt. Es erfolgt jedoch nicht wirklich eine Reparatur der Löcher. Vielmehr befindet sich im Inneren der Reifen eine elastische Schicht, die beim Durchstoßen eines Nagels nachgibt und sich um diesen legt, ohne dabei zu zerreißen. Zieht man den Nagel wieder heraus, zieht sich diese Schicht in die ursprüngliche Form zurück und hält die Luft im Inneren der Reifen. Ein geniales System zur Vermeidung von Reifenpannen.

Für die Membranen der Firma Prospective Concepts reicht dieses System jedoch bei weitem nicht aus. Die Löcher oder Risse, die repariert werden müssen, können mehrere Zentimeter betragen, und die Stabilität an der Riss- oder Lochstelle sollte nach der Reparatur wieder annähernd gleich sein. Amerikanische Forscher der Universität in Illinois haben zwar vor nicht allzu langer Zeit ein sich selbst reparierendes Polymer vorgestellt, das sich anschließend wieder versteift. Damit können aber nur kleine Rissstellen in spröden Polymeren repariert werden. Der Ansatz der Freiburger Biologen ist inzwischen so weit gediehen, dass in Kürze ein Patent auf die Technologie nach dem pflanzlichen Vorbild angemeldet wird.

Schäume, die ähnlich wie die Parenchymzellen arbeiten, werden eine entscheidende Rolle bei der Reparatur der Membranen spielen. Sollte ein Durchbruch in diesem Bereich gelingen, werden so interessante Anwendungen wie variable Hüllen für Flugzeugflügel und Luftschiffe zur Anpassung an wechselnde Aerodynamik, Gebäude-hüllen für innovative Bauwerke, variable Automobilteile (etwa aero-dynamisch anpassbare Spoiler) oder selbstreparierende Gewebe für Industrie, Kleidung und Medizintechnik möglich sein.

Wachsende Konstruktionen

Stabilität kann Leben retten. Viel zu selten machen wir uns klar, dass Stabilität die wichtigste Eigenschaft von Bauteilen ist. Wie schrecklich, wenn auf der Autobahn bei Tempo 130 plötzlich der Motor aus seiner Halterung an der Karosserie bricht oder ein Rad abfällt. Auch im häuslichen Alltag kann uns fehlende Stabilität einen bösen Streich spielen. Zum Beispiel, wenn an einer Tasse mit heißem Kaffee oder Tee plötzlich der Henkel abbricht. Bei der Konstruktion von Bauteilen werden Ingenieure hinsichtlich der Haltbarkeit vor eine schwere Aufgabe gestellt. Ob bei Gebäuden, Fahrzeugen, Brücken oder so banalen und alltäglichen Dingen wie Spielzeug, Geschirr oder Schrauben müssen sie bereits im Vorfeld der Produktion die Belastungsfähigkeit und Stabilität klären.
Üblicherweise wird Stabilität auf zwei alternativen Wegen erreicht. Nehmen wir das Beispiel einer Schraube mit einem Durchmesser von 3 Millimetern, die an einer Wand angebracht wird, um daran ein Gemälde aufzuhängen. Bricht die Schraube unter der Last, so besteht die Möglichkeit, das Problem durch den Einsatz einer dickeren Schraube (mehr Material) oder der Verwendung eines besseren Materials (höhere Qualität) zu lösen. Beide Alternativen haben jedoch Nachteile. Die Verwendung von mehr Material kann negative Folgen für andere Eigenschaften haben. Im Fahrzeugbau bedeutet zum Beispiel mehr Material gleichzeitig mehr Gewicht, das sich negativ auf Beschleunigung und Bremsweg auswirkt. Es muss auch mehr Energie (Treibstoff) aufgebracht werden. Bessere Materialien wiederum können entweder die Kosten immens steigen lassen oder sind aus anderen Gründen für den Einsatz nicht geeignet.

Schrauben für gebrochene Knochen – ein Problem der Stabilität

Welche Alternativen bleiben dann aber, wenn beide Möglichkeiten nicht ausgeschöpft werden können? Sehr anschaulich kann das Problem an orthopädischen Schrauben beschrieben werden. Diese Schrauben werden bei Knochenbrüchen zum Beispiel an Gelenken oder in der Wirbelsäule zur Stabilisierung eingesetzt. Sie unterliegen im Körper ständigen Belastungen und brechen deshalb leider gelegentlich. Dann wird eine zweite Operation notwendig, die mit neuerlichen Risiken verbunden ist. Der Einsatz dickerer Schrauben ist aber nicht möglich, da sonst zu viel gesunder Knochen in Mitleidenschaft gezogen wird. Auch der Einsatz anderer Materialien kommt nicht in Frage, da nur wenige Metalle biokompatibel sind und vom Körper nicht abgestoßen werden.

Dass dennoch eine Lösung für dieses Problem gefunden wurde und die aktuell eingesetzten Schrauben sehr selten brechen, verdanken wir den Bäumen. Sie zeigten einen weiteren Lösungsansatz, der heutzutage weltweit bei vielen Stabilitätsproblemen eingesetzt wird und sicherlich als eines der erfolgreichsten Beispiele für eine gelungene bionische Umsetzung in diesem Buch nicht fehlen darf.

Zum Licht und in die Erde – Wachstum von Bäumen

Bevor wir verstehen können, warum Bäume den Ingenieuren bei der Konstruktion von Bauteilen helfen können, müssen wir wissen, warum Bäume so aussehen, wie sie aussehen. Die Gestalt von Bäumen wird durch mehrere Wachstumsregulatoren bestimmt. Diese weisen dem Baum den Weg aus dem Boden und helfen ihm etwa bei der Suche nach dem lebensnotwendigen Licht für die Photosynthese.

Geotropismus, einer der Wachstumsregulatoren, hilft dem jungen Baumtrieb, seinen Weg aus dem Dunkel der Erde zu finden. Wäre dieser Wegweiser nicht vorhanden, würde der Zufall entscheiden, ob der Trieb jemals die Erdoberfläche erreicht. Denn in der Erde gibt es kaum Orientierungshilfen für die Pflanzenzellen. Wie also wissen sie, dass die Wurzeln nach unten (positiver Geotropismus) und der Trieb nach oben (negativer Geotropismus) wachsen müssen? Die Orientierung erfolgt an der Schwerkraft, die stets ins Erdinnere gerichtet ist. Die Zellen der Wurzeln und der Triebe besitzen spezifische «Sensoren» für die Schwerkraft. Stärkekörner oder Bariumsulfatkörper in den äußersten Zellen sind verhältnismäßig schwer, sedimentieren in den Zellen nach unten und lösen damit einen Reiz aus.

In den Wurzelzellen wird dadurch das Wachstum nach unten und in den Triebzellen nach oben ausgelöst. Im Prinzip befiehlt der Geotropismus dem gesamten Organismus ein aufrechtes Wachstum. Dieser Befehl allein wäre jedoch für einen Baum fatal. Nicht nur der Wipfeltrieb, auch alle anderen Äste des Baumes würden eng angelegt an den Stamm nach oben streben. Eine solche Baumgestalt wäre sehr nachteilig, da nur wenig Platz für Blätter vorhanden bliebe. Aus diesem Grund gibt es, als weiterer Wachstumsregulator, die Apikaldominanz. Dies ist eine Art Diktatur, in der der oberste Trieb (Apikaltrieb) allen darunter liegenden Trieben befiehlt, Abstand zu halten. Dadurch werden sie ausgelenkt und wachsen seitlich vom Stamm weg. Reguliert wird dieser Vorgang über das oberseitig begünstigte Wachstum der Äste. Dadurch, dass sie an der Oberseite etwas schneller wachsen als auf der Unterseite, neigt sich der Ast allmählich vom Stamm weg.

Allein diese beiden Wachstumsregulatoren würden jedoch nicht die vielen komplizierten Baumgestalten erklären. Manche Bäume winden beziehungsweise neigen sich oder wachsen schief aus dem Baumbestand heraus. Diese «Konstruktionsphänomene» sind auf einen der wichtigsten Wachstumsregulatoren zurückzuführen: den Phototropismus. Die beste Baumgestalt ist eine Fehlkonstruktion, wenn sie im Dunkeln steht. Der Hunger nach Licht spielt beim Wachstum der Bäume deshalb eine dominante Rolle. Dies ist der

Grund, weshalb manche Bäume statische Fehlkonstruktionen für ein wenig mehr Licht in Kauf nehmen.

Diese drei Wachstumsregulatoren wirken gegenseitig auf die Baumgestalt ein und helfen dem Organismus Baum beim Kampf gegen benachbarte Konkurrenzbäume. Der Vollständigkeit halber muss an dieser Stelle erwähnt werden, dass noch weitere Wachstumsregulatoren wie Nährstoffangebot, Temperatur, Chemie, Feuchte etc. existieren, auf die jedoch zur Vereinfachung nicht eingegangen wird.

Adaptives Wachstum und das Axiom konstanter Spannung

In der Konkurrenz um mehr Licht erreichen Bäume manchmal sehr große Höhen oder besitzen lange, weit ausladende Äste, die viele tausend Blätter tragen können. Solche Konstruktionen sind zwar im Kampf um Licht von Vorteil, wirken sich jedoch gleichzeitig bei Belastung (zum Beispiel Wind) nachteilig aus. Bei Sturm können diese Bäume leicht umknicken, Äste abbrechen oder sogar der ganze Baum entwurzelt werden. Um dies zu verhindern, passen sich Bäume den Belastungen an. Sie wachsen besonders an den Stellen, wo größere Belastungen vorliegen. Dieses adaptive Wachstum erfolgt durch ein verstärktes Anlagern von Material (sekundäres Dickenwachstum). Die jährlichen Holzzuwächse können an den Jahresringen abgelesen werden. Dickere Jahresringe deuten aber nicht nur auf ein besonders gutes Wachstumsjahr hin, sondern offenbaren auch die Stellen, an denen die Spannungen im Baum sehr hoch waren. Das adaptive Wachstum sorgt für ein Angleichen der Spannungen am gesamten Baum.

Stellen wir uns einen Baum mit nur einem Ast vor, der rechtwinklig nach außen ragt und viele Blätter trägt. Der Baum biegt sich in die Richtung des Gewichts. Resultierend aus dieser Biegung wirken am Stamm verschiedene Kräfte. An der Seite zum Ast hin wirkt ein Druck und an der gegenüberliegenden Seite ein Zug. Gleichzeitig wirkt von

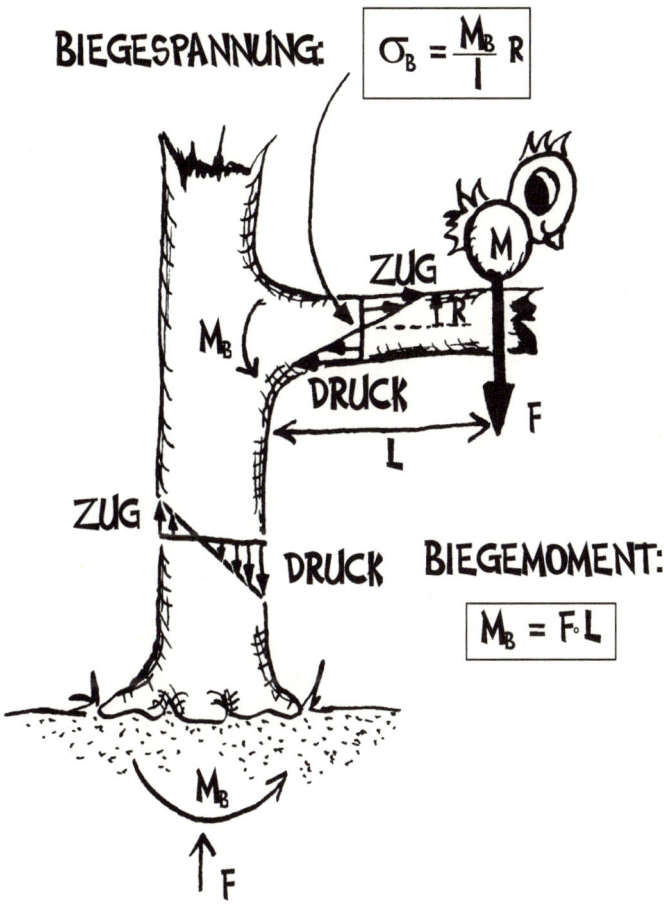

BIEGESPANNUNG:

$$\sigma_B = \frac{M_B}{I} R$$

ZUG

M_B

R

DRUCK

F

L

ZUG

DRUCK

BIEGEMOMENT:

$$M_B = F \cdot L$$

M

M_B

F

Abbildung 38: Verteilung der Spannungen in einem Baum bei einer einseitigen Belastung. (© C. Mattheck, FZ Karlsruhe)

oben auch noch das Eigengewicht (Druck) des Baumes, sodass letztendlich eine Spannung am Stamm übrig bleibt, die sich aus dem Druck und der Biegung zusammensetzt. Diese Gesamtspannung ist an der Seite zum Ast am höchsten, sodass der Baum in Gefahr ist, an dieser Stelle zu brechen (Abbildung 38). Zur Verdeutlichung kann man folgendes Experiment durchführen: Man hält einen vollen Wasserkasten im rechten Winkel vor dem Körper; wenn man sich nun zum Ausgleich nicht nach hinten lehnt, fällt man vornüber. Der Baum ist zwar im Boden verankert, wenn er jedoch keine besonderen Maßnahmen trifft, kann er bei Windlasten leicht brechen (Sollbruchstelle) oder entwurzelt werden. Ein solcher Baum mit einer Last an einer Seite wird hauptsächlich an der gegenüberliegenden basalen Seite (hier ist die Spannung am höchsten) verstärkt wachsen. Auch die Wurzeln würden sich an dieser Seite besonders dick und tief ausbilden, um den Baum besser zu stabilisieren.

Doppel-T-Träger im Baum

Verstärktes Wachstum an den Stellen, wo Spannungen am höchsten sind, ist das Geheimnis der Bäume zur Stabilisierung ihrer Konstruktion und zur Vermeidung von Sollbruchstellen. Dieses Phänomen wird das Axiom konstanter Spannung genannt und führt zu einer Vielzahl von ungewöhnlichen Formen, die in der Natur nahezu überall an Bäumen beobachtet werden können. Weit ausladende Äste haben häufig keinen kreisrunden Durchmesser, sondern eher einen achtförmigen oder ovalen Querschnitt. Diese Form resultiert aus einer Biegebelastung. Der Ast neigt sich hauptsächlich aufgrund des Gewichts, entsprechend sind entlang des Astes unten und oben die inneren Spannungen am höchsten, und folglich wird vorwiegend an diesen Stellen Material angelagert. Eine solche Form ist den Ingenieuren nur allzu gut bekannt. Doppel-T-Träger, das sind auf Biegebelastungen optimierte Metallträger, werden beim Bau nahezu bei jedem Gebäude eingesetzt.

Ein weiteres durch Spannungsausgleich hervorgerufenes Wachstumsphänomen kann bei Wundheilung beobachtet werden. Bricht ein Ast ab, bleibt meist ein kreisrundes Astloch zurück. An einer solchen Kreiskerbe wirken bei Belastung an den Seiten rechts und links der Kerbe höchste Spannungen. Diese Sollbruchstellen werden wieder durch verstärktes Wachstum verringert, sodass die Wunde nicht kreisrund, sondern oval zuwächst.

Das Prinzip der Spannungsverringerung bei Bäumen durch verstärktes Wachstum hat der Physiker Claus Mattheck aus Karlsruhe erkannt und entschlüsselt und auf dieser Basis mit seinem Forscherteam Programme zur Optimierung von Konstruktionen entwickelt.

Wachstum im Computer

Zum Verständnis der biomechanischen Gestaltoptimierung der Bäume haben die Karlsruher Forscher Computersimulationen entwickelt und angewendet, mit denen das adaptive Wachstum nachvollzogen werden konnte. Dieses Verfahren wurde Computer Aided Optimization (CAO) genannt. Mit der angewendeten Methode können Bauteile computersimuliert wie Bäume wachsen und dadurch Spannungen bei Belastungen minimiert werden.

Als Basis für diese Programme dient die Finite-Element-Methode (FEM), ein leistungsfähiges Hilfsmittel zur Beurteilung der Spannungsverteilungen durch eine numerische Bauteilanalyse. Hier wird das Bauteil (Körper) in eine Vielzahl kleiner geometrischer Abschnitte (finite Elemente) unterteilt, welche durch ihre Eckpunkte im Koordinatensystem definiert sind und in der Gesamtheit das Bauteil darstellen. Im zweiten Schritt werden den einzelnen Elementen Materialeigenschaften zugeordnet. Zum Beispiel, wie elastisch sie sind oder wie stark sie sich bei Wärme ausdehnen. Als letzter Schritt wird vorgegeben, wie das Bauteil gelagert, gestützt oder aufgehängt werden soll, und die Belastung definiert. Wird zum Beispiel das Bauteil an seiner Aufhängung gedreht, oder biegt es sich unter einer Last?

Käsestücke als finite Elemente

Wie die Finite-Element-Methode funktioniert, kann man sich vereinfacht an einem Stück Käse vorstellen. Drücken wir ein Goudastück an einer Stelle, so ist kaum vorauszusagen, wie sich der Druck auf die Form des gesamten Käses auswirkt. Die Delle, die wir an der einen Seite verursachen, wird sich nicht an der gegenüberliegenden Seite als Beule eins zu eins wieder abzeichnen. Vielmehr verteilt sich der Druck im Käse und verformt diesen nach allen Seiten. Wie genau sich der Druck auswirkt, ist aber nur schwer vorherzusagen und noch schwerer zu veranschaulichen. Zerschneiden wir jedoch den Gouda in viele kleine Würfel, die wir in der gleichen Form wie den Käse zuvor stapeln, und drücken dann erneut, so könnten wir die Auswirkungen des Drucks an jedem Käsewürfel einzeln betrachten, da jedes kleine Stück einzeln verformt wird. Je mehr Käsewürfel wir dabei verwenden, desto genauer ergibt sich das Bild für die Verteilung des Drucks und damit für seine Auswirkungen auf das Gesamtkäsestück. Dieses «Käsemodell» funktioniert aber nur, wenn wir die Verformung der Käsestücke «einfrieren» und sie uns einzeln anschauen würden. Im Computer ist es erheblich einfacher, in ein simuliertes Bauteil hineinzuschauen und damit die Auswirkungen von Spannungen im Inneren zu betrachten.

Bauteiloptimierung am Computer: die CAO-Methode

Die Finite-Element-Methode ist ein ideales Werkzeug, um am Computer adaptives Wachstum zur Verringerung von Spannungen zu simulieren und damit Bauteilkonstruktionen zu optimieren. Als Beispiel wählen wir nochmals ein Astloch, diesmal jedoch ein technisches: eine einfache Lochplatte. Wird eine Platte mit einem Loch in der Mitte von oben und unten belastet, so kann man sich die wirkende Spannung im Bauteil als einen Kraftfluss vorstellen, der am Loch vorbeigeführt werden muss, ähnlich wie bei einem Fluss, der um einen Pfeiler fließt. Die Strömung direkt am Pfeiler ist am höchsten, und ähnlich ist auch die Spannung an der Seite des Lochs am größten. Um im Computer an diesen Stellen die Spannung zu verringern, wird ein Wachstum wie bei den Bäumen simuliert. Das

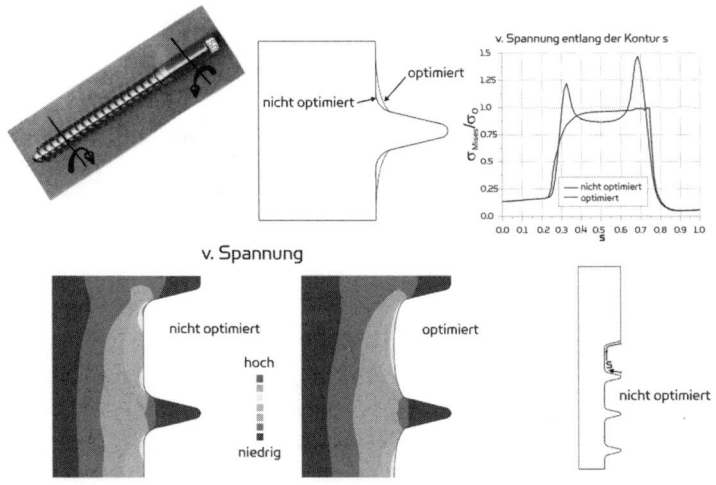

v. Spannung

Abbildung 39: Optimierung einer orthopädischen Schraube. Geringste Änderungen am Design führten zu einer 20fach längeren Lebensdauer. (© C. Mattheck, FZ Karlsruhe)

CAO-Programm der Karlsruher Wissenschaftler gibt vor, dass sich die Elemente mit der höchsten Spannung erwärmen und dabei eine Ausdehnung (Wachstum) hervorrufen. Um die Spannung an diesen Stellen so weit wie möglich zu verringern, wiederholt man die Spannungsberechnung an der Lochplatte und die «adaptive Wachstumsphase» mehrfach, bis kaum eine Veränderung der Spannungsverteilung bei erneutem Wachstum feststellbar ist. Die Platte besitzt nach einer solchen Berechnung kein kreisrundes Loch mehr, sondern eine ovale Aussparung, ähnlich wie die zugewachsenen Astlöcher der Bäume.

Dieses Programm ist mittlerweile zu einem wichtigen Werkzeug bei einer Vielzahl von Konstruktionsproblemen geworden. Greifen wir noch einmal das Beispiel der orthopädischen Schrauben auf, die zur Behandlung von Knochenbrüchen eingesetzt werden. Das

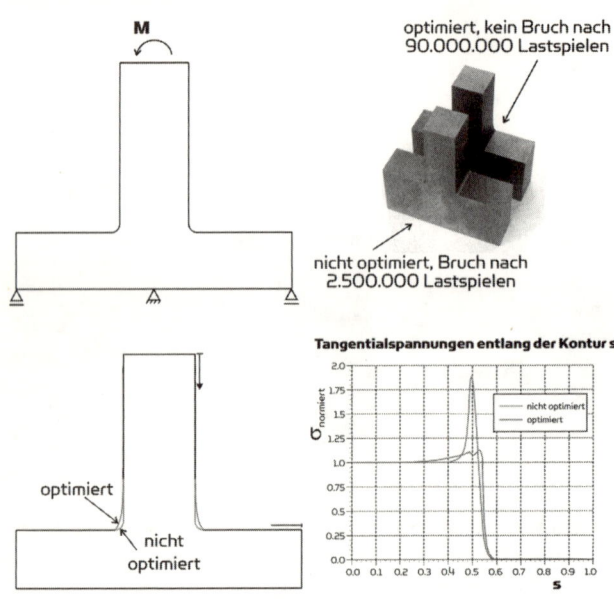

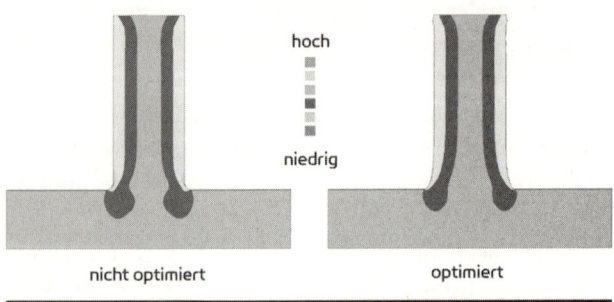

FEM: Dagmar Gräbe

Abbildung 40: Eine mit der CAO-Methode optimierte Balkenschulter überstand selbst 90 Millionen Lastwechsel ohne sichtbare Risse. Die nicht optimierte Form brach bereits nach 2,5 Millionen. (© C. Mattheck, FZ Karlsruhe)

Schraubengewinde stellt eine spiralig gewundene Kerbe mit einem kreisrunden Gewindegrund dar. Eben hier lag das Problem der Schrauben. An der Ausrundung lagen hohe Kerbspannungen (Sollbruchstellen) vor, die zu den besagten Brüchen führten (Abbildung 39).

Nach nur wenigen Wachstumsschritten mit der CAO-Methode konnten diese Kerbspannungen jedoch nahezu vollständig abgebaut werden. Obwohl am Gewindegrund nur minimal Material angelagert werden musste, um die Spannungen gleichmäßig zu verteilen, hielten diese optimierten Schrauben 20fach mehr Lastspiele aus als die nicht optimierten Schrauben. Damit konnte das Risiko von Implantatbrüchen mit dem Vorbild der Bäume auf ein absolutes Minimum reduziert werden.

Ein weiteres Beispiel führt die Überlegenheit dieser Optimierungsmethode vor. Wellen- und Balkenschultern (Abbildung 40) sind häufig verwendete Bauteile zum Beispiel zur Anbringung eines Lagers oder eines Rades, die unserem Hals-Schulter-Übergang ähneln. Die Kerbform am Übergang ist üblicherweise in der Form eines Viertelkreises gestaltet. Auch hier liegt bei Biegebelastungen eine gefährliche Kerbspannung vor, die mit der CAO-Methode beseitigt wurde. Obwohl die «gewachsenen» Änderungen der Kerbe kaum mit dem bloßen Auge erkennbar sind, hielt die optimierte Form 90 000 000 Lastwechsel aus.

Dies entspricht einer 36fach längeren Lebensdauer als die nicht optimierte Balkenschulter, die bereits nach 2 500 000 Lastwechseln brach. Dabei ist hinzuzufügen, dass bei der Ermittlung der Lebensdauer der optimierten Balkenschulter selbst nach den 90 Millionen Lastspielen kein Riss zu sehen war und der Versuch lediglich aus Kostengründen abgebrochen wurde.

Zwischen Knochenbau und Automobil

Astronauten müssen extreme Belastungen aushalten können und topfit sein. Wie kommt es dann, dass diese hervorragend trainierten

Menschen nach einem mehrwöchigen Weltraumaufenthalt nicht mehr selbst aus den Weltraumkapseln steigen können und gestützt oder sogar getragen werden müssen?

Die Schwerelosigkeit im All ist Schuld, in deren Folge der Körper nicht genug belastet wurde. So werden auch die stärksten Astronautenmuskeln schwach und die Knochen brüchig. Dies ist eine der größten Herausforderungen für die Weltraumprogramme, die den Menschen zu fernen Planeten bringen sollen. Unter den Bedingungen der Schwerelosigkeit verliert der Organismus ständig an Kraft, und die Knochen büßen ihre Steifigkeit ein – Osteoporose als Astronauten-Berufskrankheit! Deshalb sind bis heute lange Weltraumreisen noch nicht realisierbar.

Das umgekehrte Phänomen ist eines der Erfolgsgeheimnisse der Säugetiere, also der erfolgreichsten Tiergruppe, die die Erde hervorgebracht hat (denn immerhin dominiert sie in Form der Spezies Homo sapiens diesen Planeten wie keine andere).

Dynamische Knochen

Nach langem Laufen oder Tragen eines schweren Gewichtes werden entsprechende Muskeln aufgebaut und die Knochen für die Belastungen optimiert. Diese Eigenschaft verdanken sie spezialisierten Zellen. Die Knochenzellen werden dabei je nach ihrer Funktion unterschieden. Knochenbildungszellen (Osteoblasten) scheiden Knochengrundsubstanz aus. Wenn sie vollständig von der Substanz umschlossen sind, beenden sie den Aufbauvorgang und werden dann Osteozyten genannt. Gleichzeitig regulieren andere Zellen das Wachstum der Knochen, die so genannten Osteoklasten. Sie sind für den Abbau der Knochensubstanz verantwortlich. Diese drei Zelltypen sind für den ständigen Umbau, die Neugestaltung und die Reparatur der Knochen zuständig.

Das Gewicht spielt eine entscheidende Rolle bei der Entwicklung von Knochen. Fehlt eine Belastung der Knochensubstanz, überwiegen Abbauprozesse, sodass der Knochen immer dünner und brüchi-

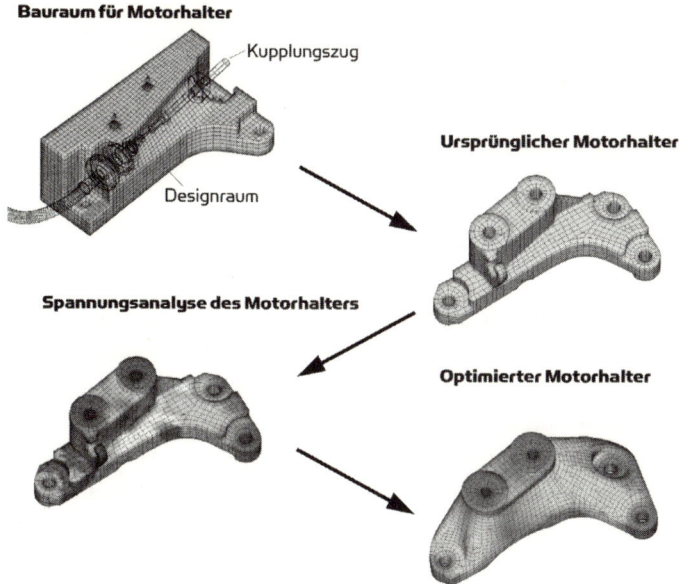

Bauraum für Motorhalter

Kupplungszug

Designraum

Ursprünglicher Motorhalter

Spannungsanalyse des Motorhalters

Optimierter Motorhalter

Abbildung 41: Optimierung eines Opel-Corsa®-Motorhalters. Mit den Mattheck-Programmen konnten im Bauteil die maximalen Spannungen um 70 % gesenkt werden. (© Adam Opel AG)

ger wird. Der Körper versucht damit, Material und indirekt Energie einzusparen. Wirken auf den Organismus weniger Belastungen, reagiert er mit der Einsparung von Materialien, die den Belastungen entgegengewirkt haben. Unsere Knochen sind deshalb nicht einfach mit Material angefüllte Rohre, sondern aus einem feinen Knochenmasse-Gespinst aufgebaut.

Schneidet man einen Oberschenkelknochen der Länge nach durch, blickt man zunächst auf ein scheinbares Durcheinander aus unzähligen und unregelmäßigen Hohlräumen, zwischen denen feine Knochenbälkchen liegen. Schon 1870 erkannte der Arzt Hermann von Meyer, dass diesem scheinbaren Durcheinander ein funktionelles Ordnungsschema zugrunde liegt. Die feinen Knochenbälkchen sind räumlich präzise ausgerichtet, und zwar immer genau in die Richtung der Kraftlinien, die bei Zug- und Druckspannungen entstehen. Stellen, an denen die Zug- und Druckspannungen gering sind, entsprechen den Hohlräumen. Für diesen Abbau der Knochenbereiche, die wenig leisten und deshalb nicht gebraucht werden, sind, wie bereits angesprochen, die Osteoklasten zuständig.

«Soft Kill» bei der Bauteilkonstruktion

Dieses Prinzip haben die Karlsruher Forscher um Claus Mattheck erkannt und eine Simulationssoftware entwickelt, die es ermöglicht, Bauteile mit der gleichen Methode zu optimieren. Sie nannten das Programm «Soft Kill Option». Die Funktionsweise ist relativ einfach. Wie bei der CAO-Methode wird ein Bauteil als Modell in finite Elemente zerlegt und eine virtuelle Belastung vorgegeben. Stellen eines Bauteils, die wenig belastet werden, fallen immer weicher aus, und Stellen mit hoher Belastung werden immer steifer. Auf diese Weise trennen sich im Bauteil die «Arbeitswilligen» von den «Faulpelzen» (wie es die Karlsruher Forscher nennen). Zum Ende der Simulation werden die «Faulpelze» gekillt. Es entsteht ein Leichtbau-Designvorschlag aus einem Gespinst an Strukturen, die den Kraftlinien im Bauteil entsprechen. Dieser muss aber im Hinblick auf Kerbspannungen durchaus nicht optimal sein, weshalb es ratsam ist, den Designvorschlag weiter mit der CAO-Methode zu bearbeiten.

Inzwischen nutzen Autohersteller standardmäßig diese Methoden, um leichtere, spannungsoptimierte Bauteile herzustellen (Abbildung 41). Ob Motorhaltung, Achse oder Achsschenkel, zuerst werden die Bauteile im Computer mit Hilfe von Finite-Element- und CAO-Methode entworfen, erst dann geht es in die Produktion. Die Motorhalterung des Opel Vectra ist zum Beispiel mit diesem Verfahren entwickelt worden. Auch DaimlerChrysler arbeitet in seiner Bionik-Abteilung mit den zwei Methoden.

Welche und wie viele Bauteile tatsächlich mit den beiden Optimierungsprogrammen schon bearbeitet wurden, ist jedoch Betriebsgeheimnis. Sicher bekennen sich die Anwender aber zu den Vorteilen der Methoden, denn sie sparen Gewicht und Sprit und schonen dadurch die Umwelt.

Matthecks Methoden stellen sicherlich eines der erfolgreichsten Beispiele der Bionik dar. In weiser Voraussicht haben sich die Forscher zahlreiche Patente gesichert und können inzwischen auf viele Lizenznehmer zurückblicken. Für seine außerordentlichen Leistungen in der Bionik und wegen der Bedeutung seiner Erfindungen für die Umwelt wurde Claus Mattheck 2003 mit dem Deutschen Umweltpreis ausgezeichnet.

Fliegen: Flugzeuge gibt es seit 140 Millionen Jahren

Sicher sind Sie schon einmal geflogen – wie über 80 Prozent aller Deutschen (laut Allensbach 2003). Vielleicht haben Sie trotzdem Angst (16 Prozent) oder fühlen sich zumindest unwohl (22 Prozent). Warum eigentlich ist das Fliegen in einem modernen Flugzeug für so viele Menschen eine unangenehme Erfahrung? Obwohl doch der «Traum vom Fliegen» spätestens seit Dädalus und Ikarus die Phantasie der Menschen beschäftigt hat. Wahrscheinlich, weil das Fliegen nicht zu unserem natürlichen Fortbewegungsrepertoire gehört. Eigentlich können wir ja auch gar nicht fliegen (und die Eingangsfrage kann man nur als Metapher verstehen), sondern wir lassen uns fliegen. Wir machen es uns bequem im Aluminiumbauch einer Boeing 747 oder eines Airbus A-340, gucken Bordfilme und balancieren kleine Plastiktabletts mit Essen. Das hat den großen Vorteil – oder Nachteil, je nach momentaner intellektueller Neugierde –, dass wir gar nicht darüber nachzudenken brauchen, warum «wir» nicht fliegen können und die Vögel zum Beispiel genau dies mit großer Eleganz und Ausdauer tun.

Also: Warum können wir nicht fliegen? Erste Antwort: weil wir zu schwer sind. Alles, was schwerer als Luft ist (also eine spezifische Masse hat, die über der von Luft liegt), schwebt nicht, sondern wird von der Schwerkraft auf dem Boden gehalten. Leichtere Objekte fliegen dagegen – zum Beispiel Ballons, die mit Helium, dem gefährlichen Wasserstoff oder aber mit heißer Luft gefüllt sind, welche wegen ihres größeren Volumens nach der Erwärmung leichter ist als kühle Luft. Diese Beobachtung haben die Brüder Montgolfière im vorrevolutionären Frankreich für die Konstruktion des ersten Heißluftballons – der so genannten Montgolfière – benutzt. Übrigens vertrauten sie sich zunächst nicht gleich selbst ihrer epochalen Erfindung an, sondern ließen im September 1783 erst einmal ein Schaf, eine Ente und einen Hahn das Abenteuer des Fliegens genießen.

Der Hahn hätte die Montgolfière nun gar nicht nötig gehabt – als Vogel wird er wohl auch keine Flugangst gezeigt haben. Allerdings haben die erfinderischen Brüder Montgolfière ihn auch nicht zum Vorbild genommen, weshalb Heißluftballons streng genommen gar nicht in das Kapitel «Bionik und Fliegen» gehören. Das Prinzip Heißluftballon wird nämlich in der Natur nicht verwendet – weil das Feuer von Lebewesen grundsätzlich nicht genutzt werden kann (außer vom Menschen natürlich, der es als *Homo erectus* wohl vor etwa einer Million Jahren als ungeheuer praktisch erkannte). Feuer ist «unbiologisch» – warum eigentlich? Diese Frage ist einen kleinen Exkurs wert.

Proteine sind der Grund. Diese hochkomplizierten Riesenmoleküle sind die Grundlage unseres Lebens. Zusammengehalten und in eine spezifische Form gebracht, werden die langen Ketten aus Aminosäuren durch relativ empfindliche «Klebestellen» aus Atombrücken (meistens sind es zwei Schwefelatome, die wie ein Tropfen Klebstoff an genau festgelegten Stellen die Aminosäurenketten verbinden) und Wasserstoffbrücken. Im letzteren Fall sind die Bindungen sogar noch empfindlicher. Pochierte Eier beweisen, wie heikel die Proteine sind. Schon Temperaturen über 40 Grad Celsius zerstören die filigranen Eiweißstrukturen. Und genau deshalb kann kein Lebewesen Energieumsetzungen auf der Basis von Verbrennungsvorgängen direkt nutzen. Hier gibt es also auch nichts abzugucken – Bionik: Fehlanzeige!

Ganz anders ist dies beim zweiten technischen Flugprinzip. Auch Körper, die schwerer als Luft sind, können fliegen – wie der oben erwähnte Montgolfièren-Hahn sicher gern demonstriert hätte. Damit kommen wir zur nächsten Antwort auf die Frage, warum der Mensch nicht fliegen kann: Wir können nicht fliegen, weil wir – anders als Vögel, Insekten und Fledermäuse – keinen Auftrieb erzeugen, wenn wir uns vorwärts bewegen.

Der Mensch – ein Vogel ohne Flügel?

Vögel und Fledermäuse sind gar nicht so verschieden von uns Menschen (das erkannte schon 1555 der Naturforscher Pierre Belon, wie Abbildung 42 zeigt) – nur dass uns die Flügel fehlen. Und genau hier setzen die ersten Versuche an, unseren Traum vom Fliegen zu verwirklichen. Bereits der große Universalgelehrte der italienischen Renaissance, Leonardo da Vinci (1452–1519), studierte den Vogelflug (wie schon in der Einleitung erwähnt). Ernsthafte Versuche, seine kühnen Flugmaschinen-Entwürfe zu bauen, hat es aber wohl nicht gegeben (ein Glück für Leonardo, dessen Ruf als erfolgreicher Konstrukteur von Belagerungsmaschinen bei der ersten Bruchlandung seiner «Taubenmenschen» sicherlich gelitten hätte).

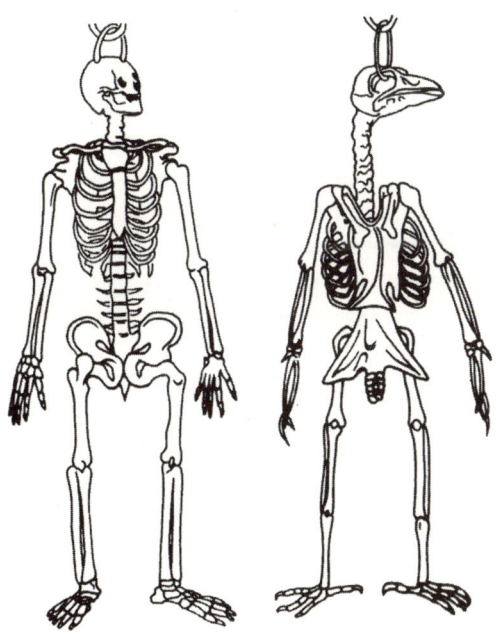

Abbildung 42: Ziemlich ähnlich – das sah bereits der Vogelforscher Belon im Mittelalter. Aber warum können Menschen nicht fliegen?

Laut einem Bericht aus dem 17. Jahrhundert baute der Türke Hezarfen Ahmed Celibi nach dem Vorbild der Vögel einen Gleitflieger und flog 1638 vom Galata-Turm bis nach Üsküdar. Das wäre immerhin eine Strecke von über einem Kilometer – und das von einem nur 60 Meter hohen Turm aus. Ein solches Gleitverhältnis von 1 : 20 wäre allerdings so gut wie bei einem modernen Segelflugzeug. Die Geschichte ist wohl doch zu schön, um wahr zu sein.

Sir George Cayley (1773–1857) studierte den autostabilen Flug von Samen und konstruierte nach dem Vorbild der Frucht des Wiesenbocksbarts den ersten funktionierenden Fallschirm. Dieser «konnte» wie seine Nachfolger zwar nur den Sinkflug, aber es war ein weiterer Schritt in der rasanten Geschichte der Fliegerei.

Den eleganten Albatrosflug nahm sich der französische Kapitän Jean Marie Le Bries zum Vorbild und konstruierte einen Flugapparat, der 1857 nach einem Schleppstart in die Luft gegangen sein soll. Der Fotograf Nadar dokumentierte das Gerät, das jedoch nicht weiter zum Einsatz kam.

Der österreichische Flugpionier Ingo Etrich (1879–1979) konstruierte hingegen Gleitapparate nach dem Vorbild der Pflanzen. Wie die Samen von *Zanonia macrocarpa* waren seine ersten Flieger «Nurflügel-Gleiter».

Otto Lilienthal (1848–1896) war der berühmteste Flugpionier des 19. Jahrhunderts. Seine intensiven physikalischen Studien des Vogelflugs (die er unter dem Titel *Der Vogelflug als Grundlage der Fliegekunst* 1889 veröffentlichte) stellten die Grundlage für die Konstruktion seiner Fluggeräte dar. Entscheidend war vor allem seine Erkenntnis vom Prinzip der Flügelwölbung. Nur ein nach oben gewölbter Flügel erzeugt, wenn er von Luft umströmt wird, ausreichend Auftrieb, das heißt eine Kraft, die gegen die Erdanziehung gerichtet ist.

Das Bernoulli-Gesetz macht den Auftrieb möglich

Oberhalb eines Flügels entsteht ein Unterdruck, unterhalb ein Überdruck, beide summieren sich zum Auftrieb (Abbildung 43). Das
klingt einfach, ist bei näherem Nachdenken aber gar nicht so leicht
zu verstehen. Stellen Sie sich vor, dass die von links nach rechts verlaufenden Pfeile den Weg der Luftteilchen um den Flügel beschreiben. Dann liegen die Teilchen oberhalb des Flügels «enger» an als unterhalb des Flügels. Und das soll zu einem Unterdruck führen?

Zur Erklärung müssen die physikalischen Größen betrachtet werden, die zu Über- und Unterdruck führen: Es sind statischer Druck
und Staudruck. Der statische Druck wirkt gleichmäßig in alle Richtungen (etwa der Druck in einem Autoreifen). Der Staudruck wirkt
in Strömungsrichtung (zum Beispiel als Fahrtwind-Druck) und entspricht der Bewegungsenergie der Luftteilchen. Nach dem sogenannten Bernoulli-Gesetz, im 18. Jahrhundert von Daniel Bernoulli
aufgestellt, ist die Summe aus beiden gleich groß.

Bei einem gewölbten Flügel müssen die Luftteilchen oberhalb des

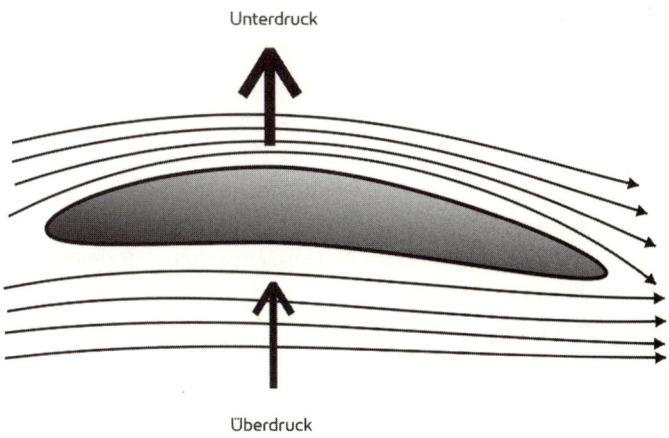

Unterdruck

Überdruck

Abbildung 43: An der Unterseite eines Flügels strömt die Luft langsamer
als an der Oberseite vorbei. Dadurch entsteht Überdruck und letztlich der
Auftrieb.

Flügels einen längeren Weg zurücklegen als die auf der Unterseite. An der hinteren Kante des Flügels fließt aber ebenso viel Luft ab, wie an der Vorderkante auftrifft. Also sind die Luftteilchen oben schneller. In der Folge nimmt der Staudruck an der Flügeloberseite zu, und da der Gesamtdruck gleich ist, muss der statische Druck abnehmen – das führt wiederum zu einem Unterdruck, also einem Sog, der den Flügel nach oben zieht. Auf der Unterseite des Flügels ist es umgekehrt: Durch die geringere Luftgeschwindigkeit wird der Staudruck geringer und der statische Druck größer – der entstehende Überdruck drückt den Flügel nach oben.

Der Sog ist beim Normalflügel bis zu dreimal stärker als der Druck. Der Flügel (und damit der fliegende Vogel) «hängt» also gewissermaßen in der Luft.

Ohne Widerstand geht's nicht

Die von vorne kommende Strömung der Luftteilchen erzeugt eine Widerstandskraft, die den Flügel nach hinten drückt. Genau genommen setzt sie sich zusammen aus dem Druckwiderstand (die Luftteilchen prallen auf die «Stirnfläche» des Flugkörpers auf) und dem Reibungswiderstand (wenn nämlich die Luftteilchen auf dem Flugkörper entlanggleiten). Schließlich kommt noch der «induzierte Widerstand» hinzu. Abbildung 44 zeigt das für ein Passagierflugzeug. Er entsteht, weil die Luft den Druckunterschied zwischen Über- und Unterdruck auszugleichen «bestrebt» ist. Dieser Ausgleich ist jedoch nur an den Flügelenden möglich. Dort entstehen Ausgleichsströmungen, die starke Verwirbelungen mit sich bringen, welche wiederum viel von der Energie «fressen», die sonst dem vorwärts fliegenden Vogel zugute käme. Gerade an den Flügelenden wird der Vogel also durch den induzierten Widerstand gebremst.

Um einen möglichst geringen induzierten Widerstand zu haben, sollten Flügel also spitz sein – anders gesagt, sollte das Verhältnis von Flügellänge zu Flügelbreite möglichst groß sein. Albatrosse zum Beispiel haben ein Flügellänge-Flügelbreite-Verhältnis von 8 : 1 (Ab-

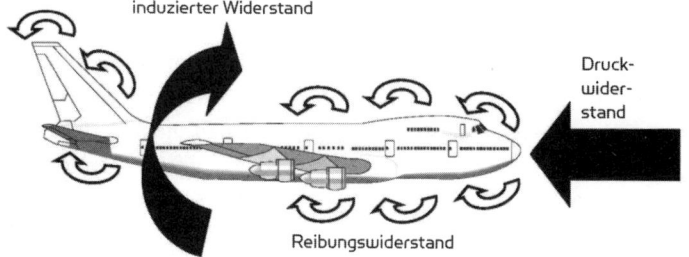

induzierter Widerstand

Druck-
wider-
stand

Reibungswiderstand

Abbildung 44: Fliegen ist auch eine Frage des Widerstands. Frontal hemmt der Druckwiderstand, an der Außenhaut des Flugzeugs der Reibungswiderstand, und der Luftmassenaustausch an den Flügelenden bewirkt den induzierten Widerstand.

bildung 45). Ähnliches gilt für andere «Hochgeschwindigkeitsgleiter», die einen starken, beständigen Seewind für den Auftrieb nutzen – zum Beispiel Sturm- oder Fregattvögel.

«Landsegler» wie die großen Raubvögel Bussarde und Adler haben viel breitere Flügel. Das garantiert ihnen einerseits noch einen relativ geringen induzierten Widerstand, andererseits können diese Vö-

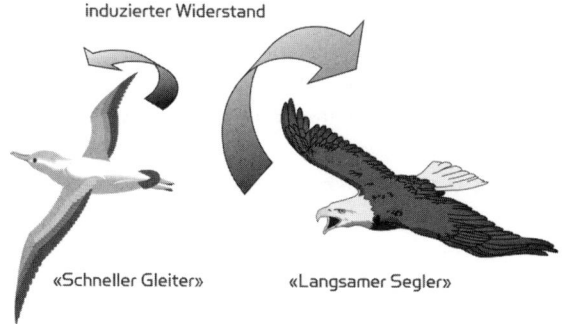

induzierter Widerstand

«Schneller Gleiter»   «Langsamer Segler»

Abbildung 45: «Schnelle Gleiter» wie der Albatros haben einen niedrigen induzierten Widerstand, «langsame Segler» wie der Weißkopfadler einen hohen.

gel besonders enge Kurven fliegen, um ihre Beute nicht aus den (extrem scharfen) Augen zu verlieren.

Kurze und breite Flügel finden sich bei allen Vögeln, für die Manövrierfähigkeit wichtiger als geringer Energieverbrauch durch eine gute Gleitflugeffizienz ist. Spatzen etwa haben Flügel mit einem Länge/Breite-Verhältnis von nur 3:1 und sind daher äußerst wendig und flink.

Von den Vögeln lernen heißt (Segel-)Fliegen lernen oder: eine verpasste Gelegenheit

Wie es manche Vögel schaffen, nur im Segelflug in der Luft zu bleiben, schien lange Zeit rätselhaft. Allerlei abstruse Theorien wurden dazu entwickelt: Die Vögel würden unmerklich mit den Flügeln schlagen, Federn hätten noch ganz unbekannte Eigenschaften, die für den Auftrieb sorgten, oder die Flügelform selbst entwickle einen starken Vortrieb. Erst als der Segelflug der Vögel verstanden war, konnte auch der technische Segelflug der Menschen gelingen. Das Geheimnis liegt, wie sich herausstellte, im Ausnutzen geeigneter Luftströmungen und Winde.

Vögel und Segelflieger suchen nach aufsteigenden Luftmassen. Segelflug ist im Prinzip ein Gleitflug in aufwärts gerichteten Windströmungen, bei dem die Steiggeschwindigkeit der Luft mindestens so groß ist wie die Sinkgeschwindigkeit des Vogels oder Flugzeugs. Wenn die Luft schneller aufsteigt, wird der Flieger nach oben getragen.

Über dem von der Sonne erwärmten Erdboden steigt die Luft in «Thermikschläuchen» auf. Über weniger erwärmten Bodenbereichen sinkt die Luft wieder – hier finden sich die «Luftlöcher». Ebenfalls direkt nach oben bewegen sich Luftmassen, wenn Luftströmungen frontal aufeinander treffen. Die Luft braucht aber nicht senkrecht nach oben zu steigen. Jede nach oben gerichtete Luftströmung kann von Seglern genutzt werden. Die ersten Flieger stellten überrascht fest, dass sogar eine quer zur Windrichtung liegende

Baumallee einen Aufwindeffekt bis in mehrere hundert Meter Höhe erzeugt. Auf dieselbe Art erzeugen Berghänge die charakteristischen Aufwinde, die gern von Hängegleitfliegern («Drachenfliegern») und Gleitschirmseglern («Paraglidern») genutzt werden.

Hängegleiter wurden übrigens schon von der «Flug-Sport-Vereinigung» in Darmstadt 1909 gebaut und ausprobiert. Die Wasserkuppe in der Rhön wurde von den Sportlern damals als ideales Gelände für Gleitflüge entdeckt, wo sie auch einen Weltrekord aufstellten: 840 Meter und eine Flugdauer von einer Minute und 50 Sekunden waren damals das Maximum! Als nach dem Ersten Weltkrieg der Versailler Vertrag Motorflüge in Deutschland verbot, bekam der Segelflug im wahrsten Sinne des Wortes Aufwind. Schon 1922 blieben die ersten Flieger in den Hangwinden an der Wasserkuppe eine Stunde in der Luft. Dass der Mensch genau wie die Vögel auch thermische Aufwinde für den Segelflug nutzen konnte, war damals noch unbekannt. Erst 1926 wurde dies von dem Segelflugpionier Max Kegel entdeckt.

Eigentlich hätten die Segelflieger des 20. Jahrhunderts nur in der Vereinszeitschrift des «Vereins zur Förderung der Luftschifffahrt» des Jahres 1886 nachzulesen brauchen. Der Gymnasiallehrer Gerlach beschreibt darin nämlich, wie Aufwind durch «starke Erhitzung des Bodens» Bussarden das «Schweben ohne Flügelschlag» ermöglicht. Ihr Desinteresse an tierischen Vorbildern kostete die Segelflieger eine 40-jährige Verspätung! Inzwischen gehört die Nutzung der Thermik nach dem Vorbild der großen Raubvögel und Geier zum kleinen Abc des Segelflugsports.

Dynamischer Segelflug und purzelbaumschlagende Albatrosse

Albatrosse gehören zu den schwersten flugfähigen Vögeln (bis 12 Kilogramm) und sind gleichzeitig äußerst elegante Flieger. Ohne einen Flügelschlag fliegen sie stundenlang über das Meer, in einem Monat legen sie so schätzungsweise 15 000 Kilometer zurück. Ihre

Spezialität ist der «dynamische Segelflug» – eine Flugtechnik, die dem Albatros abgeschaut wurde und im Segelflugmodellfliegen verbreitet ist (allerdings nicht im bemannten Segelflug – hier wäre die Belastung für die Piloten zu groß).

Das «Problem» des Albatros ist es, dass es über dem Meer keine thermischen Aufwinde gibt. Stattdessen nutzt er die Tatsache, dass mit zunehmendem Abstand von der Meeresoberfläche die Windgeschwindigkeit zunimmt. Das liegt daran, dass direkt über der Wasseroberfläche die Reibung der Luftteilchen den Luftstrom verlangsamt. Mit zunehmender Entfernung von der Oberfläche nimmt die Gesamtreibung ab. Albatrosse lassen sich daher aus etwa 20 Meter Höhe bis dicht über das Wasser herabtragen, steigern im Sinkflug ihre Geschwindigkeit, wenden und gewinnen im Gegenwind wieder an Höhe. Nehmen wir einmal an, ein Albatros hätte keinen Luftwiderstand – dann würde dieses Auf und Ab ohne jeden Energieeinsatz funktionieren. Wie bereits besprochen, bieten die Albatrosflügel wegen ihrer besonders schlanken Form jedoch nur sehr wenig induzierten Widerstand. Daher reicht dem Albatros, was die Wellenberge an Hangaufwinden zusätzlich liefern.

Übrigens: Bei Windstille muss ein Albatros am Boden bleiben, denn er kann nur unter Ausnutzung einer regelrechten «Runway», die an den Brutplätzen (und bloß dort hält sich ein Albatros an Land auf) jahrelang benutzt wird, starten. Mit den langen und schmalen Flügeln kann er durch Auf- und Abschlagen nicht viel Auftrieb erzeugen, sodass er auf den Gegenwind angewiesen ist, der sich aus dem Entlangrennen der Startbahn ergibt. Ähnlich schwierig ist die Rückkehr an Land. Häufig schlagen landende Albatrosse Purzelbäume. Dann wird mit unfreiwilliger Komik deutlich, dass die Natur das Rad nicht erfunden hat und deshalb «Fahrwerke» nur bei landenden Wasservögeln in Form von «Wasserskifüßen» existieren.

Segler sind die Ausnahme – bei Vögeln und Flugzeugen

Kondor, Adler, Bussard – das sind eindrucksvolle Vögel, aber ihre Energie sparenden Segelflugtechniken sind nicht der «Standard» des Vogelflugs. Allgemein gilt: Je größer ein Vogel, desto langsamer sein Flügelschlag und desto größer der Anteil des Segelflugs an seiner Gesamtflugzeit.

Warum segeln kleine Vögel nicht? Einfach gesagt: Sie haben es nicht nötig. Je größer aber ein Vogel, desto schwerer ist er auch. Seine «Tragflächen» nehmen mit der Größe im Quadrat zu – sein Gewicht aber in der dritten Potenz. Daher ist die maximale Größe eines fliegenden Vogels schnell erreicht (der Rekordhalter ist die afrikanische Kori-Trappe mit etwa 20 Kilogramm Gewicht). Segelfliegen ist wegen des geringen Energieaufwands die Flugmethode der Wahl für die Jumbos unter den Vögeln.

Die meisten Vögel nutzen den Flügelschlag für Vor- und Auftrieb. Das macht sie unabhängig von Thermik und anderen Aufwinden. Um Unter- und Überdruck zu erzeugen, muss der Flügel vorwärts und/oder abwärts bewegt werden – und das erfordert Kraft, viel mehr Kraft, als etwa ein Mensch aufbringen kann. Ihm fehlen die verhältnismäßig riesigen Brustmuskeln der Vögel, die an einem verhältnismäßig nicht weniger riesigen Brustbein ansetzen. Schon Otto Lilienthals Schlagflügelgeräte sind daher nie auch nur annähernd so geflogen wie ihre großen Vorbilder.

Die Lösung des Problems in der Entwicklung des Flugzeugbaus: Kraftmaschinen als Flugzeugantrieb. Bereits 1881 erhielt der Russe Alexander Fjodorowitsch Moshaiski (1825–1890) das Patent für ein Motorflugzeug mit Dampfmaschinenantrieb, und 1896 schaffte ein Motorflugmodell des Amerikaners Samuel Pierpont Langley (1834–1906) mit Hilfe einer kleinen Dampfmaschine einen Flug über 1 Kilometer Entfernung.

Doch erst mit einem viel leichteren und (damals) hochmodernen Vierzylinder-Benzinmotor sollte den Brüdern Wright am 14. Dezember 1903 der erste Motorflug der Geschichte gelingen. Damit war das

Schlagflügelprinzip für die Luftfahrt zunächst uninteressant geworden, und das Vorbild der Vögel hatte – scheinbar – ausgedient.

Allerdings galt nach wie vor, was Otto Lilienthal in seinem Buch über den Vogelflug festgestellt hatte: «Alles Fliegen ist Erzeugen von Luftwiderstand, alle Flugarbeit ist Überwinden von Luftwiderstand.»

Zum Auftrieb gehört Luftwiderstand

Dass ein Flugzeug genau wie ein Vogelflügel (siehe oben) der Luft Widerstand entgegensetzt, leuchtet ein. Stellen Sie sich vor, Sie könnten die Hand aus dem Kabinenfenster halten – dann würden Sie zu dem beitragen, was die Aerodynamiker «Profilwiderstand» nennen. Sie vergrößerten nämlich das Querschnittsprofil des Flugzeugs, und die Luftmoleküle würden sich nicht mehr nur an der Aluminiumhaut des Airbus oder der Boeing reiben, sondern sich auch an Ihrer Handfläche stauen.

Der sogenannte «induzierte Widerstand» ist – wie oben erklärt – eine Begleiterscheinung des Auftriebs an den Tragflächen. Er entsteht, wenn die Luft am hinteren Flügelrand aus dem Überdruckbereich unter der Tragfläche auf die Luft aus dem Unterdruckbereich über der Tragfläche trifft. Da die Differenz von Über- und Unterdruck den Auftrieb garantiert, geht kein Weg und kein technischer Trick am induzierten Widerstand vorbei. Besonders ausgeprägt ist dieser Effekt an den äußeren Flügelenden.

Beim nächsten Start sollten Sie einmal darauf achten: Bei sehr feuchtem Wetter können Sie die Wirbel, die ganz außen an den Flügeln entstehen, manchmal als Nebelschleppen sehen. Hier wird der Luftwiderstand direkt sichtbar, und Sie wissen dann: Die Maschine braucht noch mehr Kerosin, um für das Abheben genügend Geschwindigkeit zu entwickeln.

Und was hat die Bionik beizutragen?

Vögel haben dieselben Probleme: Sie brauchen Energie, um Vortrieb und damit Auftrieb zu erzeugen, und die Luft setzt ihnen Widerstand entgegen. Den müssen sie minimieren – und genau dies ist im Evolutionsverlauf der Vögel geschehen.

Betrachten wir einmal einen richtig großen «Flieger»: den Pelikan. Sicher kennen Sie diese großen Wasservögel, vielleicht sogar als Teil der christlichen Mythologie. Abbildungen von Pelikanen finden sich oft auf Hostienkelchen, denn in der Legende füttern Pelikane ihre Jungen mit dem eigenen Blut – und stehen daher für Jesus Christus, der sein Leben für die Menschen gegeben hat.

Biologisch gesehen sind Pelikane vor allem deshalb interessant, weil diese auf allen Kontinenten an den Küsten vorkommenden Wasservögel zu den größten flugfähigen Vögeln gehören. Sie können bis zu 13 Kilogramm wiegen – entsprechen also etwa einer großen Pute auf dem Weihnachts-Esstisch. Im Gegensatz zu diesen fliegen Pelikane aber – und sogar sehr elegant. So nutzen sie den gleichmäßigen Seewind, der durch die unterschiedliche Aufheizung von Meer und Land entsteht, und segeln scheinbar leichthin über große Strecken an der Küste entlang. Bei ihrem Flug sind die Handschwingen (also die großen Federn am Ende der Flügel) gespreizt und (vor allem vorn) deutlich aufgebogen. Auf diese Weise erzeugt das Flügelende viele kleine statt mehrerer großer Wirbel, die insgesamt einen wesentlich geringeren Luftwiderstand bieten. Wenn man die Flügelenden von Flugzeugen «aufbiegt» und sogenannte Winglets («Flügelchen») anbringt, ist der Effekt derselbe (Abbildung 46).

Kaum eingeführt – schon wieder passé?

Dass dieses Prinzip der «Flügelchen» große Einsparungen bringen kann, wurde im Flugzeugbau ziemlich spät erkannt. Erst die Boeing 747–400, das bis vor kurzem größte Passagierflugzeug der Welt, kam 1989 mit Winglets auf den Markt. Ihre «Flügelchen» sind immerhin 1,80 Meter hoch. Die Treibstoffersparnis beträgt 3 Prozent –

Abbildung 46: Die «Flügelchen» (englisch «winglets») des Jets sind den Handschwingen der Vögel abgeschaut: der auftriebzehrende induzierte Widerstand ist bei vielen kleinen Turbulenzen niedriger.

was bei einem Verbrauch von 13 Tonnen pro Stunde fast 400 Liter Kerosin ausmacht! Bei der Boeing 767 erreichen die Winglets sogar 5 Prozent weniger Treibstoffverbrauch.

Sollten Sie vielleicht gerade im jüngsten Boeing-Modell (777-300) sitzen, werden Sie – spätestens nach der Lektüre dieses Abschnitts – die Winglets vermissen. Die Flügel der 777 sind durchgängig als «Lowdrag»-Flügel (= «niedrige Wirbelbildung») konzipiert, sodass sie – nach Berechnungen der Ingenieure – keine Winglets mehr brauchen. Der Airbus A 380 hat sie allerdings wieder – sogar in der «doppelten» Ausführung, also nach oben und unten weisend.

Vogelflügel sind doch anders

Ein Grund für diese «begrenzte Haltbarkeit» einer bionischen Erfindung sind die unterschiedlichen Materialien. Ein Flugzeugflügel ist nicht starr (haben Sie sich auch schon mal beim Blick aus dem Kabinenfenster bei dem Gedanken ertappt, dass Sie das heftige Auf- und Abschwingen der Flügelenden in turbulenten Fluglagen einigermaßen beunruhigend fanden?), aber eben bei weitem nicht so beweglich wie ein Vogelflügel. Deren Schwungfedern kann man als aerodynamisch und aeroelastisch ideal bezeichnen. Genau wie die Schwanzfedern (Abbildung 47) verformen sie sich nämlich unter der «Luftlast» so, dass die Wirbelbildung (die sogenannte Nachlaufzirkulation) an ihren Enden minimal ausfällt.

Besonders bei großen Vögeln kann dies auch der ungeschulte Beobachter erkennen. Schauen Sie einmal einer Krähe auf dem Feld bei der «Landung» zu. Ständig verändert das Tier die Anstellwinkel, die Wölbung, die Form (durch Spreizung der Handschwingen ist dies möglich). Im Detail ist die dynamische Struktur eines Vogelflügels daher nur sehr aufwendig zu untersuchen. Nimmt man «frisch tote

Abbildung 47: Aerodynamisch und aeroelastisch ideal: die Beweglichkeit der Flügel und Schwanzfedern einer Seeschwalbe erlaubt Flugmanöver, die Flugzeuge wohl nie schaffen werden. (© R. Willemsen)

Vögel» (übrigens eine biologisch sicher präzise, aber bei weiterem Nachdenken doch seltsam anmutende Bezeichnung), so stellt man fest, dass sogar diese ihr Profil im Windkanal noch charakteristisch ändern, wenn sie mit unterschiedlichen Geschwindigkeiten angeströmt werden. Wie die genaue Fluganalyse eines Hausspatzen zeigte, sind die Flügel beim Abschlag wie ein Propeller in sich verwunden. Dadurch ist der Anstellwinkel der äußeren Handfittiche reduziert, sodass der gefürchtete Strömungsabriss (der den sofortigen Auftriebsverlust zur Folge hat) nicht eintritt. Deshalb können Vögel bei Windverhältnissen starten und landen, bei denen aus Sicherheitsgründen der Luftraum für Flugzeuge gesperrt ist.

Doch woher kommt eigentlich die ungeheure Beweglichkeit eines Vogelflügels? Werfen wir einen Blick auf diese geniale Erfindung der Tierwelt.

«Alte Feder» – 140 Millionen Jahre und immer noch im Dienst

Vogelflügel gibt es seit mindestens 140 Millionen Jahren. Damals lebte im Gebiet der bayerischen Gemeinde Solnhofen der Urvogel Archaeopteryx (griechisch für «alte Feder»), von dem erstmals 1861 ein einzelnes Federfossil auftauchte (Abbildung 48). Inzwischen wurde 2004 das neunte Exemplar gefunden, und auch bei diesem Flügel sind im extrem feinen Plattenkalk die Federn deutlich erkennbar. Viele andere Fossilienfunde bezeugen den Erfolg des «Konstruktionsmusters» Vogelflügel. Kolibris zum Beispiel sind im Ölschiefer der Grube Messel bei Darmstadt erhalten (ebenfalls 2004 gefunden), und diese 34 Millionen Jahre alten Exemplare unterscheiden sich nicht wesentlich von ihren heutigen südamerikanischen Verwandten.

Ob bei der Krähe, beim Archaeopteryx oder beim Kolibri: Im Prinzip sind alle Federn gleich aufgebaut. Ihr Baustoff ist das Strukturprotein Keratin. Federn haben einen Schaft (beim Gänsekiel, schräg angeschnitten, war das der Teil der «Schreibfeder», der aufgrund von Ka-

Abbildung 48: Eine 140 Millionen Jahre alte Erfindung: schon der Urvogel Archaeopteryx («alte Feder») hatte Federn, die von denen «moderner» Vögel nicht zu unterscheiden sind. Diese Versteinerung wurde 1861 im Solnhofener Plattenkalk gefunden.

pillarkräften die Tinte aufnahm), davon gehen die Äste ab, von denen wiederum die Bogen- und die Hakenstrahlen abzweigen. Letztere stellen das Verankerungssystem der «Federfahne», also der eigentlichen Federfläche, dar. Die Häkchen der Hakenstrahlen können auf den Krempen der Bogenstrahlen hin- und herrutschen – ein weiteres Element der «Aeroelastizität».

Da die Federn im Wesentlichen drei verschiedene Funktionen haben (Wärmeisolation, Körperbedeckung und Flügelbildung), gibt es unterschiedliche Formen. Die Unterfedern sorgen für Wärmeisolation. Wir kennen und schätzen sie als Füllung der guten alten Daunenbetten. Sie haben keine Hakenstrahlen, die Fahne ist also nicht flächig ausgebildet.

Dagegen sorgen die Hakenstrahlen des Fluggefieders für eine dicht schließende und gleichzeitig nachgiebige Federfläche. Die Verhakung zwischen Bogen- und Hakenstrahlen kann bei großer Belastung aufreißen. Ein Riss im Flügel – das wäre für jedes menschengemachte Flugzeug das Ende. Nicht so bei einem Vogel: Mit Putzbewegungen des Schnabels kann dieser «Reißverschlussmechanismus» wieder geschlossen werden. Körperhygiene hilft beim Fliegen!

Bei den durch den Luftdruck am stärksten beanspruchten Schwungfedern ist die Verankerung am stabilsten. Eine große Feder hat bis zu 600 000 Strahlen. Die Hakenstrahlen haben nach oben gerichtete Fortsätze, die die Federoberfläche aufrauen – so entsteht eine flexible Verbindung zwischen den Federn, die auch während eines turbulenten Fluges nicht ohne weiteres auseinander gleiten können.

Der Aufbau aus beweglichem Skelett, elastischem Bindegewebe und kontraktilem Muskelgewebe zusammen mit der oben geschilderten Federanatomie ermöglicht die ständige Änderung der Geometrie eines Vogelflügels im Flug. Schön zu beobachten ist dies beim «Landeanflug» von großen Vögeln. Die Hinterkantenregion wird dann adaptiv gehoben oder gesenkt, um den nötigen Auftrieb zu regulieren. Diese Bewegungen werden vom Vogelhirn koordiniert, das Signale von Dehnungsrezeptoren im Bewegungsapparat der Muskeln und Sehnen empfängt. Mit Nerven versehene, schnell schwingende Federchen liefern weitere Informationen über die Fluglage.

Zurück zum Zeitvertreib «Flügel beobachten». Wenn Sie bei Start und Landung aufmerksam den Flügel eines Jets beobachten, merken Sie, dass auch da einiges los ist: Der Flügel wird länger (die Landeklappen werden ausgefahren), er kriegt breite Spalten, und sein Profil verändert sich (die Landeklappen fahren nach unten aus). Also verändert sich auch die Geometrie eines Flugzeugflügels – aber die dazu nötigen Hilfseinrichtungen wie Landeklappen etc. bilden nun mal keine aerodynamische Einheit mit dem Flügel und leisten erheblichen Luftwiderstand.

Solche «adaptiven Flügel», also Flügel, deren hintere Kanten durch eine innere Verwindung verändert werden können, lassen eine mindestens 30-prozentige Widerstandseinsparung erwarten. Entsprechend fieberhaft wird an ihrer Entwicklung gearbeitet. Ein großes Problem ist das Material. Es muss durch interne Verstellungen beweglich sein, der Flügel muss dicker, dünner, stärker oder weniger gewölbt werden können. Das Deutsche Zentrum für Luft- und Raumfahrt hat sich vorgenommen, bis 2008 einen funktionsfähigen adaptiven Flügel zu entwickeln. Wie das gehen soll? Die Hinterkante dieser Flügel könnte zum Beispiel mit fingerähnlichen Stellelementen ausgestattet sein, die den elastischen Kohlefasermantel bewegen. Die «Fingerglieder» werden dann mit Elektromotoren so bewegt, wie die Aerodynamik es erfordert. Aber das ist nur der Anfang …

Flugzeugflügel, die mitfühlen ...

Auch die Aufdickung der Flügeloberfläche könnte so während des Reisefluges je nach Flugsituation gesteuert werden. Mit Sensoren (ähnlich wie das Vogelflügel machen) und leistungsstarken Rechnern («Flugzeuggehirn») ist eine flexibel gesteuerte Flügelgestalt möglich. Das «sensorische System» müsste in den Flügel integriert sein und aus Druck- und Fasersensoren bestehen. Die Fasersensoren würden dabei so in das Grundgewebe des Kohlenstofffaser-Verbundwerkstoffs eingebettet sein, dass sie den Belastungszustand an einzelnen Punkten des Flügels registrieren können.

Dieselben Phänomene, die am Flügel während des Flugs zu beobachten sind (Dehnung, Verformung, Vibration), gelten jedoch auch für ganz andere technische Bereiche, zum Beispiel in Industrieanlagen und Bauwerken. Hier kommt es darauf an, eventuelle Schäden frühzeitig zu erkennen, um Ausfälle oder gar katastrophale Fehlfunktionen zu verhindern. Die allgemeine technische Bedeutung solcher Sensoren macht ihre interdisziplinäre Entwicklung sinnvoll. Herkömmliche Dehnungsmessstreifen zum Beispiel sind elektrische Sensoren – und damit gar nicht so unähnlich den biologischen Sensoren, die bei allen höher entwickelten Tieren erst die Koordination der Bewegungsabläufe ermöglichen. Für den Bau adaptiver Flügel viel besser geeignet sind aber faseroptische Systeme. In die Glasfaser «eingeschriebene» sogenannte «Bragg-Gitter-Strukturen» reflektieren hier das Licht innerhalb der Glasfaser. Wird die Faser mechanisch verformt, so verändern sich auch die Reflexionswellenlängen. In einem Großversuch ist das Prinzip bereits am kohlenstoffverstärkten Kunststoffflügel eines Passagierflugzeuges getestet worden. Der neue Airbus A 340/600 hat im Rumpf beschichtete Bragg-Gitter-Fasersensoren, die die Strukturbelastung messen und so die für die Flugzulassung notwendigen Daten liefern. Mit biologischen Vorbildern hat diese Technik zwar nichts zu tun – aber ihr Einsatz wird notwendig sein, um das biologische Vorbild «adaptiver Vogelflügel» realisieren zu können.

... und ihre Form verändern

Sollten Sie einmal das Glück haben, in einem Jagdflugzeug mitzufliegen, achten Sie unbedingt auf die Flügel, während der Pilot eine Kurve fliegt. Ein «Tornado» zum Beispiel kann je nach Flugsituation die Pfeilung der Flügel von 25 Grad auf 67 Grad und damit die Spannweite von etwa 14 Meter auf etwa 8,5 Meter verringern. Wo gibt es so etwas in der Natur? Die einfache Antwort: überall! Das Prinzip der Winkelveränderung der Flügel gehört zum Vogelflügel wie die Federn. Schauen wir uns ein besonders eindrucksvolles Beispiel genauer an.

Wirbelrollen sorgen für Auftrieb

Zu den elegantesten Fliegern unter den Vögeln gehört ausgerechnet eine Art, die im Sommer die Häuserschluchten unserer großen Städte bevölkert: der Mauersegler. Ursprünglich war er Bewohner unzugänglicher Felsschluchten, aber heute nutzt dieser Zugvogel Hohlräume und Spalten von Hausdächern in unseren Städten zum Brüten. Keine andere Vogelart ist so an das «Leben in der Luft» angepasst. Mauersegler «fischen» Insekten im Flug, sie trinken im Flug (indem sie dicht über der Wasseroberfläche fliegen), angeblich schlafen sie auf ihrem Zug von Europa nach Afrika und zurück sogar im Flug (das wird wohl eher ein Sekundenschlaf sein, der anders als im Straßenverkehr offenbar keine fatalen Konsequenzen hat). Ihre Fluggeschwindigkeit (bis 200 Stundenkilometer) und die typischen blitzschnellen Richtungswechsel im Flug sind spektakulär. Beim schnellen Geradeausflug legen die Vögel die Flügel enger an den Körper, beim Kurvenflug werden sie fast im rechten Winkel zur Körperachse ausgestellt. Erst kürzlich wurde entdeckt, dass diese unterschiedliche Pfeilung der Flügel im Zusammenhang steht mit einer für Vögel sehr unkonventionellen Methode, Auftrieb zu erzeugen. Entlang der Flügeloberkante bilden sich bei Mauerseglern regelrechte Wirbelrollen. Deren Rotation erzeugt Unterdruck und bringt dem Vogel mehr Auftrieb, als dies mit den oben beschriebenen sogenannten laminaren Luftströmungen möglich wäre.

In der Flugzeugtechnik ist dieses Prinzip von Deltaflüglern wie der kürzlich außer Dienst gestellten Concorde bekannt. Ihre relativ kleine Flügelfläche entpuppte sich als zu klein für den normalen Strömungsauftrieb, und die Maschine war auf den zusätzlichen Auftrieb durch Verwirbelungen angewiesen.

Das Flugverhalten von Mauerseglern wird in Zukunft vielleicht in der militärischen Forschung angewendet werden. So könnten kleine Flugsonden mit Mauersegler-Flugeigenschaften etwa hinter feindlichen Linien Aufklärungsdienste leisten.

«Clap and fling» – Senkrechtstarten ist für Vögel ganz normal

Senkrechtstarter sind beliebt beim Militär – so kann zum Beispiel der britische Harrier-Kampfjet auf Flugzeugträgern mit geringstem Platzbedarf starten und landen. Im zivilen Bereich hat sich diese Technik allerdings wegen ökonomischer Probleme (Kraftstoffverbrauch!) und technischer Schwierigkeiten nie durchsetzen können. Hier war das Vorbild Natur offenbar nicht sehr erfolgreich: Vögel brauchen normalerweise keine Start- oder Landebahn (Ausnahmen sind da nur – wie oben geschildert – die ganz schweren Vertreter wie Schwäne oder Albatrosse). Sie können sogar extrem rasch nach Flugbeginn beschleunigen, indem sie ihre Flügel oben gegeneinander klatschen lassen. Das nennt der Fachmann «Clap-and-Fling»-Technik; und tatsächlich kann man das «Flattern» auch deutlich hören. Auf diese Weise wird schon beim Beginn des Abwärtsschlagens Luft in den sich öffnenden Spalt zwischen den Flügeln gesaugt und maximaler Auftrieb erzeugt.

Auch wenn Sie nicht zufällig Flugzeugkonstrukteur sind, werden Sie schon ahnen, warum dieses extreme Flügelschlagprinzip noch nie in der Flugtechnik verwendet worden ist – Flugzeugflügel sind (noch?) viel zu starr, um solche komplizierten Bewegungsabläufe realisieren zu können. Seit Lilienthal hat es sowieso keine Schlagflügelapparate mehr gegeben. Wieso eigentlich? Und wird es in Zukunft vielleicht eine technische Renaissance dieses in der Natur so erfolgreichen Prinzips geben? Diesen Fragen werden wir im nächsten Abschnitt nachgehen.

Gar nicht so einfach – der ganz natürliche Schlagflug

Warum schlagen Vögel eigentlich mit den Flügeln? Um es technisch auszudrücken: Sie erzeugen damit die Anströmluft (also «Wind») für die Flügel – somit gleichzeitig Auftrieb und Vortrieb. Die Zahl der Schläge pro Sekunde ist dabei sehr unterschiedlich. Kolibris schlagen ihre Flügel bis zu 80-mal in der Sekunde, Enten 10-mal, Amseln etwa 5-mal und Pelikane sogar nur ein- bis zweimal.

Im Flug bewegen sich die Flügel von Vögeln jedoch nicht einfach auf und ab, vielmehr beschreibt die Flügelspitze eine von hinten oben nach vorne unten weisende Ellipse. Die Flügel verwinden sich beim Abschlag, sodass der Anstellwinkel (also der Winkel, den die Flügel zur Bewegungsrichtung einnehmen) an der Flügelspitze kleiner als an der Flügelbasis ist. Der Anteil des am Rumpf liegenden Flügelarmteils an der Schlagbewegung ist relativ gering, aber dadurch, dass sein Anstellwinkel hoch ist, erfährt er eine starke nach oben gerichtete Kraft – der Armflügel ist also die eigentliche «Tragfläche» und liefert den Auftrieb eines Vogels, während die Flügelspitzen den Vortrieb leisten.

In Wirklichkeit sind die Bewegungsabläufe der Vogelflügel noch viel komplizierter und unterscheiden sich natürlich je nach Vogelart. Bei kleinen Vögeln, die schnell mit den Flügeln schlagen, wird zum Beispiel der Armflügel beim Aufschlag zusammengefaltet. Dann hat der Vogel zwar keinen Auftrieb mehr, aber dafür ist auch der unvermeidbare «Rücktrieb» durch die Bewegung des Flügels nach vorn oben minimal.

Fliegen wie die Vögel? Bestimmt nichts für Pauschalreisende ...

Stellen wir uns einen Moment vor, wir wollten einen Jumbojet mit Schlagflügeln ausrüsten. Geht nicht, werden Sie – völlig zu Recht – einwenden. Aber warum eigentlich nicht? Diese Frage können wir auf verschiedene Weise beantworten. Zuerst biologisch: So große Vögel gibt es ja schließlich auch nicht. Und wieder taucht die Frage auf: Warum eigentlich nicht? So kommen wir nicht weiter, also müssen wir die Physik zur Hilfe nehmen. Keine Angst – es ist eigentlich alles ganz einfach. Das Gewicht eines Körpers ist proportional zu seinem Volumen. Das Volumen steigt bekanntlich in der dritten Potenz («Kubikmeter»), die Fläche in der zweiten Potenz («Quadratmeter») der Länge («Meter»).

Je größer also ein Vogel oder ein Flugzeug ist, desto größer müssen auch die Tragflächen oder Flügel sein. Bleiben wir noch bei den Vögeln: Größere Vögel haben natürlich auch größere Flügel – aber wie große? Ein Steinadler wiegt etwa 4,5 Kilogramm. Seine Flügelfläche beträgt etwa 6500 Quadratzentimeter. Ein Habicht wiegt nur etwa 800 Gramm und hat eine Flügelfläche von circa 2000 Quadratzentimeter. Der Adler ist also ungefähr 4,5-mal so schwer wie ein Habicht, hat aber nur etwas mehr als dreimal so große Flügel. Müssten diese nicht mindestens verhältnismäßig genauso groß sein, da sie für den Auftrieb verantwortlich sind?

Des Rätsels Lösung sind die unterschiedlichen Fluggeschwindigkeiten. Der Auftrieb am Flügel ist proportional der Luftdichte und dem Quadrat der Geschwindigkeit, mit der sich ein Vogel vorwärts bewegt. Der Auftrieb vervierfacht sich also, wenn die Geschwindigkeit sich verdoppelt. Da ein Steinadler durchaus 120 Stundenkilometer schnell sein kann, ein Habicht aber nur 40 Stundenkilometer, erzeugen die Steinadlerflügel bei dreifacher Geschwindigkeit pro Flächeneinheit theoretisch einen neunfachen Auftrieb – der König der Lüfte ist also auf jeden Fall auf der sicheren Seite der Flugphysik.

Ein «Wasserflugzeug» unter den Vögeln ist der Größte

Scheinbar spräche also nichts gegen noch größere Vögel. Wie wir oben gesehen haben, sind die größten Vögel aber immer noch Winzlinge im Vergleich zu Flugzeugen. Nehmen wir als Beispiel den Höckerschwan, der zusammen mit den Trappen das absolute Maximum an fliegendem Vogelgewicht darstellt. Seine 22 Kilogramm Körpergewicht kann er, wenn er denn einmal abgehoben hat, mit einer Flügelspannweite von 2,60 Metern und einer Flügelfläche von circa 5800 Quadratzentimetern (so gerade noch) durch die Luft bewegen. Immerhin kommt er dabei auf eine «Reisegeschwindigkeit» von 70 Stundenkilometern.

Je schwerer ein Vogel ist, desto mehr Kraft muss er für Vor- und Auftrieb aufbringen. Theoretisch braucht ein großer Vogel stattdessen auch nur schneller zu fliegen. Die dafür nötige Muskelkraft aber ist abhängig vom Querschnitt der Muskelpakete. Der wiederum steigt im Quadrat – und hinkt damit dem Gewicht des Tiers (Steigerung in der dritten Potenz) zunehmend hinterher. Außerdem steigt der Luftwiderstand mit zunehmender Geschwindigkeit ebenfalls im Quadrat. Um die «Kitty Hawk» der Gebrüder Wright nur mit Muskelkraft zum Fliegen zu bringen, müsste der Pilot die Kraft eines Elefanten haben (circa 12 PS), aber bitte trotzdem nur 80 Kilogramm wiegen …

Der «Spinnwebenkondor» gewinnt einen Preis

Die Absurdität solcher Vorstellungen hat wohl den englischen Industriellen Henry Kremer 1959 bewogen, einen Preis von 5000 Pfund für den ersten Flug mit der Muskelkraft eines Menschen auszusetzen. Er konnte lange Zeit sicher sein, sich diesen (damals noch sehr beeindruckenden) Betrag sparen zu können. 1973 wurde das Preisgeld auf 86 000 US-Dollar aufgestockt. Die Wettbewerbsregeln der Royal Aeronautical Society of England gaben vor, dass der Gewinner eine Acht um zwei im Abstand von 800 Metern aufgestellte Stangen fliegen musste und an Start und Ziel eine Höhe von mindestens drei Metern einhalten sollte.

1977 war es endlich so weit: In Kalifornien brachte ein junger Radsportler namens Bryan Allen die «Gossamer Condor» (wörtlich etwa: «Altweibersommerspinnenwebenfeiner Kondor») per Fahrradpedalantrieb auf die vorgeschriebene Flugbahn. Der Flug dauerte siebeneinhalb Minuten, dann war – nach 28 Jahren – der Preis gewonnen. Eine Schönheitskonkurrenz hätte der Konstrukteur Paul MacCready für seine Aluminium-Plastikfolien-Klavierdraht-Pappe-Konstruktion wohl nicht gewonnen. Das Fluggerät wog nur 32 Kilogramm (mit «Pilot» 92 Kilogramm), hatte aber die gigantische Spannweite von 29 Metern und eine Flügelfläche von 70 Quadratmetern. Im Vergleich zum Steinadler war das Verhältnis von Flügelfläche und Gewicht bei der «Gossamer Condor» mehr als fünfmal so groß. Kleiner ging's aber nicht – ein großes Lebewesen wie der Mensch hat für die bei kleinerer Flügelfläche zum Ausgleich nötige höhere Geschwindigkeit einfach nicht genug Kraft. Dabei entwickelte Bryan Allen die phänomenale Leistung einer halben Pferdestärke – das ist ungefähr das Vierfache dessen, was ein Freizeit-Fahrradfahrer schafft. Schnell war er aber nicht gerade: Die Geschwindigkeit von durchschnittlich knapp über 17 Stundenkilometer, auf die er mit dieser Höchstleistung sein Fluggerät beschleunigte, hätte ein Jogger am Boden bequemer erreicht …

Übrigens war der «Gossamer Condor» sowieso alles andere als alltagstauglich: Nur vier Tage nach dem erfolgreichen Rekordflug stürzte das Fluggerät ab – glücklicherweise nach Augenzeugenberichten mit der Geschwindigkeit eines sanft fallenden Taschentuchs, sodass dem Piloten nichts geschah. Mit seinem majestätisch über den Andenhängen kreisenden Namenspatron hatte dieser ganz besondere «kalifornische Kondor» also wenig gemein – außer natürlich dem Spannweitenextrem (beim natürlichen Vorbild immerhin über 3 Meter) und (im Prinzip) der Leichtbauweise. Einen technischen Fortschritt stellte das fragile Ergebnis amerikanischer Bastlerkunst aber eindeutig nicht dar. Vor 500 Jahren hat Leonardo da Vinci eine ganze Reihe von Fluggeräten entworfen, die mit dem Schlagflügelprinzip funktionieren sollten. Erstaunlicherweise arbeiten einige wenige Enthusiasten immer noch an der Verwirklichung der Idee eines «Ornithopters». Der Kanadier James DeLaurier von der Universität Toronto tüftelt mit Hochdruck an einem bemannten Schwingflügler. Einen Prototyp gibt es schon – leider hat es dieser bisher nicht über einige Hopser auf der Startbahn des Downsview Airports in Toronto hinausgebracht. Aber zu den Olympischen Winterspielen in Turin 2006 soll diese «erste Idee in der Fliegerei und [...] letzte noch offene Aufgabe» (DeLaurier) in die Realität umgesetzt sein. Warten wir's ab ...

Künstliche Vögel im Militärdienst?

Auf die von DeLaurier favorisierten Schlagflügel hatte Paul MacCready bei seinem «Gossamer Condor» verzichtet – die dünne Plastikfolie hätte der mechanischen Belastung sicher nicht standgehalten. Das Vorbild «Vogel» taugt offenbar nur in Einzelaspekten (wie den Winglets) für große Fluggeräte. Aber vielleicht kann es ja bei der Konstruktion für sehr kleine Flugzeuge helfen?

Nur: Wer braucht Flieger, die nur Spatzen- oder Amselgröße erreichen? Überraschenderweise gibt es dafür großes Interesse bei den Militärs. Bereits heute sind «Drohnen» im Einsatz – also unbemannte Aufklärungsflugkörper. Trotz ihres Namens (Drohnen sind die männlichen Bienen – kurzlebige Gesellen, deren Daseinszweck nur aus der Paarung mit einer Königin besteht) haben die meisten heute eingesetzten Systeme keine biologischen Vorbilder. Die bei der Bundeswehr verwendete Drohne CL 289 ist zum Beispiel im Prinzip eine kleine Feststoffrakete, die über 700 Stundenkilometer schnell ist und einen festen Kurs mit einer Reichweite bis 400 Kilometer fliegt.

Diese Geräte sind wegen ihrer Größe immer noch relativ leicht zu orten. Die Phantasie der Militärforscher geht daher in die Richtung kleiner Drohnen. Solche «künstlichen Vögel» im Militärdienst sollen einmal circa 100 Gramm schwer sein, 20 Zentimeter Flügelspannweite haben, dabei etwa 30 Minuten in der Luft bleiben und Strecken bis 20 Kilometer mit einer Geschwindigkeit von 20–90 Stundenkilometer zurücklegen. Für das Ausspionieren von feindlichen Stellungen würde dies vollkommen ausreichen. In Massenproduktion hergestellte, billige Geräte könnten in großer Zahl eingesetzt werden, sodass Verluste keine große Rolle spielen würden.

In einer einschlägigen Internet-Veröffentlichung zum Thema sieht ein typischer Einsatz in Zukunft so aus: «Am Himmel wird ein Fleck sichtbar, der sich lautlos nähert. Die Soldaten bemerken nichts, denn im Flug ist das winzige, äußerst schnelle Gerät kaum auszumachen. Es bleibt einige Sekunden lang in der Luft stehen, landet dann auf einem Fensterabsatz am fünften Stock eines Gebäudes und beobachtet die Truppenbewegungen auf der Straße unter ihm. In einigen Kilometern Entfernung empfängt der Kompanieführer der gegnerischen Truppen das Videosignal auf seinem Armbandmonitor. Er sieht das Ziel und gibt ein elektronisches Signal. Das winzige Fluggerät surrt auf ein Spezialfahrzeug hinab, landet kurz und identifiziert einen chemischen Kampfstoff. Nach dem Absetzen eines kleinen Markierungssenders hat es Sekunden später wieder abgehoben und fliegt davon. Auftrag erfüllt!»

UAVs und MAVs

Diese Abkürzungen sollten Sie sich merken – was dahinter steckt, genießt in militärischen Forschungskreisen schon großes Interesse und wird in den Kriegen der Zukunft vielleicht dieselbe Rolle spielen wie in den Luftkämpfen über Flandern vor fast hundert Jahren der «Rote Baron». UAV («unmanned aerial vehicles») sind die oben beschriebenen, heute schon verwendeten Drohnen, MAV («micro aerial vehicles») dagegen die vogel- oder insektengroßen Miniflugkörper, an denen heftig geforscht wird. Allerdings sind diese– nach Aussage von Militäringenieuren – technisch gesehen noch auf dem Stand der «Kitty Hawk» von den Gebrüdern Wright. Dennoch könnten, wie im Absatz oben beschrieben, bald schon solche Mini-Flugobjekte vielfältig eingesetzt werden – auch wenn der Forschungsbedarf noch enorm ist.

Warum eigentlich? Kann man denn nicht einfach ultramoderne existierende Flugzeugmodelle bis zum Mikrobereich verkleinern? Die Antwort lautet schlicht nein, und die Erklärung muss wieder auf die Physik zurückgreifen.

Die Reynoldszahl

Um die Bedeutung dieser physikalischen Größe deutlich zu machen, müssen wir ein wenig ausholen. Stellen Sie sich vor: An einem schönen Sommertag fahren Sie mit dem Fahrrad, neben Ihnen fliegt eine Biene. Wer ist schneller? Wenn Sie kräftig in die Pedale treten, können Sie die Biene abhängen – aber auch nur dann. Denn deren Spitzengeschwindigkeit beträgt etwa 8 Meter pro Sekunde, das entspricht 28 Stundenkilometern.

Das ist nicht gerade rasend schnell, aber setzen Sie diese Leistung einmal in Bezug zur Körperlänge der Biene (etwa 12 Millimeter). In einer Sekunde legt sie 666 Körperlängen zurück. Eine Boeing 747-400 (Länge 70 Meter) müsste 46620 Meter in der Sekunde oder 167832 Kilometer in der Stunde fliegen. Das ist 182-mal mehr als ihre tatsächliche Reisegeschwindigkeit von 920 Stundenkilometern. Kein Flugzeug der Welt ist so schnell – und sogar Raketen erreichen auf dem Weg in den Weltraum «nur» 28000 Stundenkilometer. Wo liegt das Geheimnis der superschnellen Biene? Es liegt in der Natur des Mediums begründet – nämlich der Luft. Sie ist, physikalisch gesprochen, zähflüssig (auch wenn Sie diesen Begriff bislang eher für den Honig auf Ihrem Frühstückstisch verwendet haben). Diese Eigenschaft der inneren Reibung eines Mediums (die sogenannte kinematische Viskosität) kann man messen, und für Luft beträgt der Wert $14,9 \times 10^{-6}$ m^2/s. Für die Reynoldszahl gilt

Reynoldszahl = Geschwindigkeit × Länge des Körpers / kinematische Viskosität

Damit können wir die Reynoldszahl einer sehr schnell fliegenden Honigbiene berechnen:

$$8 \text{ m/s} \times 0,012 \text{ m} \ / \ 14,9 \times 10^{-6} \text{ m}^2/\text{s} = 6442$$

Die praktische Bedeutung der Reynoldszahl (der englische Ingenieur Osborne Reynolds entwickelte ihre Berechnung schon in den 1880er Jahren) liegt in der Modellierung des Strömungsverhaltens von Körpern. Ein Körper einer bestimmten Form zeigt bei einer bestimmten Reynoldszahl gleiches Strömungsverhalten. Wenn also am Modell das Flügelprofil eines neuen Flugzeugs getestet werden soll, wird zunächst die Reynoldszahl auf der Grundlage der Abmessungen des Originalflügels und der vorgesehenen Geschwindigkeit berechnet und im Windkanal die Windgeschwindigkeit für die Modelltestreihe entsprechend eingestellt. Ein Modell der Honigbiene im Maßstab 10 : 1 (12 Zentimeter lang) braucht also nur mit einem Zehntel der Windgeschwindigkeit ihrer Original-Fluggeschwindigkeit getestet zu werden (0,8 m/s).

Umgekehrt heißt dies: Wenn Sie ein Flugzeugmodell verkleinern, brauchen Sie eine entsprechend größere Windgeschwindigkeit, um das Strömungsverhalten dieses Modells zu testen. Alternativ kann man natürlich die Viskosität des Mediums verändern. Viele Windkanalkonstruktionen arbeiten daher mit höheren Drücken, tiefen Temperaturen oder flüssigem Stickstoff.

Wie extrem unterschiedlich die Reynoldszahlen verschieden großer Tiere sind, zeigt die Abbildung 49. Für die noch größeren Flugzeuge gelten entsprechend größere Zahlen. Für eine Boeing 747 zum Beispiel ist die Reynoldszahl = $2,062 \times 10^9$. Das ist mehr als das 320 000-fache der Reynoldszahl für eine Honigbiene. Was bedeutet das in der Praxis?

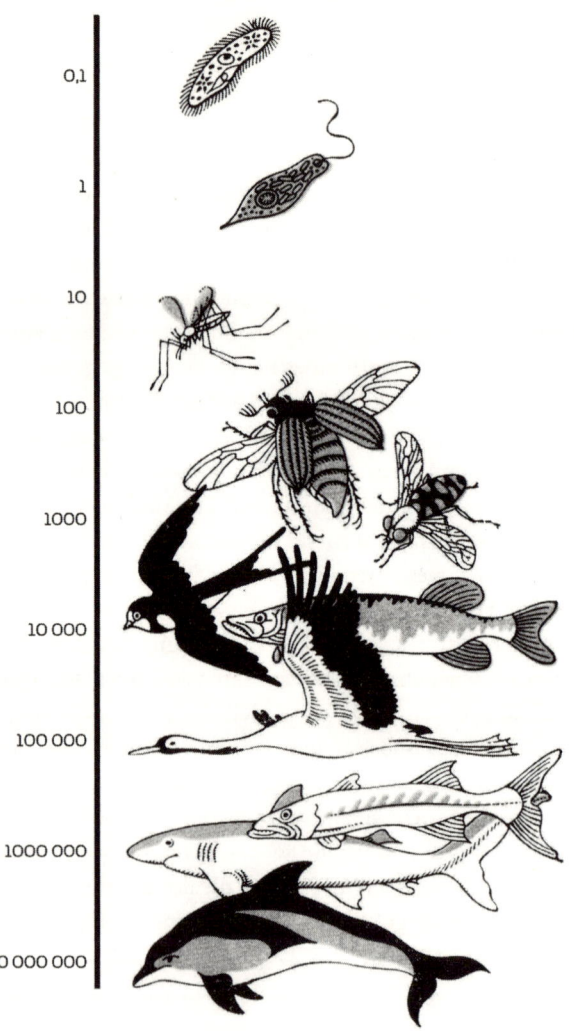

Abbildung 49: Reynoldszahlen einiger Tiere – sie sind ein Maß für das Strömungsverhalten der Tierkörper in Luft und Wasser. Je kleiner ein Tier, desto «zäher» ist – relativ gesehen – das Medium, in dem es sich bewegt (© R. Glaser, Humboldt-Universität, Berlin).

Ein Jumbo ist keine Honigbiene

Die Reynoldszahlen beschreiben das Verhalten von Körpern in Strömungen. Hydrodynamische Untersuchungen zeigen: Bei Körpern mit Reynoldszahlen unter 1000 strömen Medien glatt und ohne Turbulenzen an den Körpern vorbei. Darüber gibt es aber Wirbel – und die sorgen für immer mehr Widerstand, je größer die Reynoldszahlen werden. Kleine Flieger wie eine Biene haben daher kaum mit den Turbulenzen zu kämpfen, die ihre Fortbewegung erzeugt – große dagegen umso mehr. Andererseits werden kleine fliegende Tiere und kleine Fluggeräte viel stärker von atmosphärischen Turbulenzen beeinflusst. Mücken sind bereits bei einer Windgeschwindigkeit von nur 18 Stundenkilometern so starken Turbulenzen ausgesetzt, dass sie alle 15 Sekunden mit 15facher Erdbeschleunigung durchgeschüttelt werden. Bei Sturm landen sie sicherheitshalber auf Blättern. Jetzt ist auch klar, warum Sie Mücken beim Fahrradfahren so leicht abschütteln können.

All diese Probleme zeigen, wie unterschiedlich aerodynamische Konstruktionen in verschiedenen Reynoldszahlenbereichen sind. Die ingenieurtechnischen Anstrengungen auf dem Gebiet der Konstruktion von Minifliegern sind enorm und zeigen sich zum Beispiel jedes Jahr auf der «MAV competition» in Florida, wo Arbeitsgruppen aus den USA und anderen Ländern ihre neuesten Konstruktionen vorführen. Die Aufgabe, die die MAVs möglichst schnell und zuverlässig lösen müssen, ist seit Beginn der Veranstaltung im Jahr 1997 immer die gleiche: Ein Symbol von 1,5 Meter Größe hinter einem 1,5 Meter hohen Zaun muss aus 600 Meter Entfernung angeflogen werden und nach der Rückkehr ein auswertbares Bild liefern (die Ähnlichkeit zum oben beschriebenen militärischen Szenario ist Ihnen jetzt sicher schon aufgefallen). Fast alle teilnehmenden Miniflieger haben starre Flügel und batteriebetriebene Elektroantriebe – und beruhen also auf konventioneller Aerodynamik und Bewegungskontrolle. Warum sollte in diesem Bereich die Bionik Besonderes beitragen können?

Der Zoo der Micro-Aerial-Vehicles

Starrflügelkonstruktionen bei Mikrofliegern sind, das hat sich schon herausgestellt, für die geplanten Einsätze einfach nicht wendig genug. Deshalb ist das Schlagflügel-Vorbild für die aktuelle Arbeit an solchen Mikrofliegern so attraktiv. Ein Singvogel zum Beispiel erfüllt in Flugeigenschaften und Größe die Anforderungen der Auftraggeber aus dem militärischen und industriellen Bereich. Bisher sind allerdings erst rudimentär funktionierende «Ornithopter» (eine Wortbildung aus dem Griechischen ornithos = Vogel und Helikopter) bekannt. Zu diesem exklusiven fliegenden «Zoo» gehören: eine «Microbat» (= Mikrofledermaus), ein «Elastodynamic Ornithoptic Robotic Insect» (= elastisch-dynamisches vogelfliegendes Roboter-Insekt) und ein «Micromechanical Flapping Insect» (= mikromechanisches Flatterinsekt). Das erklärte Ziel dieser Forschungen ist nicht die direkte Rekonstruktion eines Schlagflügel-Mikro-Fliegers, sondern das Zusammentragen von einzelnen Erkenntnissen zu möglichen Baustrukturen, mechanischen Konstruktionen und Kontrollmechanismen, die man für den Bau der elastischen Flügelkonstruktionen eines solchen Mikro-Fliegers verwenden könnte.

Besonders inspiriert fühlen sich die Mikroflieger-Techniker von Kolibris. Diese kleinsten aller Vögel liegen in Größe und Flugeigenschaften zwischen den Insekten und den «normalen» Vögeln. Insbesondere ihre Wendigkeit und die Fähigkeit, wie ein kleiner Hubschrauber auf der Stelle zu fliegen, fasziniert die Konstrukteure. Ein ferngesteuerter Kolibri – das wäre das ideale militärisch einsetzbare MAV. Es lohnt sich also, diese außergewöhnlichen Flugkünstler genauer zu betrachten.

Fliegende Juwelen als Vorbilder

Der Rubinkolibri *Archilochus colubris* zum Beispiel wiegt weniger als 3 Gramm (zum Vergleich: eine Hummel wiegt circa 2 Gramm), hat eine Flügelspannweite von 9,5 Zentimetern und eine Flügelfläche von 10 Quadratzentimetern. Dieser winzige Vogel ist trotz seiner

Größe ein guter Flieger. Jedes Jahr wandert er von seinen Brutgebieten in den USA und Kanada (!) zum Überwintern nach Mexiko und legt dabei Tausende von Kilometern zurück.

Kolibris trinken Nektar aus Blüten, und das tun sie normalerweise, indem sie im Flug auf der Stelle stehen. Dabei können sie ihre Körperachse präzise ausrichten. Der Schwirrflug der Kolibris kommt dadurch zustande, dass die Flügelspitzen eine liegende Acht beschreiben (Abbildung 50). Beim Vor- und beim Rückschlag werden sie so bewegt, dass die Vorderkanten von Luft angeströmt werden (bei der Vorwärtsbewegung von vorn, bei der Rückwärtsbewegung von hinten), und dabei wölben sich die Flügel nach oben. So entsteht bei beiden Bewegungsrichtungen Auftrieb, und der Kolibri wird wie ein Hubschrauber nach oben gezogen. Durch gezieltes Verstellen der Schlagrichtung kann er sogar rückwärts fliegen. Drehen auf der Stelle ist durch Ändern der Schlagform der beiden Flügel zueinander möglich.

Nach dem Trinken an einer Blüte können die Tiere blitzschnell in den «Reiseflug» übergehen. Sie beschleunigen dabei mit 5-facher

Abbildung 50: Kolibris – hier ein Schwarzkehlkolibri – «stehen» in der Luft, weil ihre Flügel wie die Rotorblätter eines Hubschraubers den Anstellwinkel verändern. (© K. Schuchmann, Zoologisches Forschungsinstitut und Museum Alexander Koenig)

Erdbeschleunigung (also 49 m/s^2), das ist dreimal so schnell wie ein Sportwagen! Wenn sie all dies so scheinbar mühelos leisten können – was macht ihre Flügel nur so besonders?

Kolibris haben Flügel, die funktionell denen von Insekten ähnlich sind. Anders als bei den übrigen Vögeln sind ihre Ellbogen und Handgelenke verwachsen, sodass die Flügelfläche beim Flügelschlag nicht knickt. Die Flügelbewegung wird vollständig aus dem Schultergelenk heraus vollführt, und der Flügelschlag ist bei Auf- und Abschlag bemerkenswert ähnlich. Der Flügel vibriert gewissermaßen wie ein Libellenflügel. Dabei wird er nicht durch Gelenke verändert, sondern ist in sich so elastisch, dass er beim Flügelschlag Vor- und Auftrieb liefert.

Flügelbewegungen müssen natürlich durch Muskeln ausgeführt werden. Kennen Sie die Flugmuskulatur von Vögeln? Wahrscheinlich besser, als Sie glauben – im Zweifelsfall haben Sie sie nämlich schon mal gegessen. Was der Vogelanatom *Musculus pectoralis* nennt, ist im Supermarkt schlicht «Hähnchenbrustfilet». Die gewaltigen Brustmuskeln setzen am Brustbein an, das bei allen Vögeln einen vergleichsweise riesigen Kamm hat (die unschöne Bezeichnung «Hühnerbrust» für einen ungewöhnlich vorgewölbten Brustkorb beim Menschen rührt daher). Diese Muskeln müssen die Schlagbewegung der Flügel nach unten leisten. Ihr Gegenspieler, der *Musculus supracoracoideus*, zieht den Flügel wieder nach vorn und nach oben. Normalerweise ist er bei Vögeln viel schwächer entwickelt als der *M. pectoralis*, denn der entscheidende Auf- und Vortrieb wird vom Abwärtsschlag der Flügel geleistet. Anders bei den Kolibris: Bei ihnen sind *M. pectoralis* und *M. supracoracoideus* gleichermaßen kräftig (ein Drittel des Körpergewichts der Kolibris sind übrigens Muskelmasse – sie sind also die wahren Muskelprotze unter den Vögeln!). Grundsätzlich sind Flügelkonstruktion und -funktion bei Kolibris also relativ einfach – was sie besonders interessant macht für die MAV-Konstrukteure.

Nach dem Vorbild von Kolibriflügeln wurden bereits Flügel für MAVs gebaut. Die Verstärkungsstrukturen aus Karbonfaserharz verlaufen ähnlich wie die Federschäfte der Schwingen. Die Flügelfläche wird beim Kolibri im Wesentlichen aus den Federfahnen, beim künstlichen Flügel aus einer hauchdünnen Latexmembran gebildet. Erstaunlicherweise ist der künstliche Flügel mit einer Länge von 75 Millimetern trotz der extremen Leichtbauweise mit 59 Gramm immer noch doppelt so schwer wie ein ähnlich großer Vogelflügel (26 Gramm). Dafür hat Latex den Vorteil, ohne Faltenbildung verformt werden zu können – genau wie das natürliche Vorbild.

Die künstlichen Flügel konnten auch schon an einem künstlichen Kolibri-Bewegungsapparat ausprobiert werden. Damit wurde der Flügelschlag insgesamt recht erfolgreich auf einer Testbank imitiert, die allerdings auf eine externe Kraftversorgung durch große Elektromotoren angewiesen war. Fliegen können sollte der ganze Apparat auch überhaupt nicht. Die Testergebnisse werden aber, so hoffen seine Konstrukteure, dazu beitragen, dass in vielleicht 15 Jahren tatsächlich kolibriähnliche Mikrofluggeräte einsatzbereit sind.

Schneller als jedes U-Boot – Schwimmen in der Natur

80 Prozent aller Deutschen können es: sich über Wasser halten, also schwimmen (in den 1920er Jahren waren es übrigens nur 2 Prozent). Angeboren ist diese Fertigkeit nicht, wir müssen (vorzugsweise als Kinder) erst mühselig lernen, «Froscharme» und «Froschbeine» zu gebrauchen. Bis zum «Seepferdchen»-Abzeichen (25 Meter ohne Hilfe) brauchen die meisten kleinen Kinder mindestens 20 Schwimmstunden.

Ausgerechnet Frösche und Seepferdchen als Vorbilder für das Schwimmen? Da gibt es doch bessere Beispiele, von denen wir lernen können – und zwar nicht nur für unsere Schwimmkünste, sondern auch für technische Anwendungen (Sportboote, Handels- und Kriegsschiffe, Unterseeboote, Hilfsmittel für das menschliche Schwimmen wie Flossen und Schwimmanzüge). Vorbilder und technische Umsetzungen werden das Thema des folgenden Kapitels sein.

Antiker Kraulstil und neuzeitliche Rindsblasen

Die Geschichte des Schwimmens reicht sehr weit zurück. Ein ägyptischer Siegelzylinderabdruck aus der Nagadazeit (3200 v. Chr.) zeigt Schwimmer, die Arme und Beine im Wechselschlag bewegen. Ähnlich wurde offenbar auch in der griechischen Antike geschwommen, wie Vasenbilder aus der althellenischen Frühzeit (550 v. Chr.) belegen. Auch Leander, der seine geliebte Hero allnächtlich nach schwimmtüchtiger Überquerung des Hellespont besuchte (diese Liebesgeschichte wurde von Homer überliefert), könnte in einer Art Kraulstil geschwommen sein – wenigstens ist er auf einer Münze der römischen Kaiserzeit so dargestellt. Inwieweit für diese Technik die Natur («Hundekraul»?) Vorbild war, ist nicht zu klären.

1538 erschien das erste Schwimmlehrbuch, der *Colymbetes* (gr. «Schwimmer») des Humanisten Nicolaus Wynmann, in dem bereits

Schwimmhilfen empfohlen werden. 1797 wurde das Buch *Vollständiger Lehrbegriff der Schwimmkunst, auf neue Versuche über die spezifische Schwere des menschlichen Körpers gegründet* des Italieners de Bernardi in Deutschland veröffentlicht. Der Autor greift, wie der Titel bereits andeutet, auf seine physikalischen Erkenntnisse von der Auftriebskraft des Wassers zurück und empfiehlt die bis heute übliche Benutzung von Auftriebshilfen im Anfängerunterricht (die damals verwendeten Rindsblasen könnten heute allerdings wohl nicht mehr viele Anhänger finden).

Fett schwimmt oben – und (etwas) Dicke schwimmen besser

Grundsätzlich ist die Physik des Schwimmens der des Fliegens nicht unähnlich: In beiden Fällen müssen Auftrieb und Vortrieb gegeben sein – andernfalls ginge ein Schwimmer unter (bei unzureichendem Auftrieb), oder er käme nicht voran.

Das Prinzip erkannte schon Archimedes: Der Auftrieb eines Körpers im Wasser entspricht der Differenz aus Körpergewicht und Gewicht der vom Körper verdrängten Wassermenge. Ist die spezifische Dichte (= das spezifische Gewicht) des Körpers also kleiner als die des Wassers, so schwimmt er an der Oberfläche, andernfalls sinkt er zu Boden. Ein Mensch hat nach dem Einatmen etwa die Dichte von Wasser und schwimmt, nach dem Ausatmen ist er aber schwerer und sinkt zu Boden – wie Sie selbst im Schwimmbad ausprobieren können. Es ist die luftgefüllte Lunge, die den Auftrieb so entscheidend erhöht.

Ein weiterer Faktor ist der Fettanteil eines Körpers. Um ihn bequem abschätzen zu können, geht man davon aus, dass ein Mensch aus Fett (Dichte 0,9 g/cm^3) und «Nichtfett» (Dichte 1,1 g/cm^3) besteht (da «Nichtfett» eine ziemlich ungenaue Klassifizierung ist, können Sie sicher nachvollziehen, wieso die Fehlermarge dieser Methode bei 4 Prozent liegt). Sie sehen: Ein Mensch, der zu 50 Prozent aus Fettgewebe besteht, braucht keine Energie zur Erhaltung seines Auftriebs zu verwenden. Eigentlich günstig, nicht wahr? Also: «Dicke Schwimmer vor!» Könnte das das Motto eines erfolgreichen Schwimmtrainers sein?

Scheinbar ja – wenn es da nicht die Notwendigkeit gäbe, den Körper des Schwimmers im Wasser auch vorwärts zu bringen. Und mehr Körpermasse zu bewegen kostet auch mehr Kraft. Trotzdem ist es offenbar ungünstig für einen Schwimmer, allzu mager zu sein. Sehr gute Leistungsschwimmer haben tatsächlich zwischen 6 Prozent und 25 Prozent (!) Körperfett. Es scheint also durchaus eine Hilfe beim Schwimmen darzustellen. Das gilt besonders für Frauen. Ihr Körperfett ist nämlich, um es sachlich zu formulieren, im unteren Teil des Körpers konzentriert. Dadurch ist ihre Schwimmlage besser, da sie grundsätzlich flacher auf dem Wasser liegen als Männer. So wurde ebenfalls festgestellt, dass sie bei einer bestimmten Schwimmgeschwindigkeit relativ gesehen deutlich weniger Energie (Kalorien pro Kilogramm Körpergewicht) verbrauchten als Männer. Wenn sich dagegen Männer mehr Fett anfuttern, speichern sie es vorzugsweise im oberen Körperbereich – ihre Beine hängen dann sogar noch weiter nach unten, und ihre Schwimmlage verschlechtert sich. Die idealen Körperfettanteile für Männer dürften bei 10–20 Prozent und für Frauen bei 15–25 Prozent liegen.

Sirupschwimmen für die Wissenschaft

«Ein geübter Schwimmer ist in Sirup genauso schnell wie in Wasser» – das glauben Sie nicht? Falls Sie dagegen wetten wollen – sparen Sie sich Ihren Einsatz. Ein Experiment in Zürich hat 2004 – wie bereits von dem niederländischen Wissenschaftler Christian Huygens (1629–1695) im 17. Jahrhundert vorhergesagt – diese gewagte Aussage bestätigt. Mit Hilfe von 318 Kilogramm Guar-Mehl (das ist ein Naturprodukt aus dem Samen der mit den Erbsen verwandten Pflanze *Cyamopsis tetragonolba*) wurde ein Schwimmbecken in ein «Gel-Becken» verwandelt. Einige mutige Schwimmer fanden sich für das Testschwimmen in der grünen Brühe ein, die etwa die doppelte Viskosität wie Wasser hatte. Der Vergleich mit den Ergebnissen aus dem benachbarten Wasserbecken zeigte: Es gab keinen Unterschied in den Schwimmgeschwindigkeiten, egal welcher Schwimmstil verwendet wurde. Die Erklärung ist überraschend. Das Gel bot zwar geringfügig mehr Widerstand, gleichzeitig brachte jeder Schwimmzug aber auch mehr Vortrieb. Entscheidend für die Schwimmgeschwindigkeit ist demnach offenbar der Frontalwiderstand, also der Widerstand, der aus dem Querschnitt des Schwimmers resultiert. Der Oberflächenwiderstand scheint bei einem strömungstechnisch derartig ungünstig konstruierten Körper wie dem des Menschen keine große Rolle zu spielen.

Diese Erkenntnis ist ein herber Rückschlag für die spektakulärste Bionik-Erfindung im Schwimmsport seit Erfindung der Schwimmflossen: die angeblich so wirkungsvollen Schwimmanzüge, die bei immer mehr Schwimmern Mode werden.

Anzüge fürs Schwimmen – was bringen sie?

Schauen wir uns einen typischen *body suit* genauer an (der Hersteller bleibt aus nahe liegenden Gründen ungenannt): «eine extreme Verringerung des Wasserwiderstands» wird angeblich durch «v-förmige Erhebungen & dentrikelförmigen Druck des Materials» erreicht (übrigens: Dentrikel sind kleine Härchen, wie sie bei der Entwicklung von Insektenlarven auftreten).

Wie aber kommt der Wasserwiderstand, der da verringert werden soll, eigentlich zustande? Wie oben schon erwähnt, besteht er aus mehreren Komponenten (Abbildung 51). Da ist zunächst der Wellenwiderstand. Dieser entsteht durch die «Bugwelle» des Schwimmers. Je weiter der Schwimmer aus dem Wasser kommt, desto mehr nimmt der Wellenwiderstand zu. Ausgerechnet für den scheinbar dem Naturvorbild abgeschauten «Delphinstil» gilt das in extremem Maße.

Der Frontalwiderstand wurde oben bereits erläutert. Er lässt sich genauer wie folgt berechnen:

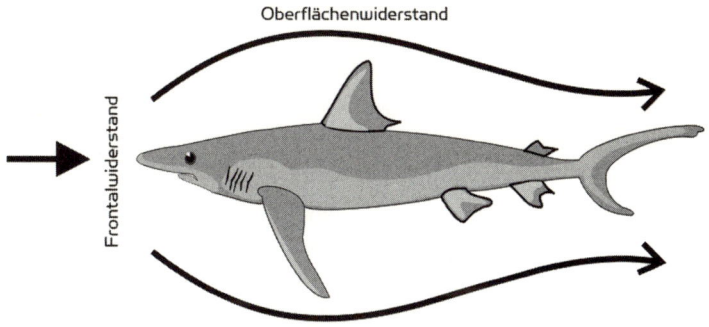

Abbildung 51: Wasser bremst durch Frontal- und Oberflächenwiderstand – das gilt auch für die schnellen Haie.

Frontalwiderstand = 1/2 Stirnfläche $\times$ Widerstandsbeiwert $c_w \times$ Wasserdichte $\times$ Geschwindigkeit^2

(Der c_w – Wert kann in Strömungsexperimenten bestimmt werden und variiert sehr stark mit der Körperform.)

Der Frontalwiderstand ist wesentlich von der Körperhaltung abhängig. Ein guter Schwimmer schwimmt möglichst gestreckt, er «sitzt» zum Beispiel beim Rückenschwimmen nicht im Wasser. Ein Schwimmanzug kann aber den Frontalwiderstand nur verringern, indem er die Körperoberfläche glättet und damit den c_w –Wert verbessert. Unregelmäßige Körperkonturen und Bewegungen der Körperoberfläche lassen darüber hinaus Wirbel entstehen, die den Schwimmer stark bremsen können. Dieser Wirbelwiderstand könnte tatsächlich durch *body suits* etwas verkleinert werden.

Der Oberflächenwiderstand schließlich entsteht direkt an der Oberfläche des Schwimmers. Er lässt sich auch durch Körperrasur reduzieren – was seit den 1950er Jahren unter Schwimmern durchaus üblich ist. Die Schwimmanzug-Hersteller werben damit, dass sie das «Haihaut-Prinzip» (das wir später noch im Detail kennen lernen werden) nutzen und durch mikroskopisch kleine Erhebungen eine große Widerstandsverminderung erreichen. Stimmt das eigentlich? Theoretische Berechnungen der Unterschiede zwischen «nackter» Haut und *body suits* sind wegen der Komplexität der Körperformen von Schwimmern und der extremen Dynamik und Variabilität von Schwimmbewegungen nicht möglich. Das oben geschilderte «Gel-Schwimmexperiment» spricht aber dagegen, dass *body suits* wirklich eine Steigerung der Schwimmgeschwindigkeit bewirken.

Doch wie bewähren sich die Schwimmanzüge in der Praxis? Es fällt auf, dass diese vor allem von Delphin- und Kraulschwimmern getragen werden. Brustschwimmern scheinen sie nicht viel zu nützen – wahrscheinlich weil bei ihnen der Frontalwiderstand wegen des notwendigen Vorziehens von Armen und Beinen und ebenso der Wellenwiderstand hoch sind. Bei einem Praxisversuch mit physikalischen Messmethoden zeigte sich allerdings, dass *body suits* in der Tat einen messbaren Effekt haben: Sie erhöhen vor allem in der Anfangsphase ihres Einsatzes durch die eingeschlossene Luft den Auftrieb der Schwimmer. Das ist ein durchaus pikantes Ergebnis, denn nach den Regeln der FINA (Fédération International de Natation) sind auftriebsfördernde Hilfsmittel im Schwimmsport ausdrücklich verboten.

Gerade älteren Schwimmern (die «Masters» heißen, wenn sie an Wettkämpfen teilnehmen) können *body suits* indes nützlich sein. Diese haben meistens mehr Körperfett, und ihre «Schwingungen des Unterhautfettgewebes» sind zum Teil erheblich (falls Sie eine Schwimmbrille benutzen, werden Ihnen diese in einem öffentlichen Schwimmbad selbst bei großer Diskretion und sorgfältiger Einengung des Blickfelds nicht entgangen sein). Ein enger Anzug verhindert aber, was man umgangssprachlich auch «schwabbelndes Fett» nennen könnte und strömungstechnisch gesehen erhebliche Konsequenzen hat.

Haie – (entwicklungsgeschichtlich) alt, aber extrem schnell

Die Schwimmanzüge sollen also, wie wir schon gesehen haben, durch den «Haihaut-Effekt» den Wasserwiderstand senken. Was ist das eigentlich? Und warum sollten ausgerechnet Haie eine besondere Hautoberfläche haben? Schauen wir uns diese ganz besonderen Fische einmal genauer an.

Haie gehören zu den sogenannten Knorpelfischen. Ihr Skelett ist also nicht vollständig verknöchert. Obwohl es im Vergleich zu den Knochenfischen (das sind alle anderen Arten) mit nur etwa 350 Arten vergleichsweise wenige Haie gibt, so sind sie doch vom Blickpunkt der Evolution aus gesehen sehr erfolgreich. Es gibt sie nämlich seit dem Devon (das heißt seit etwa 400 Millionen Jahren). Und bis im 20. Jahrhundert der Mensch verstärkt Jagd auf sie machte, waren sie nicht vom Aussterben bedroht (es hat wohl in der Geschichte des Naturschutzes kaum ein katastrophaleres Gericht gegeben als die chinesische Haifischflossensuppe).

Woran erkennt man einen Hai? Die «stromlinienförmige Gestalt» mit dem charakteristischen, tief unter der «Nase» sitzenden Maul mit messerscharfen Zähnen, nicht zu vergessen die berühmte dreieckige Rückenflosse, die zumindest in Comic-Zeichnungen und Karikaturen immer aus dem Wasser schaut – das ist in unserer Vorstellung ein typischer Hai. Dabei gibt es unter den Haien sogar riesige, harmlose Planktonfresser wie den Walhai, der 15 Meter lang wird und der größte heute existierende Fisch ist. Der bekannte Weiße Hai, der Prototyp des Menschenfressers, bleibt mit höchstens 5–6 Metern erheblich kleiner.

Die meisten Haie sind Jäger, die sich bei der Ortung ihrer Beute vor allem auf ihren feinen Geruchssinn und bei der Verfolgung auf ihre Schnelligkeit verlassen. Leider ist es ziemlich schwierig, die Schwimmgeschwindigkeit eines Haies zu messen. Es gibt aber indirekte Methoden. Der 2 Meter lange Shortfin Mako (*Isurus oxyrhinus*) kann bis 6 Meter hoch aus dem Wasser springen. Dafür muss er mindestens eine Schwimmgeschwindigkeit von etwa 40 Stundenkilometern haben. Bei direkter Verfolgung wurden für die Tiere jedoch schon 50 Stundenkilometer gestoppt, im Spurt sollen es sogar 74 Stundenkilometer sein. Das entspräche der oft bestätigten Faustregel, dass Fische eine maximale Schwimmgeschwindigkeit der zehnfachen Körperlänge pro Sekunde erreichen (10×2 m $\times 3600/s$ = 72 km/s).

Für ihre Filmaufnahmen von Haien brachten neuseeländische Tierfilmer einen jungen Mako-Hai mit einem leckeren Köder dazu, 30 Meter weit zu beschleunigen – er brauchte für die Strecke nur zwei Sekunden und muss am Ende eine Geschwindigkeit von 108 Stundenkilometern erreicht haben (zum Vergleich: Ein Ferrari F 50 mit 520 PS braucht für die Beschleunigung auf 100 km/h drei Sekunden!). Diese Messungen waren zugegebenermaßen sehr ungenau, aber Haie gehören unzweifelhaft zu den schnellsten Schwimmern der Weltmeere. Ein weiterer Beleg: In einem 340 Kilogramm schweren Mako-Hai wurde bereits einer der extrem schnellen Schwertfische (*Xiphias gladius*) gefunden!

Leider bedeutet diese Erkenntnis auch, dass ein Mensch keine Chance hat, einem angreifenden Hai davonzuschwimmen. Ein Weißer Hai schwimmt mindestens 40 Stundenkilometer (11 m/s); der Olympiasieger über 100 Meter Freistil 2004 in Athen schaffte seine Strecke in 48 Sekunden. Im Schwimmbecken ist der Rekordschwimmer sicher, aber bei der – glücklicherweise extrem unwahrscheinlichen – Begegnung im Meer hätte ihn ein 18 Meter entfernter Hai nach zwei Sekunden eingeholt …

Warum sind Haie derartig schnell? Im Wesentlichen sind es drei Faktoren, die wir genauer betrachten werden: ihre «schnelle» Oberfläche, ihre «schnelle» Form und ihr «schneller» Antrieb.

Haihaut – Sandpapier und High-Tech-Folie

Genau wie jeder Sportschwimmer verursachen auch Haie bei der Vorwärtsbewegung Widerstand. Den Wellenwiderstand können wir vernachlässigen, da Haie normalerweise nicht an der Oberfläche

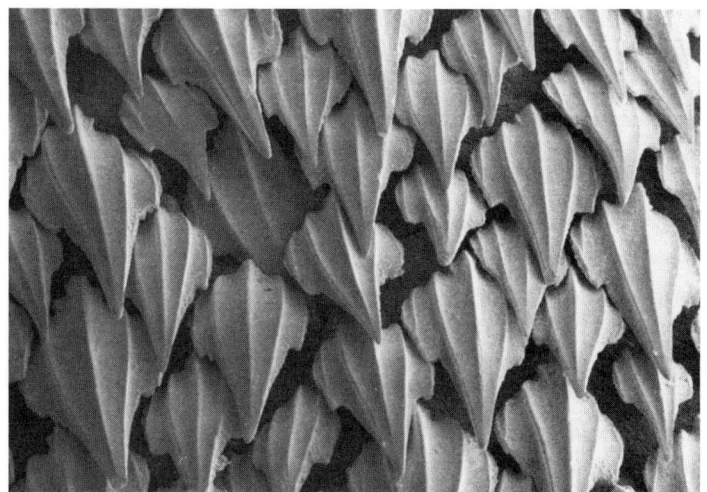

Abbildung 52: Die Schuppen eines Hais tragen typischerweise Rippen (engl. riblets).

schwimmen. Anders steht es mit dem Frontalwiderstand und dem Oberflächenwiderstand, der durch die Haut der Haie verursacht wird.

Die Haihaut ist relativ dünn (1–3 Millimeter) und verfügt über besondere Schuppen (Abbildung 52). Die Haischuppen haben Zähne, und wie bei richtigen Zähnen haben die Hautzähne einen Zahnkörper aus der Knochensubstanz Dentin sowie einen Überzug, der emailartig ist. Wenn ein Hai wächst, werden zwischen die existierenden Zahnschuppen neue geschoben. Auch die Zähne im Kiefer von Haien sind so aufgebaut, und ihre entwicklungsgeschichtliche Herkunft von den Hautzähnen wird allgemein angenommen.

Von vorn nach hinten gestreichelt, fühlt sich ein Hai glatt an, in Gegenrichtung dagegen rau (Vorsicht beim Ausprobieren am lebenden Tier!). Die berühmte Rauigkeit der Haihaut wird seit langer Zeit von verschiedenem Kulturen technisch genutzt. In ungegerbtem, getrocknetem Zustand kann sie direkt als Sandpapier zum Schleifen und Polieren von Holz eingesetzt werden.

Die Schuppen der Haie tragen Riefen oder Rillen (engl. riblets), die in Längsrichtung auf der Oberseite der Haischuppen angeordnet sind. Bei einem Mako-Hai zum Beispiel liegen die mikroskopisch kleinen Rippen etwa 0,04 Millimeter auseinander. Die Rillen sind so angeordnet, dass sie sich über hintereinander liegende Schuppen fortsetzen und so ein den ganzen Hai bedeckendes Rillenmuster ergeben. Der Tübinger Paläontologe E. Reif fand schon in den 1970er Jahren heraus, dass das Schuppenrillenmuster auf der Körperoberfläche von Haien ungefähr dem Strömungsrichtungsmuster an ihren Oberflächen entspricht, so wie es im Windkanal bei Strömungsversuchen entsteht und mit «Streichlinien» sichtbar gemacht werden kann.

Feinripp für schnelle Haie

Die Reif'schen Untersuchungen an fossilen und heute noch vorkommenden Haien ergaben sogar deutliche Unterschiede bei den verschiedenen Haiarten. Je schneller die Haie, desto näher liegen die Riefen ihrer Schuppen beieinander (35–105 Mikrometer). Die langsam schwimmenden Arten – zum Beispiel Riffbewohner wie der vielen Tauchern bekannte Schwarzspitzenriffhai – haben zwar ähnliche Schuppen, aber deren Riefen liegen weiter auseinander. Arten, die ganz besonders langsam schwimmen, zeigen wiederum ganz andere Schuppenausbildungen, die wahrscheinlich in keinem Zusammenhang mit Effekten der Strömungsmechanik stehen. Selbst bei ihnen sind die Schuppen des Schnauzenbereichs und der Vorderkanten der Flossen jedoch eher glatt. Das sind die Bereiche, in denen ein Übergang der (relativ widerstandsarmen) laminaren Strömung zu einer (stark bremsenden) turbulenten Strömung zu erwarten ist. Auch bei schnellen Arten zeigen unterschiedliche Körperteile Schuppen mit unterschiedlich stark ausgebildeten Riefen.

Damit ist klar: Die Riefen auf den Haischuppen haben die Funktion, den Haikörper «schlüpfriger» zu machen, indem sie den Oberflächenwiderstand des schwimmenden Körpers verringern. Doch ist dieses Prinzip auf die Technik anzuwenden? Diese Frage stand am Anfang der bionischen Forschungen zur Haihaut, die bei der NASA und seit den 1980er Jahren auch in Deutschland durchgeführt wurden.

Babyöl im Dienst der Wissenschaft

Wie misst man eigentlich die «Wandreibung», die für den Oberflächenwiderstand verantwortlich ist? Die verblüffende Antwort: mit Babyöl!

In der Abteilung für Turbulenzforschung am Deutschen Zentrum für Luft- und Raumfahrt in Berlin wurden schon vor 20 Jahren Versuche mit künstlicher Haifischhaut durchgeführt. Im Windkanal war das sehr schwierig, da die winzigen Dimensionen der echten Haihaut (mit circa 0,1 Millimeter Riefenabstand) ein gezieltes Experimentieren äußerst umständlich machten. Also benutzten der Turbulenzforscher D. Bechert und seine Mitarbeiter künstliche Haihaut mit unterschiedlichen Rippen-Abständen und -formen, und zwar in hundertfacher Vergrößerung, mit Rippen-Abständen von 3–10 Millimeter. Wie wir oben schon gesehen haben, kann man aber nur das Strömungsverhalten von Körpern mit gleicher oder ähnlicher Reynoldszahl vergleichen – also wurden die Experimente kurzerhand nicht in Wasser, sondern im zehnfach zähflüssigeren Babyöl (unparfümiert!) durchgeführt. Dieser Trick machte die Verwendung von Testplatten mit 800 beweglichen Schuppen möglich.

Das Ergebnis zeigte, dass die einfachen Dreiecks- oder Sägeriefen, die bei der NASA verwendet worden waren, nur eine Verminderung der Wandreibung um 5,4 Prozent ergaben. Rippen mit größerem Abstand zueinander (wie man sie bei der Haut des Glatthais findet) führten zu 8 Prozent Reibungsminderung. Noch günstiger waren Folien mit Trapezrillen. Abgesehen vom geringfügig noch besseren Reibungsergebnis ermöglichte deren flacher «Boden» auch die Kontrolle der darunter liegenden Materialien, zum Beispiel einer «Flugzeughaut», die regelmäßig auf Haarrisse untersucht werden muss.

Wie funktionieren nun die Haihautriefen? Eigentlich ist ihr Effekt paradox – denn schließlich wird die umströmte Oberfläche praktisch verdoppelt. Bei Strömungssimulationen mit «Supercomputern» kann man erkennen, dass sich die laminare (also gleichmäßig verlaufende) Strömungsschicht verdickt. Die stark abbremsend wirkenden Turbulenzen werden so gewissermaßen von den Rippenrücken davon abgehalten, bis in die Rillensenken einzudringen. Außerdem werden die seitlich gerichteten Kräfte der turbulenten Strömungen verringert, die als «Schlingern» der Längswirbel wirksam werden. Die Rippen sorgen somit für den Abbau der seitlichen Geschwindigkeitsschwankungen sowie der daraus resultierenden Bremswirkung.

Eine Yacht, ein Ruderboot, ein Flugzeug – noch keine Erfolgsbilanz

Eigenartigerweise sind die Schwimmanzüge der Leistungsschwimmer wohl das Einzige, was zurzeit von der noch vor kurzem so vielversprechenden Haihaut-Riblet-Forschung übrig geblieben ist. Eigentlich stimmte ja alles am Konzept der «Haihaut»: ein attraktives biologisches Vorbild, eine solide wissenschaftliche Untersuchung des Phänomens und ein für die Vermarktung geeigneter Name – nicht zuletzt klingt «Haihaut» eindeutig besser als, sagen wir mal, «Kabeljauhaut», was ein nicht unwesentlicher Gesichtspunkt beim Verkauf eines Produkts ist.

Am Langley Research Center der NASA wurden seit Ende der 1970er Jahre Untersuchungen zu Oberflächenrillen durchgeführt. Sehr bald und teilweise sehr spektakulär setzte man dort die theoretischen Erkenntnisse in die Praxis um. Schon 1987 wurde die Yacht «Stars and Stripes» des San Diego Yacht Club mit einer Riblet-Folie auf der Rumpfunterseite ausgerüstet. Sie gewann in Freemantle, Australien, zur allgemeinen Erleichterung des amerikanischen Segelsports den berühmten «America's Cup» zurück. Der hatte 1983 nach 132 Jahren regelmäßig wiederkehrender amerikanischer Siege an eine australische Mannschaft abgegeben werden müssen (glücklicherweise passierte damals nicht, was angeblich dem Verlierer bevorstand: dass sein Kopf nämlich zur Strafe den Platz des Silberpokals im Glaskasten des New York Yacht Club einnehmen würde).

Ähnlich erfolgreich war schon 1984 der USA-Vierer mit Steuermann beim olympischen Rudern gewesen, dessen Rumpf ebenfalls mit einer Riblet-Folie schlüpfrig gemacht worden war. Eine Zeit lang stellte die Firma 3M eine «Riblet Foil» zum Aufkleben her, deren Produktion inzwischen allerdings wieder eingestellt wurde.

In den 1990er Jahren erlebte die Riblet-Forschung ihren Höhepunkt. So bekamen D. W. Bechert und sein Team von der Abteilung Turbulenzforschung des Deutschen Zentrums für Luft- und Raumfahrt 1992 den ersten deutschen «Bionik-Preis» verliehen.

1996 wurden 700 Quadratmeter selbstklebende 3M-Riblet-Folie mit Sägezahnprofil auf einen Airbus A 320 geklebt – was gar nicht so einfach war und auch nicht optimal ablief. So wurden Luftblasen nach Anstechen mit einer Nadel herausgedrückt! Außerdem ergab die Sägezahnfolie «nur» eine Verringerung der Wandreibung um 5,4 Prozent. Dass der Kerosinverbrauch dabei um «nur» 1,5 Prozent sinken würde, war jedem Fachmann schon vorher klar, denn zum einen konnte nur ein Teil der Flugzeugoberfläche beklebt werden, zum anderen ist der Oberflächenwiderstand natürlich nur ein Teil des Gesamtwiderstands des Flugzeugs. Bei den enormen Energiekosten im Flugverkehr galt das trotzdem als großer Erfolg. Verdientermaßen erhielten Bechert und sein Team 1998 den hoch dotierten Philip-Morris-Zukunftspreis. Trotzdem wurde das Projekt «Riblet-Folie» bei Airbus nach zweieinhalb Jahren eingestellt. Was ist da schief gegangen?

In der Praxis waren die Folien nicht haltbar genug. Kein Wunder: Auf der Landebahn werden sie von der Sonne aufgeheizt, kurz darauf in großer Höhe auf minus 40 Grad Celsius gekühlt – das sind extreme Bedingungen, die die Folien bis jetzt nicht zufrieden stellend durchhalten. Außerdem mussten sie für die notwendigen Inspektionen sehr umständlich entfernt und anschließend wieder aufgetragen werden. Jede Stunde zusätzliche Standzeit fraß aber die Treibstofferspanis durch die Riblet-Folie teilweise wieder auf.

Trotzdem gehen die Forschungen zum Riblet-Effekt am DLR in Berlin und anderen Forschungsinstituten weiter. Die Grundlagen stimmen – jetzt muss die technische Realisierung optimiert werden!

Von Pinguinen lernen

Wie wir oben gesehen haben, sind Menschen im Prinzip schlechte Schwimmer – auch wenn sie Ian Thorpe oder Mark Spitz heißen und olympisches Gold gleich im halben Dutzend abräumen. Ob haihautbekleidet oder nicht: Ihr (und unser aller) Problem ist der Widerstand, den das Medium uns entgegensetzt. Zwar macht er dem Fußgänger oder Läufer noch keine Probleme, aber bereits Radrennfahrer nehmen schon orthopädisch bedenkliche und keineswegs komfortable Körperhaltungen in Kauf, um den Luftwiderstand so gering wie möglich zu halten. Können uns die Erfindungen der Natur auf bequemere Weise helfen, schneller zu werden?

An dieser Stelle sollten wir einen genaueren Blick auf die physikalischen Grundlagen des Widerstands bei der Fortbewegung in Luft oder Wasser werfen (andere Medien spielen für uns keine Rolle, außer bei mehr oder weniger verrückten Experimenten, wie bereits gesehen). Der Gesamtwiderstand eines umströmten Körpers wird nach folgender Formel berechnet:

$$F_L = \tfrac{1}{2}\, \varsigma \times c_W \times A \times v^2$$

Dabei ist ς die Dichte des Mediums, A die Stirnfläche (also die Fläche, die eine Projektion des Körpers in der Bewegungsrichtung ergibt), v die Geschwindigkeit und c_W der berühmte, weil in jeder Autowerbung vorkommende Widerstandsbeiwert.

Gehen wir die Faktoren einmal durch. Luft hat eine Dichte von 1,29 Kilogramm pro Kubikmeter, Wasser eine Dichte von (ungefähr) 1000 kg/m^3. Grob gerechnet, ist der Widerstand bei der Fortbewegung in

Wasser im Vergleich zur Luft also 1000-mal so groß (eine Erklärung für die bescheidenen Leistungen von 100-Meter-Schwimmern im Vergleich zu 100-Meter-Läufern).

Dass eine doppelt so große Stirnfläche den Widerstand verdoppelt, bedarf wohl keiner weiteren Erläuterung. Interessanter ist schon die potenzierte Abhängigkeit von der Geschwindigkeit. Bei doppelter Geschwindigkeit vervierfacht sich also der Widerstand. Die Fortbewegung von Tieren an Land, das wird jetzt deutlich, ist wegen der geringen Dichte des Mediums Luft und der – mit Ausnahmen – relativ geringen Geschwindigkeiten, die dabei entwickelt werden, von strömungsmechanischen Faktoren nicht beeinflusst (in der Luft sieht das, wie bereits gesehen, wegen der viel höheren Fortbewegungsgeschwindigkeiten ganz anders aus). So brauchen wir dort nicht nach Vorbildern für technische Entwicklungen zu suchen.

Der Widerstandsbeiwert wird empirisch (salopp formuliert: durch Ausprobieren) im Strömungskanal ermittelt. Typische c_w-Werte sind zum Beispiel für einen Fallschirm: 1,4; für einen LKW: 0,78; für eine Kugel: 0,34; für eine Tropfenform 0,05 (für die Autoliebhaber unter den Lesern: Ein strömungstechnisch optimierter Wagen hat einen c_w-Wert von 0,25 bis 0,3). Im dichten Medium Wasser zum Beispiel wirken unterschiedliche c_w-Werte als unerbittliche Selektionsfaktoren. Die Ähnlichkeit der äußeren Körperformen von nur weitläufig verwandten wasserlebenden Wirbeltieren wie Pinguin und Delphin ist dafür ein Beleg. Wir werden uns beide noch genauer anschauen.

Die «gute» und die «böse» Strömung

Zunächst eine grundsätzliche Klärung: Warum beeinflusst die Form eines Körpers eigentlich seinen Strömungswiderstand? Halten wir eine Platte senkrecht in eine Wasserströmung, so bilden sich hinter diesem ungünstigsten aller Strömungskörper gewaltige Wirbel, die viel von der Energie «verbrauchen», die diesen Körper eigentlich nach vorn bringen soll. Liegt die Platte flach in Bewegungsrichtung

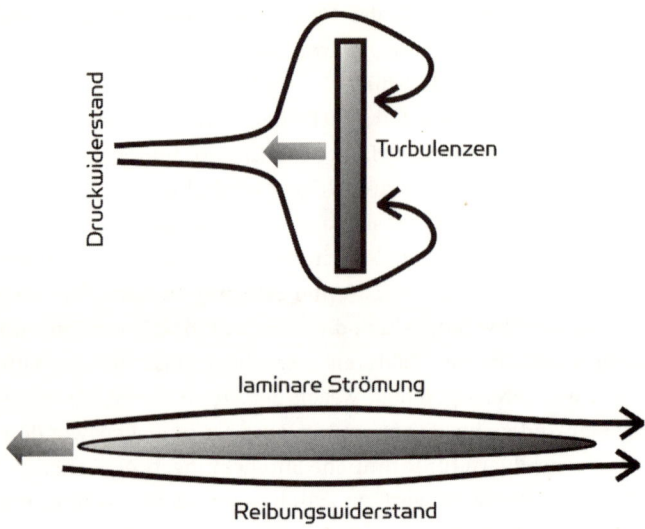

Abbildung 53: Druckwiderstand und Reibungswiderstand.

der Strömung, so sehen wir im Strömungskanal gar keine Wirbel, sondern die Wassermoleküle «fließen» glatt auf der Platte entlang (Abbildung 53). Dabei entsteht natürlich ein Widerstand, aber es ist der relativ niedrige laminare Reibungswiderstand. Die Teilchen in den übereinander liegenden Schichten bewegen sich gleichmäßig längs am Strömungskörper entlang.

Mit zunehmender Strömungsgeschwindigkeit und zunehmender Größe des umströmten Körpers kommt es zu einem Umschlag von der laminaren zu einer turbulenten Strömung. Auf der Teilchenebene heißt das, dass sie ihre wohlgeordnete Formation aufgeben und sich mal weg vom Körper, mal zu ihm hin bewegen. Dem liegt als physikalische Ursache zugrunde, dass die Zähigkeit des Mediums nicht mehr ausreicht, die Reibungskräfte zu dämpfen, sodass sich auch auf einer ebenen Platte Schwingungen entwickeln.

Falls Sie (noch) rauchen, können Sie das Phänomen sehr schön illustrieren: Lassen Sie in einem Raum mit möglichst wenig Luftbewegung den Rauch Ihrer Zigarette aufsteigen. Zunächst ist es ein feiner «Rauchfaden», der plötzlich verwirbelt, und zwar genau dann, wenn die Rauchteilchen zu schnell geworden sind. Die Zähigkeit des Mediums Luft kann ihre Schwingungen nicht mehr dämpfen, und sie werden turbulent.

Im großen Maßstab können die Folgen dieses physikalischen Phänomens dramatisch sein. Ein kleiner Rückblick auf das Fliegen soll dies deutlich machen. Vielleicht haben Sie schon einmal von einem «Strömungsabriss» gehört. Das ist für jeden Piloten (und jeden physikalisch vorgebildeten Flugpassagier) eine echte Horrorvokabel. Bei nicht ausreichender Geschwindigkeit und/oder zu steil angestellten Flügeln kommt es nämlich zum Umschlag von der «guten» laminaren Strömung zur Wirbelbildung über eine große Fläche des Flügels, der damit schlagartig seine Auftriebswirkung verliert. (Dieser Effekt war 1996 die Ursache des Absturzes der Birgen-Air-Maschine in der Dominikanischen Republik – die Instrumente zeigten nicht die korrekte Geschwindigkeit an.)

Und noch einmal: die Reynoldszahl

Wann dieser Effekt eintritt, hängt wieder von der oben bereits erklärten Reynoldszahl ab. Sie drückt das Verhältnis von Trägheits- zu Reibungskräften aus. Für das Verhalten von strömenden Flüssigkeiten in Röhren formulierte bereits der Entdecker dieser fundamental wichtigen strömungsmechanischen Größe, dass bei Reynoldszahlen unter 2300 die Strömung laminar, bei solchen über 2300 die Strömung turbulent ist. Da die Reynoldszahl direkt von der Größe des betrachteten Strömungskörpers (bei Röhren: dem Durchmesser) abhängt, kann man vereinfachend sagen: Je größer ein Körper ist, desto mehr wird seine Bewegung von der Strömungsmechanik beeinflusst. Deshalb sind Auto-, Flugzeug- und Schiffskonstrukteure auch so daran interessiert, die strömungsgünstigste Form ihres jeweiligen Produkts zu finden. Und dabei kann ihnen die Natur durchaus helfen!

Pinguine – die kleinen Dicken mit dem tollen c_w-Wert

Wenn Sie noch nie Pinguinen beim Schwimmen unter Wasser zugesehen haben, sondern nur ihr drolliges Gewatschel an Land kennen, werden Sie das Folgende kaum glauben. Diese dick mit Federn und Speck gegen die Kälte ihres südhemisphärischen Lebensraums gepolsterten, flugunfähigen Vögel gehören zu den stromlinienförmigsten Gebilden, die die Natur hervorgebracht hat. Vor einem Vergleich mit technischen Körpern braucht sich zum Beispiel der Eselspinguin mit seinem c_w-Wert von 0,04 nicht zu scheuen (Abbildung 54).

Dies hat den Bionikpionier Werner Nachtigall dazu gebracht, den Pinguinkörper – zugegebenermaßen etwas uncharmant – in seinem Standardwerk zur Bionik unter der Überschrift «Dicke Rümpfe mit Anregungspotential für technische Rumpfformen» abzuhandeln. Solche technischen Formen könnten zum Beispiel U-Boote, Schiffe, Torpedos und Flugzeuge sein.

«Luftblasenschleier»

$C_w = 0,04$

$C_w = 0,28$

Abbildung 54: Schnittiges Design: Pinguine haben einen extrem niedrigen c_w-Wert, und ein Blasenschleier macht sie noch schlüpfriger.

Pinguine sind als technische Vorbilder besonders gut geeignet, auch wegen ihres technisch höchst interessanten Schwimmstils. Die Pinguine schwimmen sehr strömungsstabil und sind äußerst manövrierfähig. Das müssen sie auch sein, um erfolgreich ihre Nahrung zu erjagen. Pinguine fressen vor allem Krill und Fische. Dabei tauchen sie in die Schwärme ihrer Beutetiere hinab (Eselspinguine kommen dabei bis in 100 Meter Tiefe) und schnappen zu – je mehr sie dabei erbeuten, desto besser. Dazu müssen sie schnell sein. Tatsächlich erreichen die etwa 70 Zentimeter langen Vögel beim Schwimmen eine Durchschnittsgeschwindigkeit von 2,3 Meter pro Sekunde und eine Maximalgeschwindigkeit von 4,5 m/s (etwa 16 Stundenkilometer).

Bis zu einem Drittel ihres Körpergewichts kann nach einem solchen «Fischzug» aus Mageninhalt bestehen, und es ist plausibel, dass sie diese gewaltigen Nahrungsmengen brauchen. Der kanadische Pinguinforscher Tony Williams fand heraus, dass Eselspinguine fast täglich eine «Fresstour» von sechs bis acht Stunden Dauer unternehmen und dabei im Durchschnitt 50 Prozent der Zeit mit Tauchen verbringen. Es ist also nicht erstaunlich, dass ihre Körperform für diese Fortbewegung optimiert ist. Pinguine, die gerade zusammen mit einem Partner Junge aufziehen, fressen sogar noch ein Drittel mehr als ihre Single-Kollegen.

Das Fressverhalten erklärt zweifellos, warum Pinguine so dick sind – aber wieso können sie so phänomenal «bauchig» sein und gleichzeitig so wenig Strömungswiderstand haben? Schwimmende Pinguine – und das gilt vom kleinen Zwergpinguin (30 Zentimeter) bis zum vergleichsweise riesigen Kaiserpinguin (110 Zentimeter) – haben die strömungstechnisch optimale Spindelform, wobei der «Bauch» relativ weit hinten liegt.

Wie kann man Pinguine und ihr Strömungsverhalten genauer untersuchen? Möglichkeit I: in die Antarktis fahren, auf King George Island eine Forschungshütte aufbauen, dazu einen Schwimmkanal, anschließend mehr oder weniger freiwillig angetretene Pinguine mit Beschleunigungssensoren und Farbe ausstoßenden Plastikschläuchen versehen und die Vögel dann im Schwimmkanal beobachten und filmen (R. Bannasch von der TU Berlin hat genau dies 1995 getan). Möglichkeit II: Modelle von Pinguinen aus Epoxidharz bauen und im Rauch-Windkanal untersuchen – dies war der Ansatz von Werner Nachtigall an der Universität des Saarlands in Saarbrücken. Beide Untersuchungen ergaben, dass die Grenzschicht an den Pinguinkörpern bereits vor dem größten Querschnitt Turbulenzen zeigt. Die Vögel schwimmen also im Prinzip mit «vollturbulenter Umströmung» (W. Nachtigall).

Eine echte Überraschung ergab sich jedoch bei der Untersuchung des «Rotationskörpers», den Nachtigall und seine Mitarbeiter auf der Grundlage der idealisierten Pinguinkörper mit kreisrundem Querschnitt bauten. Dieser zeigte im Windkanal durchgängig laminare Umströmung und hatte entsprechend noch bessere c_w-Werte als die Pinguinmodelle (0,0156). Solche Optimalkörper können durchaus Vorbild sein für neuartige Wasser- und Luftfahrzeuge.

Pinguin-Prinzip als Ursache der Kursk-Katastrophe?

Eine Frage stellt sich bei näherer Überlegung sofort: Wieso kann ein «turbulent» schwimmender Pinguin derartig gute Strömungswiderstandswerte erreichen? Schauen wir uns noch einmal einen tauchenden Pinguin an: Dieser lässt einen regelrechten «Blasenschleier» hinter sich. Denn unter dem Deckgefieder befindet sich beim Eintauchen reichlich Luft, welche bei der Umströmung des Rumpfs im Wasser abgesaugt wird.

Wenn ein Pinguin unter Wasser beschleunigt, wird die Sogwirkung auf seinen «Luftmantel» größer, es treten noch mehr Luftblasen aus, und das Tier gewinnt zusätzlich an Geschwindigkeit. Das ist in besonderen Situationen äußerst nützlich – zum Beispiel beim rettenden Sprung an Land, wenn sich ein Seeleopard, also eine der bis 3 Meter großen und schnellen pinguinfressenden Robben der Antarktis, nähert. Ist vielleicht die Veränderung des Oberflächenwiderstands einer der Gründe für die lebensrettende Beschleunigung des Pinguins?

Tatsächlich ist dieser Effekt relativ leicht in Röhren zu messen. Wenn strömendem Wasser winzige Luftblasen beigemengt werden, sinkt der Wandwiderstand erheblich. Als eine Erklärung dafür gilt, dass das Gasbläschen-Wasser-Gemisch weniger zäh ist als reines Wasser. Vielleicht – so die Theorie von Ingo Rechenberg von der TU Berlin – kommt es aber auch beim «Zerkleinern» der Gasblasen zu einem Energietransfer weg von den turbulenten Wirbeln, die dadurch an Größe und Wirksamkeit verlieren.

Eine technische Anwendung dieses Effekts ist allerdings problematisch. Schließlich müsste man zunächst erhebliche Energie in die Erzeugung eines Blasenschleiers stecken, was die Einsparung durch Reibungsverminderung mehr als zunichte machen würde. Nur in einem Bereich, wo häufig weder Geld noch Energie eine Rolle spielen, hat das Prinzip Furore gemacht: beim Militär.

Die dramatische Widerstandsverringerung durch Gasblasen wird bei einer streng geheimen Waffe der Russen genutzt, der selbst die Supermacht USA nichts Vergleichbares entgegenzusetzen hat: dem Schkwal-Torpedo. Dabei handelt es sich eigentlich um eine Feststoffrakete unter Wasser, an deren Spitze sich durch die hohe Geschwindigkeit (380 Stundenkilometer!) eine Gasblase bildet. Den russischen Technikern ist es gelungen, dieses Phänomen (die sogenannte «Superkavitation») durch die Antriebstechnik des Torpedos so zu modifizieren, dass ein dichter Gasblasenschleier den Reibungswiderstand enorm herabsetzt. Inzwischen exportiert Russland sogar eine modifizierte Version dieses Torpedos.

Seit langem kursieren Gerüchte, dass an Bord des am 12. August 2000 in der Barentssee gesunkenen Atom-U-Boots «Kursk» genau solch ein Torpedo explodiert ist. Im selben Jahr wurde ein amerikanischer Geschäftsmann in Moskau zu 20 Jahren Haft wegen Spionage verurteilt. Edmond Pope hatte für seine Technologie-Transfer-Firma Unterlagen über den Schkwal-Torpedo von einem Professor der Moskauer Technischen Staatsuniversität gekauft, die anschließend (!) zum Staatsgeheimnis deklariert worden waren. Der Mann hatte Glück im Unglück – nach 253 Tagen wurde er vom russischen Staatspräsidenten Alexander Putin begnadigt und durfte in die USA ausreisen.

Schwertfisch-Design für Flugzeuge?

Schwertfische (*Xiphias gladius*) sind ähnlich schnelle Schwimmer wie die oben bereits angesprochenen Mako-Haie. Sie erreichen beeindruckende Körpermaße: 455 Zentimeter lang und 650 Kilogramm schwer war das bisher größte gefangene Exemplar. Hochseesportangler und Fischer lieben sie deshalb auf eine den Tieren wenig zuträgliche Weise. Es überrascht nicht, dass die imposanten Fische vom Aussterben bedroht sind. Weil so wenig ausgewachsene Tiere übrig sind, werden inzwischen fast nur noch Jungtiere gefangen.

Den Tieren nützt es dabei wenig, dass sie kurzfristig Geschwindigkeiten von über 100 Stundenkilometern erreichen können, und auch ihr markantes «Schwert» mit den scharfen Kanten kann sie nicht schützen. Das dient vor allem dazu, die Beute durch Schläge so zu verletzen, dass sie leichter gefressen werden kann. Es hat aber auch noch eine andere Funktion, die bei der strömungstechnischen Untersuchung von Schwertfischen deutlich wurde und vielleicht in der Zukunft zu «Schwertfisch»-Flugzeugen führen wird.

Das ungewöhnliche Schwertfischprofil – langes Schwert (bis maximal 45 Prozent der Körperlänge) und konkave Kopfform – fiel dem russischen Biologen Y. G. Aleyev schon in den 1970er Jahren auf, und er untersuchte an einem Holzmodell mit abnehmbarem Schwert die Drücke, die auf seiner Oberfläche auftreten. Es zeigte sich, dass das Schwert den Druck an der Kopfspitze um mehr als die Hälfte reduziert. Die Schwertoberfläche ist an der Spitze am rauesten, zum Kopf hin nimmt die Rauigkeit ab. Könnte das in Zusammenhang mit dem günstigen Strömungsverhalten stehen?

Nach Aleyev wird entlang des Schwerts aus einer laminaren eine mikroturbulente Strömung, die auch über den gesamten Körper des

Fischs hinweg erhalten bleibt. Insgesamt ergibt sich so eine «quasi-laminare» Strömung mit niedrigem Reibungswiderstand, denn die Wasserteilchen «rollen» über die Mikroturbulenzen der Grenz-schicht weg.

Auf der Grundlage dieser Messungen schlug der holländische Bio-physiker J. Videler vor, Fokker-Flugzeuge mit einem «Schwert» und gleichzeitig einem stark verdickten Rumpf auszustatten. Bei glei-chem Rumpfwiderstand hätte die Sitzplatzzahl dadurch auf das An-derthalbfache gesteigert werden können. Die Pläne sind von der heute nicht mehr existierenden Firma leider nicht aufgegriffen wor-den, und die Idee wurde genauso wenig realisiert wie der Vorschlag des Flugzeugbau-Professors Heinrich Hertel, der schon in den 1960er Jahren anregte, Flugzeuge mit einem thunfischförmigen Spindel-rumpf anstelle des herkömmlichen zylinderförmigen Rumpfs zu bauen. Das Problem: Der Spindelrumpf ist in der Herstellung viel teu-rer als der übliche Zylinderrumpf, in dem identische Bauteile hin-tereinander angeordnet sind.

Lebenskünstler oder Energiesparer?

Schwertfische können eindrucksvolle Sprünge aus dem Wasser her-aus vollführen – aber an die Eleganz der Delphine, die über lange Strecken immer wieder in hohem Bogen aus dem Wasser schnellen, kommen sie nicht heran. Die Sprungfreude dieser Publikumslieb-linge unter den Meerestieren ist einmalig und wird in vielen Delphi-narien auf der ganzen Welt als Grundlage für komplexe Dressuren genutzt. Gern unterstellen wir Menschen diesen Tieren «Lebens-freude» als tiefere Ursache für ihre «Luftsprünge». Aber gibt es viel-leicht noch einen anderen, viel weniger spektakulären Grund? Im-merhin legen Delphine weite Strecken springend zurück. Das kostet viel Energie – oder vielleicht doch nicht? Ingo Rechenberg von der TU Berlin präsentiert in seinen Vorlesungen folgende einfache Mo-dellrechnung:

Ein Delphin, der mit 20 Stundenkilometern knapp unter der Wasseroberfläche 10 Meter weit nicht geradlinig, sondern in einem Bogen schwimmt (dabei legt er über Grund eine Strecke von 9,4 Meter zurück) und mit einem Winkel von 35 Grad auftaucht, fliegt 3 Meter weit durch die Luft – damit hat er 12,4 Meter mit derselben Schwimmarbeit zurückgelegt, mit der er sonst 10 Meter weit gekommen wäre. Das ergibt einen «Gewinn» von 2,4 Metern. Plausibel wird die Rechnung durch die Tatsache, dass der Widerstand im Medium Luft nur ein Achthundertstel des Reibungswiderstands im viel zäheren Medium Wasser beträgt (Abbildung 55). Möglicherweise reißt ein wieder eintauchender Delphin auch einen Luftblasenschleier mit sich, der zusätzlich widerstandsvermindernd wirkt (siehe oben). Die technische Anwendung dieser Fortbewegungsweise ist zumindest für bemannte Schwimmkörper (etwa in Form eines «Spring-U-Boots») nur schwer vorstellbar, denn für die Besatzung oder eventuelle Passagiere dürften die achterbahnähnlichen Bewegungsverläufe eine erhebliche gesundheitliche Beeinträchtigung bedeuten und die Ausgabe von Pillen gegen schwerste Formen von Reisekrankheit notwendig machen.

Fliegende Fische und Kaspische Monster

Fliegende Fische (weltweit gibt es etwa 50 Arten) gehen noch einen Schritt weiter als Delphine. Die Tiere beschleunigen unter Wasser auf beachtliche 24 Stundenkilometer, durchstoßen die Wasseroberfläche und breiten die riesigen Brustflossen aus. Die Schwanzflossen gebrauchen sie dabei wie einen Außenbordmotor und erreichen wegen des geringen Luftwiderstands bis zu 60 Stundenkilometer. Im Vergleich zu ihrer Körperlänge von nur maximal 45 Zentimeter ist das ein absoluter Rekord. Die Brustflossen-«Flügel» halten sie relativ starr, mit dem Vogelflug kann man ihre Fortbewegung also nicht vergleichen. Das zeigen auch die geringe Flugweite (etwa 100 Meter) und die niedrige Flughöhe (etwa 1 Meter). Anders als bei Vögeln ist es der «Bodeneffekt», der sie in der Luft hält. Sie fliegen gewissermaßen auf einem Luftpolster, das sie vor sich her schieben.

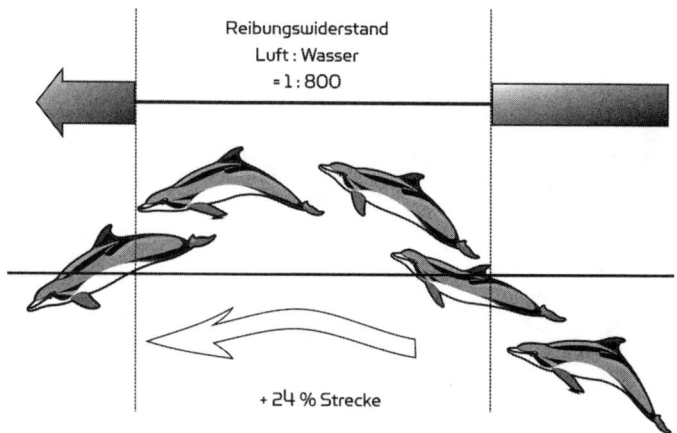

Abbildung 55: Springender Delphin: Geringer Luftwiderstand bringt Streckengewinn!

Der Bodeneffekt (engl. *ground effect*) ist bereits technisch genutzt worden. In der früheren Sowjetunion entwarf der Flugzeugkonstrukteur R. E. Alekseev sogenannte «Ekranoplane». Das größte war das legendäre «Kaspische Monster» («Ekranoplan Orlyonok», Typ KM), eine gigantische Maschine für den Transport eines ganzen Bataillons Soldaten mit 100 Meter Länge und 540 Tonnen Gesamtgewicht, das eine Geschwindigkeit von 400 Stundenkilometern erreichte. 1987 wurde daraus ein Raketenträger mit Marschflugkörpern gebaut. Dieses technische Ungeheuer fiel glücklicherweise dem Ende des Kalten Krieges zum Opfer. Zurzeit wird in Russland nach demselben Prinzip ein Passagierflugzeug für 150 Personen entwickelt. In Singapore wird in Lizenz von der Firma Fischer Flugmechanik das achtsitzige «Flightship 8» mit einer Reichweite von 400 Kilometern gebaut, das bereits 7000 Kilometer Testflüge am Barrier Reef in Australien hinter sich gebracht hat. Noch größere «Staudruckflugzeuge» (Abbildung 56) sind geplant.

Zurück zu den Delphinen: Ihre Haut hat nämlich Besonderheiten, die die Bionik-Forschung schon seit Jahrzehnten beschäftigt.

Abbildung 56: Begegnung auf dem Meer: Nachahmer (Staudruck-flugzeug) trifft Vorbilder (Fliegende Fische). (© Fischer Flugmechanik)

Künstliche Delphinhaut-Oberflächen

Angeblich sind künstliche Delphinhäute schon an Unterseebooten erprobt worden, und eine relativ auffällige «verdächtige (Forschungs-) Stille» wird auch von durchaus seriösen Wissenschaftlern, die nicht für Verschwörungsphantasien bekannt sind, als Hinweis für eine aktuelle militärische Verwendung gewertet. Sicher ist dies allerdings nicht. Trotz – oder vielleicht gerade wegen – dieses mysteriösen Schicksals einer eleganten Idee lohnt sich ein historischer Rückblick. Und der reicht bis in die 1930er Jahre:

1933 publizierte der englische Zoologe Sir James Gray einen wissenschaftlichen Aufsatz, in dem er den Kraftaufwand, den ein Delphin leisten kann (circa 3 PS), mit dem notwendigen Kraftaufwand verglich, um den Delphinkörper mit einer Geschwindigkeit von 45 Stundenkilometern durch das Wasser zu bewegen (circa 30 PS). Seine Methode war grob, aber durchaus zulässig: Er hatte den Wasserwiderstand auf der Grundlage einer turbulenten Umströmung (was bei einem so großen Körper wie einem Delphin zu erwarten ist) und die Leistung des Delphins nach der vorhandenen Muskelmasse berechnet, deren Leistungsabgabe (Kraft pro Gewichtseinheit) er mit menschlichen Muskeln gleichsetzte. Im Ergebnis hätten die Delphine wesentlich langsamer schwimmen müssen.

Grays Paradox und die Kramer-Kontroverse

Das eklatante Missverhältnis zwischen tatsächlicher und theoretischer Schwimmgeschwindigkeit wurde als «Grays Paradox» bekannt. Und an das erinnerte sich der deutsche Aerodynamiker Max O. Kramer, der 1946 nach Amerika auswanderte und auf der Überfahrt Delphinen zuschaute. Sie überholten sein Schiff (das mit ungefähr 30 Stundenkilometern fuhr) mit Leichtigkeit. Dieses Erlebnis brachte Kramer dazu, zunächst die Delphinhaut genauestens zu untersuchen. Er fand über einer ledrigen Schutzhaut jeweils einen halben Millimeter flüssige und gummiartige Schichten, die von einem 0,2 Millimeter dünnen glatten Hautfilm bedeckt waren. Die Elastizität der mittleren Schichten dämpfte nach seiner Ansicht die Strömungsturbulenzen, sodass der Delphinkörper nicht turbulent, sondern laminar umströmt wurde (Abbildung 57). Der daraus resultierende geringe Strömungswiderstand passte genau zum theoretischen Schwimmvermögen des Delphins, sodass «Grays Paradox» keines mehr war. Kramer veröffentlichte seine Ergebnisse 1961 unter dem attraktiven Titel «The Dolphin's Secret» – das er gelüftet zu haben glaubte.

Kramer konnte sich bestätigt fühlen, weil er mit Modellen der nachgiebigen Delphinhaut gearbeitet hatte. Dazu verwendete er spezielle Gummisorten mit gerade der richtigen Dämpfung für eine künstliche Delphinhaut mit innenliegenden Gumminoppen. Die Öle für den Zwischenraum zwischen den Noppen mussten ebenfalls eine ganz bestimmte Zähigkeit besitzen – und zwar ungefähr die Zähigkeit von Honig. Wahrscheinlich waren es diese praktischen Tricks, die die Reproduktion von Kramers Ergebnissen lange Zeit unmöglich machten. Schade, denn seine 60-prozentige Widerstandsverminderung war auf jeden Fall spektakulär. In der Folge gerieten

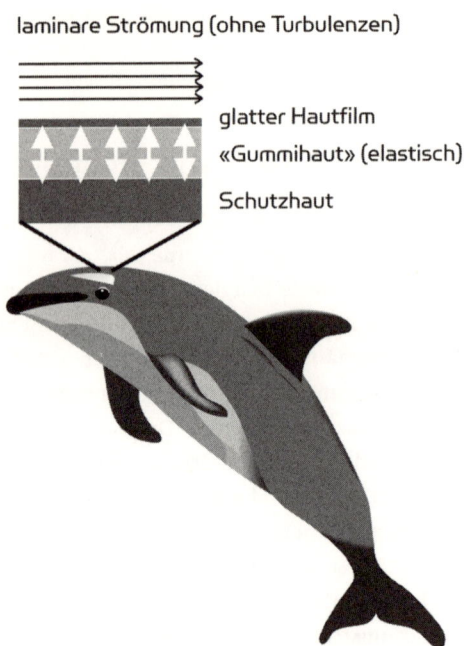

laminare Strömung (ohne Turbulenzen)

glatter Hautfilm
«Gummihaut» (elastisch)
Schutzhaut

Abbildung 57: Eine gummiartige Hautschicht fängt bei Delphinen die Turbulenzen der Wasserströmung auf und garantiert eine laminare Strömung mit minimalem Widerstand.

Kramers Arbeiten in Misskredit. Nach «Grays Paradox» kam es tatsächlich zur «Kramer-Kontroverse».

Die wurde auch durch die interessanten Experimente des oben erwähnten Biologen Y. G. Aleyev nicht beigelegt. Dieser experimentierte mit Leistungsschwimmerinnen, die gewissermaßen die Delphine darstellten. Weibliche Probandinnen nahm er, weil deren Unterfettgewebe mit dem von Delphinen vergleichbar sein sollte – wenigstens schloss er dies aus der Tatsache, dass die weibliche Oberhaut delphinhautähnliche Unebenheiten ausbildet, die auf die Fettpölsterchen zurückgehen. Für seine Versuche zog er die Schwimmerinnen einmal in eng sitzenden Badeanzügen durch das Wasser (eine Imitation des undelphinischen Zustands) und einmal im Eva-Kostüm. Obwohl der letztere Zustand den der Delphine darstellen sollte, ergaben sich höhere (und nicht niedrigere) Strömungswiderstandswerte.

Leuchtende «Schreckensgeißler» und militärisch gedrillte Delphine

Trotz dieser Misserfolge ist die Forschung an «nachgiebiger Beschichtung» (engl. *compliant coating*), so der bionikneutrale Fachausdruck, weitergegangen. Das Interesse ist verständlich. Denn wenn eine so spektakuläre Widerstandsverminderung, wie sie das biologische Vorbild Delphin nahe zu legen scheint, möglich ist, dann könnten gewaltige Energiemengen eingespart werden. Außerdem – und hier kommen wir wieder in den militärischen Bereich – könnten U-Boote und Kriegsschiffe ihre Lautemission über die Schiffsrümpfe stark reduzieren und damit ihre Ortung erschweren.

Tatsächlich konnte Peter W. Carpenter, einer der anerkannten Experten in diesem Bereich, mit einer einfachen Imitation der Delphinhaut (einer Außenhaut, die auf Federn gelagert war) Oberflächen-Widerstandsverminderungen von 20 Prozent (bei der Sprintgeschwindigkeit eines Delphins) bis sogar 36 Prozent (bei normaler Schwimmgeschwindigkeit) erzielen. Mit einer Doppelschichthaut lagen die Werte sogar bei 30 Prozent bzw. 52 Prozent. Damit war Kramer (fast) rehabilitiert.

Ein besonders elegantes Feldexperiment haben die Amerikaner Jim Rohr (der übrigens für die U. S. Navy arbeitet) und Michael Latz in der Bay von San Diego durchgeführt. Sie nutzten dabei eine Beobachtung, die Sie selbst mit ein bisschen Unerschrockenheit und einem Minimum an Ausrüstung machen können. Sind Sie schon mal geschnorchelt? Dann war das wahrscheinlich am Mittelmeer oder an einem Korallenriff, und vermutlich haben Sie die bunte Unterwasserwelt fasziniert beobachtet. Sicher waren Sie tagsüber unterwegs – nachts kann man ja doch nichts sehen. Oder vielleicht doch? Schnorcheln Sie doch mal nachts – mit ein bisschen Glück werden Sie im klaren Wasser bei jeder Schwimmbewegung kleine Lichtblitze aufleuchten sehen. Diese stammen von mikroskopisch kleinem Plankton, das bei Beunruhigung (und die stellen Ihre Kraul- und Brustschwimmbewegungen nun mal dar) kurz, aber heftig aufleuchtet.

Genau diesen Effekt machten sich Rohr und Latz zunutze. In den Gewässern um San Diego sind es vor allem einzellige Dinoflagellaten (übrigens heißt das wörtlich: «schreckliche Geißelschwinger»), die das nächtliche Plankton stellen. Und diese kleinen Algen leuchten, wenn sie im Hautbereich eines Delphins durcheinander gewirbelt werden.

Mit einem großen Zelt auf dem Gelände des «Marine Mammals Program» der Navy schirmten die beiden Wissenschaftler die störenden Lichter der Großstadt San Diego ab und filmten die dressierten Delphine mit einer extrem lichtempfindlichen Kamera. Dabei zeigten die leuchtenden Dinoflagellaten sehr schön die Strömung des Wassers um die Delphine. Die hydrodynamische Grenzschicht war vorn an den Tieren äußerst dünn und löste sich auch weiter hinten nicht. Es gab also praktisch keine turbulente Strömung, wie sie bei so großen Tieren wie den Delphinen auf jeden Fall zu erwarten gewesen wäre. So weit die gute Nachricht. Die schlechte (für Kramer und für Gray): Nur beim Auftreten turbulenter Strömung könnte die Delphinhaut ihre angenommene Wirkung tatsächlich entfalten. Grays Berechnung – die ja auf turbulenter Strömung beruhte – hätte also, wenn dies schon zu seiner Zeit bekannt gewesen wäre, kein «Paradox» ergeben. Und ohne Paradox hätte es auch keine Lösung durch Kramer und seine Nachfolger gegeben. Aber ein Rätsel bleibt natürlich: Warum bleibt die Strömung entlang eines Delphinkörpers laminar?

Rippen und Schuppen

Schauen wir uns noch einmal die Delphinhaut an – sie birgt nämlich noch weitere «Geheimnisse». Da gibt es zum einen Hautrippen, wie sie sich bei vielen Walarten finden. Sie liegen etwa 0,4 bis 2,4 Millimeter auseinander und sind ungefähr ein hundertstel Millimeter bis ein zehntel Millimeter hoch. Könnten diese Rippen genau wie die Haischuppen-Rippen eine Widerstandsverminderung bewirken? Doch erinnern wir uns an die Hai-«Riblets» – diese sind ungefähr zehnmal kleiner und verlaufen in Längsrichtung, während die Delphin-Hautrippen in etwa quer liegen. Schuppenrippen sind also nicht gleich Hautrippen – auch wenn es theoretische Berechnungen gibt, die sogar für die Delphin-Hautrippen einen ähnlichen Effekt wie für die Hai-Riblets vorhersagen. In der Praxis ist das nicht belegt. Ein anderer «Trick» der Delphine könnte sein, dass sie ständig «Schuppen» verlieren. Da Delphine Säugetiere sind, ist ihre Haut im Prinzip wie die eines Menschen aufgebaut. Die Keimschicht ihrer Oberhaut bildet aber etwa 250-mal so viele neue Zellen wie die Keimschicht der menschlichen Haut, und entsprechend mehr «pellt» von der verhornten Außenschicht ab. Bereits 1969 untersuchte der russische Forscher Sokolov diesen Effekt – und kam zum ernüchternden Ergebnis, dass die hydrodynamische Widerstandsverminderung vernachlässigbar klein war. Inzwischen gibt es aber neue Ergebnisse, und zwar aus Japan. Yoshimichi Hagiwara und sein Team vom Kyoto Institute of Technology haben in jüngster Zeit mit Modellen und Computersimulationen experimentiert und sind zu dem Ergebnis gekommen, dass die abgestoßenen Hautschuppen die Grenzschichtwirbel reduzieren.

Sogar die Sekretionen des Delphinauges sind schon Gegenstand von Versuchen gewesen. Delphinaugen werden von einem äußerst zähen Schleim aus Proteinen und Vielfachzuckern geschützt. Die im Schleim enthaltenen Moleküle könnten theoretisch den Wasserwiderstand verringern. In der Praxis stellen die Delphinaugen aber einen so kleinen Anteil an der Gesamtoberfläche des Tieres, dass dieser Effekt nicht zum Tragen kommt.

Stichwort Schleim: Die Haut von Fischen ist – anders als die der Delphine – schleimig, das wissen alle, die schon mal versucht haben, einen Fisch mit bloßen Händen zu greifen. Und Fische müssen sich im Wasser möglichst effizient, also mit möglichst wenig Muskelkraft, bewegen. «Glitschige» Fische – das heißt doch wohl: wenig Reibungswiderstand. Könnte man nicht ebenfalls Schiffe und U-Boote ein bisschen «einschleimen», um ihren Oberflächen-Strömungswiderstand zu verringern?

Künstlicher Fischschleim im Küchenmixer

Die Idee ist nahe liegend und wohl deshalb schon lange untersucht. Bereits in den 1930er Jahren wurden Schleppversuche mit betäubten Hechten an der «Hamburgischen Schiffbau-Versuchsanstalt» gemacht. Nachdem der Fischschleim mit Alkohol entfernt worden war, erhöhte sich der Widerstand um 12 Prozent.

1971 haben dann die Amerikaner M. W. Rosen und N. E. Cornford die Wirkung von Fischschleim auf den Reibungswiderstand in Röhren untersucht. Bereits ein Zusatz von 5 Prozent Barrakuda-Schleim führte zu 65 Prozent weniger Reibungswiderstand. Nun könnte man einwenden, dass das eine Menge Schleim ist, die nur mit einem riesigen Aufwand produziert werden könnte. Doch der Schleim enthält bloß einen geringen Anteil an festen Stoffen, und zwar im Falle des Barrakudas nur 11,5 ppm (parts per million).

Trotzdem: Der Schleim löst sich vom Körper des Fisches und muss ersetzt werden. Für Dauerschwimmer ist diese Art der Widerstandsreduzierung jedoch nicht effektiv. Die Ergebnisse der Untersuchungen von Rosen und Cornford passen genau in diesen biologischen Kontext. Sie fanden nämlich heraus, dass die Schleime von Makrelen und Kalifornischem Bonito (einer Thunfischart) eine viel geringere beziehungsweise (beim Bonito in geringer Konzentration) sogar entgegengesetzte Wirkung haben. Nur für einen «Lauerjäger» wie den Barrakuda (Abbildung 58), der plötzlich auf seine Beute zustößt und dabei möglichst schnell sein muss, «lohnt» sich diese verlustrei-

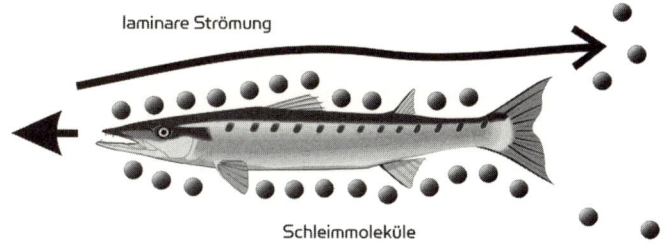

laminare Strömung

Schleimmoleküle

Abbildung 58: Barrakuda-Schleim senkt den Reibungswiderstand – und der Lauerjäger kann blitzschnell auf seine Beute zustoßen. Dabei verliert er Schleim, der neu gebildet werden muss.

che Schleimproduktion offensichtlich. Für andere Arten sind die sonstigen Funktionen des Schleims entscheidend (im Wesentlichen Schutz vor Infektionen und anhaftenden Organismen).

Wie kann man die Widerstandsverminderung durch Schleim erklären? Ingo Rechenberg von der Technischen Universität Berlin hat dazu einen einfachen und überzeugenden Versuch durchgeführt. Eine Injektionsspritze wurde mit gefärbtem Wasser gefüllt und der Inhalt in einem Gefäß mit klarem Wasser herausgespritzt. Der entstehende Strahl zeigt heftige Turbulenzen. Dem farbigen Wasser wurde dann «künstlicher Fischschleim» beigefügt, der in geringer Konzentration (20 ppm) Polyäthylenoxid (Polyox) enthielt, dessen Moleküle sehr groß (Molekulargewicht bis 30 000) und fadenförmig sind. Der mit «Schleim» versetzte Strahl war viel schmaler, und es traten erheblich weniger Wirbel auf. Rechenbergs Erklärung: Die in der Grenzschicht Farbwasser/Wasser entstehenden Mikrowirbel wachsen und produzieren «Nachkommenwirbel». Platzen diese Wirbel mit zunehmender Größe auf, so sind starke Geschwindigkeitsschwankungen die Folge, die als Turbulenzen sichtbar werden. Wenn die Flüssigkeit aber mit Makromolekülen («Mikrofädchen») versetzt ist, so verfangen sich die Mikrowirbel in den Molekülen, und das «Aufplatzen» der Wirbel wird erschwert, weil die Moleküle

Bewegungsenergie aufnehmen. Die sonst auftretenden Turbulenzen werden so gedämpft.

Klingt anschaulich, aber stimmt das auch? Das dritte Experiment dieser Versuchsreihe stützt Rechenbergs Überlegungen. «Zerhackt» man nämlich die Makromoleküle (das funktioniert sogar schon mit einem handelsüblichen Küchenmixer), so treten wieder die üblichen Turbulenzen auf.

Bei der technischen Anwendung dieses genialen Prinzips der Widerstandsverminderung bleibt allerdings ein Problem. Die Schleimsubstanzen werden «verbraucht». Dies zeigte sich deutlich bei Rechenbergs Versuchen mit einem 40 Zentimeter langen «Torpedo», der bei Polyox-Versuchen in einem mit Wasser gefüllten Fallrohr zunächst tatsächlich 27 Prozent weniger Widerstand zeigte. Bereits nach 40 Meter Gesamt-Fallstrecke war aber kein verringerter Wasserwiderstand mehr festzustellen. Dabei war der Polyox-Schleim extra auf eine Haftgrundschicht (in diesem Fall eine Jodtinktur) «geklebt» worden. Für eine technische Anwendung im Schiffsbau sind solche Ergebnisse natürlich indiskutabel.

Anders ist dies, wenn es – ähnlich wie beim Barrakuda – auf kurzfristige Reibungsverminderung ankommt, die dann auch ein bisschen teurer sein darf. Polyox wird in den USA schon seit den 1960er Jahren bei der Feuerwehr eingesetzt (Fischschleim war hier nicht das Vorbild!). Die Reibungsminderung führt tatsächlich zu dramatisch besseren Reichweiten beim Löschen. Wir sehen: Es gibt viele Möglichkeiten, nach dem Vorbild der Natur den Energieaufwand bei der Fortbewegung im (oder knapp über dem) Wasser zu verringern. Aber wie steht es mit dem Antrieb? Kann die Technik auch hier von wasserlebenden Tieren lernen?

Mit Flossen lässt sich's besser schwimmen

Die einfachste bionische Übertragung, die den Fischen abgeschaut wurde, ist die Entwicklung von Flossen für einen Menschen, der sich möglichst schnell im Wasser fortbewegen will – sei es als Taucher oder Flossenschwimmer. 1933 ließ der Franzose Louis de Courlieu seine Tauchflossen als Schwimmhilfe patentieren. Zuvor hatte die französische Marine, der er seine Erfindung anbot, dankend abgelehnt. Inzwischen ist der Tauchsport eine globale Freizeitindustrie, und Flossenschwimmen ist eine anerkannte Sportart (wenngleich – zum Kummer ihrer Anhänger – immer noch keine olympische Disziplin).

Ein Schwimmer muss sich mit vier grundlegenden Kräften auseinander setzen: Auftrieb, Gewicht, Widerstand und Vortrieb. Flossen vergrößern den Vortrieb, indem sie die Kräfte eines Schwimmers besser ausnutzen – so viel war seit langem bekannt. Aber erst 2002 haben der Italiener P. Zamparo und seine Mitarbeiter die Wirkung von Flossen wissenschaftlich genau untersucht. Die Ergebnisse bestätigen eindrucksvoll, was jeder Schwimmer mit diesem Hilfsmittel spontan feststellt: Flossenschwimmen ist viel «leichter». Zamparo und sein Team fanden heraus, dass das Schwimmen mit Flossen circa 40 Prozent weniger Energie verbraucht. Da die Schlagrate durchschnittlich ebenfalls um 40 Prozent sinkt, geht weniger Bewegungsenergie an das umgebende Wasser «verloren».

Schlagflossenantrieb für Boote

Fischflossen waren schon lange vor der Erfindung der Taucherflossen ein Vorbild für die Technik – und zwar als Bootsantrieb. Bereits 1903 ließ Z. Ritter von Lembeck einen «Flossenpropeller» patentieren. Die «Flosse» wurde von einem Gestänge so hin- und herbewegt, dass sie Schub erzeugte. Der «Lotsenfisch» von C. Lie (1905) hingegen war eine Art Mini-U-Boot, das für den Vortrieb eine deutlich fischähnliche «Schwanzflosse» und für die Höhen- sowie Seitensteuerung sogar Nachbildungen von Brustflossen und Afterflossen nutzte.

Während diese eher kuriosen Erfindungen nie über das Planungsstadium hinauskamen, schwammen H. Schramms Zwei-Mann-Paddelboote mit «Wellenschwingungsantrieb» mit ihren langen und elastischen «Schwanzflossen» aus Eisen- oder Kupferblech durchaus flott und erreichten eine bessere Kraftumsetzung als Schraubenpropellerboote. Der Trick: Ähnlich wie Fischflossen mussten die Schlagflossenblätter von vorn nach hinten zunehmend elastischer werden – dabei sollte die Flosse möglichst eine haarscharfe, elastische «Schneide» haben. Zu einer technischen Realisierung im größeren Maßstab kam es allerdings nie.

Doch wie schlagen Fische denn eigentlich mit den Flossen? Genauere Untersuchungen ergaben: Ganz so einfach, wie die frühen Entwickler von Schlagflossenbooten glaubten, ist es doch nicht.

Unerreicht: schneller Vortrieb durch Schwanzflossenschläge

In den 1960er Jahren entwickelte der Aerodynamiker H. Hertel eine Vortriebstheorie für den Schwanzflossenantrieb bei Fischen auf der Grundlage von Beobachtungen an Regenbogenforellen. Diese Forschungen wurden von Werner Nachtigall in Saarbrücken weitergeführt, der herausfand, dass die Flossen Biege- und Drehschwingungen ausführen. Das heißt: Fische schlagen die Schwanzflosse nicht nur zur Seite, sondern auch von oben nach unten bzw. umgekehrt. Beide Schwingungen finden phasenverschoben statt, und die Anstellwinkel der Flosse sorgen in jedem Moment für Vortrieb. Das Erstaunliche daran ist: Diese komplexe Bewegung wird nur mit einem Seitenmuskelantrieb erzeugt, wobei die «automatisch richtige» Flossensteifigkeit eine entscheidende Rolle spielt. Von großem Vorteil ist dabei, dass die Vorwärtsbewegung nicht ruckweise erfolgt, sondern gleichmäßig – ein Gesichtspunkt, der für die komfortbedürftigen Passagiere eines nach diesen Prinzipien gebauten «Fischboots» durchaus von Bedeutung sein dürfte.

So weit ist die Entwicklung allerdings noch lange nicht, und die Realisierung der phantasievollen Zukunftsvisionen, was solche fischähnlichen Wasserfahrzeuge anbelangt, dürfte schon aus Gründen der Reiseverträglichkeit noch lange auf sich warten lassen.

Nichts für Feinschmecker: Thunfisch vom MIT

Es gibt durchaus bereits Fischroboter. Am Massachusetts Institute of Technology (MIT) wurde schon in den 1990er Jahren ein «künstlicher Thunfisch» getestet. Das 1,2 Meter lange Fischmodell verbarg unter seiner glatten, schaumstoffgepolsterten Kunststoffhaut eine komplizierte Mechanik, die mit sechs Motoren die typischen Fisch-Schlängelbewegungen nachahmte. Das Gerät wurde auf einem Roll-schlitten geschleppt und konnte mit seinen «Haut»-Sensoren Druck und Geschwindigkeit messen. Zweck der Konstruktion war die Erforschung der Fortbewegung unter Wasser – sie war nicht für den praktischen Einsatz konstruiert. Im Gegensatz zu früheren Fischrobotern wurden seine Rumpf-Schwanzflossenbewegungen von einem künstlichen «Fischhirn» (also einer leistungsfähigen Software) koordiniert. Damit erzielten die Forscher einen mechanischen Wirkungsgrad von spektakulären 90 Prozent (das heißt 90 Prozent der aufgewendeten Energie wurde in die Vorwärtsbewegung umgesetzt). Die überragende Effizienz der Fischfortbewegung zeigte sich an einem weiteren Messwert: Der Fischroboter produzierte 60 Prozent weniger Widerstand im Vergleich zu einem nicht wellenförmig bewegten gleich großen Körper.

Trotzdem brauchen auch Fischroboter natürlich Energie. Konventionelle Unterwasserfahrzeuge benötigen bisher 70 Prozent ihres Nutzraums allein für die Batterien, die die Elektromotoren versorgen. Bei effizienteren Robotern mit Fischflossenantrieb könnte da einiges eingespart werden.

Muskeln aus Metall und frisch vom Frosch

Es gibt auch Alternativen zu Elektromotoren. An der Texas A&M University haben O. K. Rediniotis und seine Kollegen den Antrieb für einen Roboterfisch entworfen, der aus «künstlichen Muskeln» besteht und völlig lautlos funktioniert. Die Muskeln sind aus einer Nickel-Titan-Legierung hergestellt, dehnen sich bei Erwärmung aus und ziehen sich bei Abkühlung zusammen. Dieses Prinzip nutzt auch der «Neunaugen-Roboter» von Joseph Ayers von der Northeastern University in Maine (USA). Der Prototyp hat sein Vorbild in den eigenartigen Neunaugen. Diese kieferlosen Fische sind Blutsauger, deren aalförmiger Körper mit schlängelnden Bewegungen schwimmt. Ayers' Prototyp ist auf sechs verschiedene «Verhaltensweisen» programmiert (vom «Langsamen Schwimmen» bis zum «Eingraben»). Das bizarre Gerät erntete schon viel Publicity, weil es für gefährliche Militäreinsätze wie das Räumen von Minen vorgesehen war. Das einzige Problem: Das Ding ist nie geschwommen, sondern war sicher am Beckenrand vertäut, während sich der Körper auf einer Art Wiege bewegte.

Noch ungewöhnlicher ist der Ansatz, den Roboterfischantrieb einfach vom lebenden Vorbild zu borgen. Im Klartext: Der Roboter funktioniert mit richtigen Muskeln, die einem Tier entnommen wurden. Auch diese Idee fand viel Aufmerksamkeit. Hugh Herr und Robert Dennis vom MIT stellten der Öffentlichkeit 2001 einen Mini-Roboterfisch vor, dessen implantierte Froschmuskeln von einem Mikrochip gesteuert wurden. Um mit Energie versorgt zu werden, musste das Gebilde allerdings in einer Zuckerlösung schwimmen. Und nach wenigen Stunden Einsatz starben die Froschmuskeln ab. Doch auch wenn dies nicht gerade nach einem aussichtsreichen Projekt klingt, wurde es dennoch von der Advanced Research Projects Agency des amerikanischen Verteidigungsministeriums finanziert.

Great pleasure, just for fun

Trotz intensiver Forschungsanstrengungen ist der aktuelle Stand der Entwicklung von fischähnlichen Robotern also noch nicht überwältigend, wie auch eine Reihe von japanischen Erfindungen zeigen. Am «Ship Research Institute» in Tokyo wurde mit großem Aufwand von K. Hirata der 0,65 Meter lange Prototyp eines Fischroboters entwickelt. Leider erreicht das Gerät nur eine Schwimmgeschwindigkeit von 0,4 Meter in der Sekunde – das entspricht 1,44 Stundenkilometern. Ähnlich enttäuschend sind die Schwimmleistungen des

«PPF-09»-Fischroboters des japanischen National Maritime Research Institute. Die entsprechende Webseite stellt das Gerät in erfrischender Offenheit vor und weist bereitwillig auf kleinere Probleme wie den mühseligen Batteriewechsel, die schwierige Handhabung und die undichte Hülle hin. Auch die Schwimmleistungen lassen zu wünschen übrig: «The model fish robot, PPF-09 is not so good swimmer». Aber immerhin: «it will give us great pleasure.»

«Just for fun» (laut Ingenieur Yuuji Terada) hat angeblich die Firma Mitsubishi einen 1,2 Meter langen Robot-Quastenflosser gebaut. Vorbild ist das berühmte lebende Fossil, das lange Zeit als ausgestorben galt und im 20. Jahrhundert wieder entdeckt wurde. Die Fische sind, wie der deutsche Meeresbiologe Hans Fricke schon bei der ersten spektakulären Beobachtung auf einer 200 Meter tiefen Tauchfahrt 1987 feststellte, nicht gerade Wunder an Beweglichkeit. Doch auf die Nachahmung der Schwimmleistungen ist es den japanischen Konstrukteuren bei ihrem vierjährigen, eine Million Dollar teuren Projekt wohl genauso wenig angekommen wie bei dem ersten Projekt der Firma, einem Zackenbarsch. Beide «Tiere» bewegen sich angeblich dank hochentwickelter Elektronik so naturgetreu, dass man genau hinschauen muss, um sie nicht für ihre Vorbilder zu halten.

Ein künstlicher Hai im Auftrag der BBC

Weitaus nützlicher ist da schon der «Roboshark II». Dieser künstliche Hai ist 2 Meter lang, 35 Kilogramm schwer und kann bis 30 Meter tief tauchen. Er wurde im Auftrag der BBC gebaut und war schon vor der afrikanischen Küste und im Pazifik im Einsatz. Für die Dokumentarreihe «Smart Sharks» entstanden mit diesem naturalistisch anmutenden Gerät, das nicht mit scharfen Zähnen, sondern mit Kameras bewaffnet ist, einmalige Aufnahmen einer ganzen Reihe von Haiarten im offenen Meer und an Riffen. Der künstliche Hai wirkt so echt, dass männliche Haie offenbar eifersüchtig werden und eine Drohstellung einnehmen, wenn sich Roboshark zu sehr den Weibchen nähert. Seinem Vorgänger, dem Roboshark I, ist die

Lebensechtheit zum Verhängnis geworden: Er wurde bei einer unsanften Konfrontation von «Artgenossen» zerbissen.

Zwischenzeitlich schwamm «Roboshark» im National Aquarium in Plymouth und entwickelte sich zur Publikumsattraktion. Jetzt ist der Lebensabend des Roboter-Veteranen gesichert. Sein Erfinder Andrew Sneath lässt in der Nähe von Birmingham ein «Hydrodrome» bauen (Eröffnungsjahr: 2006), das die Welt von Robotern, künstlicher Intelligenz und Meerestechnologien zeigen soll. Zu den Beckengenossen von «Roboshark» werden ein ganzer Schwarm von Roboter-Thunfischen und Roboter-Rochen gehören.

Roboshark nutzt für seine Fortbewegung ganz unbionische Düsen im «Maul», die ihn auf immerhin 5 Stundenkilometer beschleunigen. Drei Sonare messen dabei die Entfernungen zu Objektes. Sein «Gehirn» besteht aus zwei Hemisphären: Die rechte koordiniert Fernlenkung und Tiefenmessung, die linke ist für die «Feinmotorik» im Millisekundenbereich zuständig.

Roboter der Zukunft im Einsatz für die Erforschung der Vergangenheit

In China arbeiten gleich mehrere Forschergruppen an der Entwicklung bionischer Roboterfische. 1999 stellte das Robotik-Institut der Beijing University of Aeronautics and Astronautics (BUAA) einen 80 Zentimeter langen «Roboter-Aal» vor. 2002 folgte ein Modell, das (nach Eigenaussage) der bisher schnellste Roboterfisch ist: Der «SPCII» erreicht eine Höchstgeschwindigkeit von 7,2 Stundenkilometern und kann bis zu 10 Stunden kontinuierlich operieren. Das Gerät orientiert sich mit Hilfe des Global Positioning System (GPS). 2004 ist ein Nachfolgemodell erfolgreich an der archäologischen Erforschung eines Schiffswracks aus der Ming-Zeit zum Einsatz gekommen. Der 1,21 Meter lange Roboterfisch fotografierte mit 4 Stundenkilometern jeweils zwei bis drei Stunden am Tag das 5000 Quadratmeter große Untersuchungsgebiet ab.

In Zukunft könnten noch besser funktionierende Roboterfische vielleicht auch Routineüberprüfungen von Ölbohrplattformen machen, schiffbrüchige Seeleute retten, feindliche U-Boote entdecken – der Phantasie sind hier kaum Grenzen gesetzt. Besonders attraktiv für den militärischen Einsatz sind Roboterfische wegen der geringen Schallerzeugung unter Wasser; sie könnten also viel länger unentdeckt bleiben als konventionelle Unterwasserfahrzeuge. Theoretisch sind sie auch viel manövrierfähiger als diese. Es bleibt abzuwarten, ob sich die hoch gesteckten Erwartungen erfüllen lassen.

Die konventionelle Technik mit Schraubenantrieb ist nämlich eine ernsthafte Konkurrenz. Das nur 40 Zentimeter lange Mini-U-Boot «Serafina» zum Beispiel – das schon äußerlich völlig «unbionisch» aussieht (Abbildung 59). Es wurde an der Australian National University entwickelt und wartet mit bemerkenswerten technischen Leistungen auf.

Serafina taucht bis 3000 Meter tief, ist äußerst manövrierfähig und immerhin fast 4 Stundenkilometer schnell. Darüber hinaus soll es in der Serienfertigung sehr preiswert sein. Der Nachteil: Es ist so klein, dass es von Haien oder Walen verschluckt werden könnte.

Abbildung 59: Unbionisch, aber sehr leistungsstark: Tauchroboter vom Typ «Serafina». (© U. Zimmer, The Australian National University, Computer Science & Information Technology, Canberra)

Tasten, Krabbeln, Laufen – Robotik

Geschirr abwaschen, Staub wischen und Rasen mähen – das sind extrem anspruchsvolle und komplexe Aufgaben, die ein Höchstmaß an Orientierungsfähigkeit, Energieeffizienz und Betriebssicherheit erfordern. Das glauben Sie nicht? Dann fragen Sie mal einen der Ingenieure, die einen «Haushaltsroboter» entwickeln, zum Beispiel am Fraunhofer-Institut für Produktionstechnik und Automatisierung in Stuttgart. In den Zukunftsvisionen der 1950er Jahre fehlten sie nie: die putzigen kleinen Metallmännchen, die alle möglichen lästigen Aufgaben im Alltagsleben erledigen– die klassischen «Roboter» eben. Leider warten wir immer noch auf ein mechanisches Hausmädchen, das uns die Arbeit im Haushalt erleichtert und mit blecherner Stimme einen schönen Abend im Kino wünscht, bevor es die Wäsche bügelt.

Schon lange haben Roboter, gewissermaßen «künstliche Menschen», ihr Publikum fasziniert. Das beginnt bereits im Mittelalter mit Figurenwerken, also mechanisch bewegten Figuren, die zu bestimmten Tageszeiten an Kirchturmuhren erschienen. Schon 1352 wurde eine solche Uhr am Straßburger Münster in Betrieb genommen. Immer noch in Funktion sind die drei «Droiden» (1774) der Automatenbauer Droz & Droz, die im Museum der Schönen Künste in Neuchâtel dabei beobachtet werden können, wie sie Texte schreiben (das macht der Schreiber), Bilder zeichnen (Zeichner) oder Klavier spielen (Klavierspieler). Der Begriff «Roboter» wurde erstmalig im Science-Fiction-Theaterstück R.U.R (*Rossum's Universal Robots*) des tschechischen Schriftstellers Karel Čapek verwendet; *robota* bedeutet im Tschechischen «arbeiten».

Sogar in die Kunst haben Roboter Einzug gehalten: So entwarf der Schweizer Künstler Jean Tinguely (1925–1991) bizarre «Philosophenmaschinen», die natürlich keinem Zweck dienten und auch keine bionischen Konstruktionen darstellen sollten.

Fleißige Roboter in der Industrie

Ganz anders sieht das in der Wirtschaft aus. In der industriellen Produktion sind Roboter seit Jahren im Einsatz. 1971 wurde bei Daimler-Benz der erste Roboter in Deutschland montiert. 2003 arbeiteten ungefähr 113 000 in deutschen Fabriken – und ersetzen damit ungefähr jeden zehnten Arbeitsplatz. Industrieroboter können inzwischen schweißen, entgraten, beschichten, schmieden, pressen – und all das tun sie, wenn es sein muss, 24 Stunden am Tag, ohne Ausfall wegen Krankheit, ohne Streik. Besonders fleißig sind sie in Japan – dort steht die Hälfte aller Industrieroboter der Welt. Mit der Bionik haben Industrieroboter allerdings in der Regel nicht viel zu tun. Sie sehen auch nicht wie Lebewesen aus, sondern stehen fest oder sind auf einem Fahrzeug montiert, haben typischerweise einen Roboterarm und einen «Effektor», der das Werkstück manipuliert.

Viel weniger erfolgreich ist bisher die Entwicklung der oben erwähnten «Serviceroboter». Warum eigentlich? Es klingt erstaunlich, aber im Vergleich zu einer Fabrik ist ein normales Wohnhaus ein extrem schwieriger Einsatzort für Roboter. Schon die Treppen zwischen den Stockwerken stellen für jeden Roboter auf Rädern unüberwindliche Hindernisse dar. Industrieroboter dagegen haben einen «Arbeitsplatz», der auf ihre Möglichkeiten hin konstruiert wurde – im Haushalt wird es umgekehrt sein, immerhin wollen wir Menschen uns ja noch darin wohlfühlen und es nicht nur einem Roboter so praktisch wie möglich machen.

Also muss sich ein Serviceroboter an den Haushalt anpassen. Wenn ein solches Gerät nur eine bestimmte Aufgabe erledigen soll, ist die Konstruktion verhältnismäßig einfach. Rasenmähroboter zum Beispiel gibt es schon im Handel – etwa 800 Dollar kostet das Einstiegsmodell RL 550 der Firma Friendly Robotics. Auch Staubsaugerroboter sind bereits auf dem Markt.

Eine Power-Hose für Soldaten

Natürlich sind das noch keine «richtigen» Roboter. Die sollten nämlich «menschenähnlich», also «humanoid» sein, und die Entwicklung solcher humanoider Roboter stellt die schon erwähnten besonderen Herausforderungen. Wo außer im Haushalt könnten humanoide Roboter eingesetzt werden?

Für die Industrie sind menschenähnliche Roboter bisher erstaunlicherweise nicht einmal ernsthaft angedacht. Dabei wären, insbesondere an gefährlichen Einsatzorten wie zum Beispiel Kernkraftwerken, die Vorteile offenkundig. Aber die extreme Aufwendigkeit der technischen Konstruktion und die damit verbundenen Zweifel an der Kosteneffizienz solcher Roboter haben die Entwicklung bisher uninteressant erscheinen lassen.

Auch Computerspielliebhaber und Fans von «Robocop» müssen enttäuscht zur Kenntnis nehmen, dass bisher für den militärischen Bereich keine menschenähnlichen Kampfmaschinen vorgesehen sind. Allerdings hat das US-Militär 50 Millionen Dollar für die Entwicklung mechanischer «Exoskelette» für Soldaten bereitgestellt. 2004 wurde als erstes Ergebnis das «Berkeley Lower Extremity Exoskeleton» (Bleex) der Öffentlichkeit vorgestellt (Abbildung 60). Wie die Bezeichnung schon verrät, ist es eine Art «Krafthose», die ihren Träger mit kraftvollen (wenn auch etwas staksigen) Bewegungen vorwärts treibt. Das Gerät wiegt selbst schon 50 Kilogramm, hilft aber zusätzliche 32 Kilogramm zu tragen – für den «Piloten» (so die offizielle Bezeichnung) fühlen sich die nur wie 2 Kilogramm an. Gesteuert wird es von den Bewegungen des Trägers. Eine Treibstofffüllung reicht dem 2-PS-starken Motor für drei bis vier Stunden «Powerlaufen».

Tierische Vorbilder – unerreicht, aber inspirierend

Die Entwicklung funktionsfähiger, wirklich universell mobiler und sich selbst steuernder Roboter hat zwar spät begonnen, aber schon erhebliche Fortschritte gemacht. Die mechanischen Voraussetzungen (Gelenkkonstruktionen etc.) waren schon lange gegeben. Aber

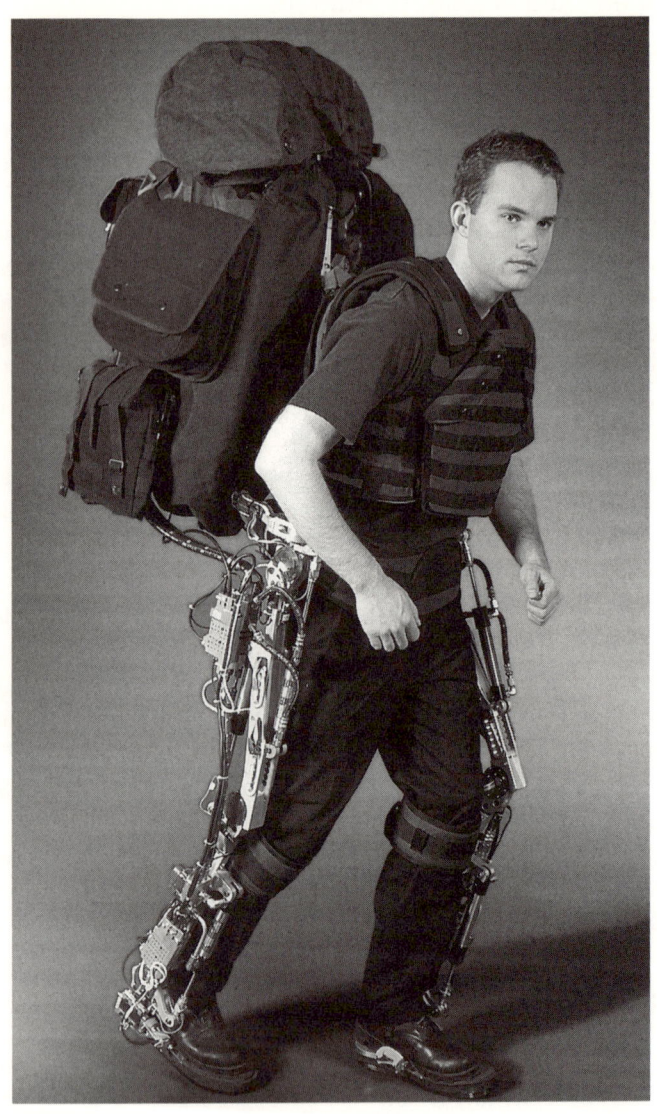

Abbildung 60: Power-Hose für Soldaten: ein «Außenskelett» für mechanische Kraftprotze. (© H. Kazerooni, Berkeley Robotics Laboratory)

bis in die 1970er Jahre hinein gab es für die komplexe Bewegungskoordination solcher Geräte keine Steuerungsmaschinen. Die Computer jener Zeit waren einfach zu wenig leistungsfähig und zu unhandlich, um einen Roboter steuern zu können. Die rasanten Fortschritte der Datenverarbeitung lassen aber heute Steuerleistungen möglich erscheinen, an die vor 40 Jahren überhaupt noch nicht zu denken war. Visionäre Zeitgenossen sehen auf dieser Grundlage die ersten Roboter mit der Leistungsfähigkeit von Reptilien für das Jahr 2010 voraus, solche auf der Stufe von Säugetieren für 2020, Primaten-Roboter könnten 2030 folgen und menschenähnliche Roboter («Androiden») 2040.

Die verschiedenen tierbezogenen Entwicklungsstufen von Robotern machen deutlich: Die Robotik nimmt im Bereich der Entwicklung von mobilen und autonomen Robotern starke Anleihen bei ihren biologischen Vorbildern. Das nicht zuletzt, da Tiere sowohl in ihrem Mobilitätsvermögen wie auch in der sensorisch-motorischen Steuerung in einem Maße effizient sind, wie das von technischen Nachbauten bisher nicht erreicht werden konnte. Das gilt, wie wir gesehen haben, für die Medien Luft und Wasser, aber erstaunlicherweise auch für das «Land». Der Inbegriff der menschlichen Mobilität, das Kraftfahrzeug, ist zwar stärker, schneller und größer als Tiere – aber Räder brauchen Straßen oder mindestens ebene Flächen.

Sechs, vier oder zwei Beine – je weniger, desto schwieriger

Beine haben also unbestreitbare Vorteile: Sie machen ihren Träger geländegängig, lassen ihn Treppen steigen und sind extrem manövrierfähig. Wenn man die Kosten für den Straßenbau in die Kalkulation mit einbezieht, sind «künstliche» Beine nicht unbedingt teurer als Räder. Besonders zukunftsträchtig ist der Einsatz mobiler Roboter daher in solchen Umgebungen, die für Fahrzeuge nicht geeignet sind. Das könnten zum Beispiel Katastrophengebiete nach Zerstörung der Infrastruktur sein oder Kraftwerke und andere Industrieanlagen, wo die Rettungsarbeiten eine extreme Gefährdung der beteiligten Personen darstellen. Der renommierte «RoboCup-Rescue»-Wettbewerb sieht zum Beispiel das Retten von Personen aus einem stark erdbebengeschädigten Gebäude als einen Aufgabentyp vor.

Auch das Militär kann sich den Einsatz von Laufrobotern vorstellen – schließlich ist Mobilität die Grundlage jeder militärischen Strategie. Zum Beispiel könnten sich solche autonom agierenden Maschinen für die Entfernung von Landminen, die oft in sehr unzugänglichem Terrain versteckt sind, eignen.

Das Problem: Laufroboter sind extrem aufwendig zu konstruieren – wie schon die ersten Erfinder von Laufmaschinen feststellen mussten. Pioniere auf diesem Gebiet waren in Deutschland der Münchner Maschinenbauer F. Pfeiffer und der Biologe Holk Cruse mit ihrer Konstruktion einer «Stabheuschrecken-analogen Laufmaschine». Stabheuschrecken sind unter den Insekten die idealen Bionik-Vorbilder: Sie sind groß, also bequem zu untersuchen, und relativ einfach gebaut. Der astförmige Körper (bei den größten Arten bis 33 Zentimeter lang!) wird von sechs Beinen bewegt, die sich bei schnellem Lauf so abwechseln, dass jeweils mindestens drei Beine den Boden berühren. Sie bilden ein gleichseitiges Dreieck, und gleichzeitig sind höchstens drei Beine abgehoben. Der Schwerpunkt bleibt in der Mitte des von den Standbeinen gebildeten Dreiecks, weshalb der Stabheuschreckenlauf sehr lagestabil ist.

Nach dem sechsbeinigen Insektenvorbild sind allein in Deutschland schon eine ganze Reihe von Laufmaschinen entstanden: Max (TU München), Tarry I und Tarry II (Universität Duisburg), Lauron I und Lauron II (Universität Karlsruhe). Alle sind in ihrer mechanischen Struktur einer Stabheuschrecke sehr ähnlich. Die (welches Geschlecht haben eigentlich Roboter?) sechseckige Katharina des Fraunhofer-Instituts für Fabrikbetrieb und -automatisierung in Magdeburg hat allerdings eine Körperform, für die es in der Natur kein Vorbild gibt. Aber auch hier werden biologische Prinzipien für die Beinkonstruktion und das Steuerungssystem genutzt.

Stabheuschrecken mit Motoren

Schauen wir uns einmal den Laufroboter Tarry II genauer an. Wie sein Vorgänger Tarry I ist er ein Stabheuschreckennachbau im Maßstab 1 : 10, der «autonom laufen» soll. Das heißt: Die Maschine soll sich selbst den Weg suchen, wenn das Ziel vorgegeben ist. Mit «neuronalen Netzen» wird die Laufsteuerung modelliert. Jedes Bein bewegt sich – beim lebenden Tier genau wie beim Laufroboter – an drei Gelenken: Am «Hüftring» schwingt es nach vorn, am «Hüftgelenk» und am «Kniegelenk» nach oben und nach unten. Jedes Beinsegment verfügt außerdem über seinen eigenen Motor, aufwendige Gelenkkonstruktionen und eine komplexe mikroprozessorgesteuerte Laufregelung.

Der Clou: Tarry ist keine zentral gesteuerte Laufmaschine, denn wie bei der Stabheuschrecke entscheiden die einzelnen Beine «mit», wie sie sich bewegen. Ähnlich wie das durch Reflexbewegungen bei seinen tierischen Vorbildern geschieht, passen sich die Beine mit Hilfe von Kraftsensoren auf einer unteren Steuerungsebene den unterschiedlichen Untergrundstrukturen an. Ein auf dem Boden liegender kleiner Stein zum Beispiel führt dazu, dass das Bein sich nicht so weit durchstreckt und dadurch die Unebenheit kompensieren kann. Auf der nächsten Steuerungsebene wird das Vorschwingen, Aufsetzen und Stemmen des Beins koordiniert. Beide Ebenen werden in einer weiteren Steuereinheit aufeinander abgestimmt. Auf der höchsten, der zentralen «Gehirn»-Ebene, wird die Laufrichtung auf der Grundlage von Informationen aus der Umwelt bestimmt, welche von Sensoren wahrgenommen werden. Eine unüberwindbare Wand zum Beispiel wird umgangen – auf nutzlose Versuche, sie zu überklettern, verzichtet der Laufroboter.

Auf der ganzen Welt gibt es inzwischen etwa 30 solcher «Sechsbeiner», die nach dem Vorbild der Insekten gebaut wurden. Keine schlechte Wahl für ein Vorbild, sollte man meinen. Schließlich sind Insekten die erfolgreichste Tiergruppe, und ausgerechnet die typische Zahl ihrer Beine ist ein genauso einfaches wie effektives Unterscheidungsmerkmal. Übrigens: Auch wenn Sie zu denjenigen Zeitgenossen gehören, die ein gestörtes Verhältnis zu unserer (zugegebenermaßen weitläufigen) Verwandtschaft haben – sollten Sie trotzdem weiterlesen.

Denn Insekten sind Tiere der Superlative: Sie stellen den größten Anteil an der Biodiversität unserer natürlichen Umwelt; etwa 60 Prozent aller bisher wissenschaftlich beschriebenen Arten, also etwa 950000, sind Insekten. Damit sind sie – vom Artenreichtum her gesehen – die aktuellen Gewinner der Evolution. Sechs Beine scheinen einfach ein geniales Rezept für die Fortbewegung auch von Laufmaschinen zu sein – wenn es da nicht ein kleines Problem gäbe.

Für Insekten gilt: small is beautiful

«Klein» ist das Stichwort. Im Gegensatz zur geradezu gigantischen Stabheuschrecke sind die meisten Insektenarten nämlich klein – und zwar sehr klein. Den absoluten Rekord stellt die *Dicopomorpha echmepterygis* auf, eine parasitische Wespe. Die Männchen sind nur 0,139 Millimeter lang – also gerade noch mit dem bloßen Auge zu erkennen. *Small is beautiful* – das scheint für die Evolution zumindest im Reich der Insekten das Motto zu sein.

Dafür gibt es einen einfachen geometrischen Grund, den wir weiter oben schon kennen gelernt haben: Das Volumen und somit das Gewicht eines Organismus wächst in der dritten Potenz seiner Größe, die Muskelkraft aber nur in der zweiten Potenz. Entscheidend für die leistbare Arbeit eines Muskels ist nämlich seine Querschnittsfläche. Damit ist das Verhältnis von Leistung zu Gewicht für kleine Tiere sehr groß. Eine Waldameise schleppt mühelos eine Kiefernadel, die größer als sie selbst ist. Für große Tiere ist das Verhältnis viel ungünstiger. Wir Menschen müssten, von den Dimensionen her betrachtet, schon einen ganzen Baumstamm tragen – was natürlich unmöglich ist. Ein Stabheuschreckenbein wiegt ein halbes Gramm und kann sein hundertfaches Gewicht tragen. Ein typisches Roboterbein schafft gerade mal das Sechsfache seines Eigengewichts.

Bezeichnenderweise gibt es keine Insekten, die so groß wie Säugetiere sind. Hier würden sie nämlich in eine evolutive Sackgasse geraten. Ihr Außenskelett aus Chitin wird mit zunehmender Größe, im Verhältnis gesehen, viel schwerer als ein Innenskelett mit einer Wirbelsäule und zentralen Stützelementen wie den Extremitätenknochen.

Sind Säugetiere vielleicht doch die besseren Vorbilder für Laufmaschinen? Aber warum gibt es dann so wenige vierbeinige (oder gar zweibeinige) Laufroboter? Sind weniger Beine nicht einfacher zu konstruieren?

Vierbeiniges Laufen – dynamisch stabil

Leider ist das Gegenteil richtig. Die Bewegungen von Säugetieren laufen so ab, dass sie in keinem Augenblick statisch stabil sind. Das heißt: Frieren wir – nur als Gedankenexperiment – einen Hund im Lauf ein, so fällt er um. Genau wie ein Fahrrad nur im fahrenden Zustand aufrecht «steht», kommt die Stabilität laufender Säugetiere auf dynamische Weise zustande. «Laufen ist kontrolliertes Fallen» – so lässt sich diese Dynamik auf eine kurze und griffige Formel bringen. Wenn die Kontrolle versagt und wir über ein Hindernis stolpern, geht das Laufen ins Fallen über.

Aber gerade die Säugetiere sind in der Evolution durchaus erfolgreich gewesen, und ihr enormes Repertoire an Bewegungsformen war dabei ein wichtiger Faktor. Bis vor wenigen Jahren war die Bewegungsabfolge beim Laufen von kleinen Säugetieren, die Anregungen für die Konstruktion von Laufmaschinen hätten liefern können, gar nicht bekannt. Die Untersuchungen von Martin Fischer für seine Doktorarbeit in Jena haben die Robotiker diesbezüglich ein Stück weiter gebracht. Ein possierliches afrikanisches Huftier, der Klippschliefer, war Fischers Untersuchungsobjekt. Die Tiere sehen wie Murmeltiere aus, sind aber stammesgeschichtlich mit Elefanten und Seekühen verwandt (wie unlängst eine molekulargenetische Untersuchung zeigte). Mit deren Fortbewegung haben sie allerdings nicht viel gemeinsam, wie sich bei der Auswertung von Röntgenbildern herausstellte, von denen eine Spezialkamera 150 pro Minute gemacht hatte.

Taschenmessertricks im Reich der Säuger

Die Beine des Klippschliefers nehmen eine Zickzack-Stellung ein – mit einem ungefähren rechten Winkel zwischen Fuß- und Unterschenkel sowie zwischen Unter- und Oberschenkel. Diese Gelenke sind jedoch hauptsächlich «Stoßdämpfer», der Hauptantrieb kommt von den Schulter- und Hüftgelenken. Der Rücken «klappt» auf und zu wie ein Taschenmesser (dazu wird die kräftige Rückenmuskulatur gebraucht), und durch das Abstoßen mit den Beinen in Bewegungsrichtung ergibt das einen Bewegungsgewinn von 30 Prozent und mehr. Weitere Untersuchungen ergaben auch bei anderen Kleinsäuger-Arten eine weitgehend übereinstimmende Laufmethode. Diese Erkenntnisse werden in Deutschland zum Beispiel für das Projekt BISAM (Biologically Inspired Walking Machine) genutzt, das eine vierbeinige Laufmaschine entwickelt.

Ein großes Problem bei der Konstruktion ist die richtige Steuerung der einzelnen Beine. Bei den sechsbeinigen Stabheuschrecken-Nachbauten sind die entsprechenden Programme noch vergleichsweise einfach: «Ich darf nur vom Boden abheben, wenn meine Nachbarn nicht in der Luft sind» – so «denkt» ein Stabheuschreckenbein, und aus einer Reihe solcher einfacher Regeln ergibt sich eine Gangart. Die Klippschliefer und ihre Verwandten spielen da, steuerungstechnisch gesehen, in der «Champions League», um ein Bild aus einem populären laufbetonten Sport zu bemühen.

Entscheidend ist die Fähigkeit der Laufroboter, das dynamische Gleichgewicht zu lernen. Das kommt Ihnen sicher bekannt vor – schließlich haben wir alle etwa im Alter von einem Jahr laufen gelernt. In Simulationsprogrammen werden «heuristische» (das heißt auf Wahrnehmung und anschließendem Lernen beruhende) Prinzipien genutzt, um diesen Vorgang zu simulieren.

Ein Kumpel mit grüner Schnauze

Vielleicht haben Sie schon von dem putzigen Roboter-Hund «Aibo» (japanisch «Kumpel») gehört, den Sie für etwa 1300 Euro kaufen können und der garantiert keine Hundesteuer kostet, der den Briefträger nicht beißt und von Anfang an stubenrein ist. Zweifellos ein unterhaltsamer Geselle. Wenn Sie wollen, macht er mit seiner im Kopf versteckten Kamera Schnappschüsse von Ihren Kindern. Dazu brauchen Sie nicht einmal zu Hause zu sein – Wireless LAN und Internet genügen. Lassen Sie sich aber nicht von seinem «ausdrucksstarken Schwanz» (Herstellerangabe) täuschen – was das Laufen angeht, so watschelt der «Kumpel» statisch und nicht nach Hundeart dynamisch stabil.

Darauf kommt es den Käufern von Aibo auch sicher nicht an. Sie sind zufrieden, wenn ihr pflegeleichtes Haustier – das übrigens merkt, wenn ihm der (elektrische) Saft ausgeht und selbsttätig das Ladegerät aufsucht – ganz grün im Gesicht wird. Das haben die Sony-Ingenieure ihm einprogrammiert, um «Glück» zu signalisieren. Und wie sieht das Tierchen aus, wenn es schlechte Laune hat? Richtig geraten: Dann funkeln die «Augen» rot.

Muss ich meinen Roboter füttern?

Natürlich nicht – aber eine äußerst kritische Frage ist hier angebracht: Wie funktioniert eigentlich die Energieversorgung eines Roboters?

Auch Roboter, die nicht als komplexe Laufmaschinen konstruiert sind, müssen mit Energie (normalerweise in Form von elektrischem Strom) versorgt werden. In einer Werkshalle ist das für alle Maschinen selbstverständlich und die Stromversorgung von Montagerobotern also kein Problem. Ganz anders sieht das bei mobilen Robotern aus. Wenn sie nicht gerade, gewissermaßen charakterbedingt, so häuslich sind wie das Roboterhündchen Aibo, das sich jederzeit in der Nähe seines Ladegerätes befindet, kann es Probleme geben. Katastrophen- und Kriegsgebiete, unzugängliche Naturräume – überall da, wo Laufroboter ihre Qualitäten so richtig zeigen können, ist gerade eine Energieversorgung aus der Steckdose aber nicht gesichert. Und wo es die nicht mehr gibt, endet die aufwendig konstruierte Autonomie der Roboter.

Wissenschaftler von der University of the West of England (UWE) in Bristol haben an der Lösung des Problems einer energetischen Autonomie für Roboter gearbeitet. Zunächst entwarfen sie «Slugbot» («Schnecken-Roboter»). Wegen der typischen Lebensweise seiner Beute sollte auch Slugbot nachtaktiv sein und die Schnecken mit einem Bildsensor ausmachen. Diese 45 Zentimeter lange Aluminiumbox auf Rädern war dafür konstruiert, mit einem Greifarm Schnecken einzusammeln und in einer Gärkammer zu Methan vergären zu lassen. Das Methangas sollte für den Antrieb genutzt werden. Das interessante Projekt hatte nur ein Problem: Die Produktion reichte nicht aus.

Fliegen fangen für die Wissenschaft

Das Nachfolgemodell «EcoBot II» (Abbildung 61) ist zwar ebenfalls nicht mit dem emotional ansprechenden Aibo zu vergleichen, aber er hat dem Roboterhund eines voraus: Er versorgt sich selbst mit Energie und bewegt sich damit tatsächlich vorwärts.

Der EcoBot II hat so genannte Bakterien-Brennstoffzellen an Bord. Darin befindet sich Abwasserschlamm, in dem Bakterien gedeihen. Wenn die wiederum mit Zucker «gefüttert» werden, so wird an einer Protonenaustauschmembran Strom erzeugt. Aber wo kommt der Zucker her?

Chris Melhuish und seine Kollegen von der UWE haben nun – das ist gewissermaßen wörtlich zu verstehen – zwei Fliegen mit einer Klappe geschlagen: Sie nutzen tote Fliegen, deren Chitinpanzer bei der Zersetzung durch die Abwasserbakterien Zucker freisetzt. Bisher müssen sie die Fliegen noch selbst fangen. In Zukunft soll EcoBot II aber gänzlich für sich selbst sorgen und persönlich auf Fliegenjagd gehen. Als Lockmittel kann dabei der Abwasserschlamm dienen.

Abbildung 61: Klein, langsam, schnell erschöpft – fängt aber Fliegen und ist selbständig: der EcoBot-Roboter. (© C. Melhuish, University of the West of England, Bristol)

Noch kommt EcoBot II mit seiner Fliegendiät nicht sehr weit. Acht Fliegen reichen zwar für fünf Tage – aber pro Stunde legt der Roboter ganze 10 Zentimeter zurück. Für die Aufgaben, die er einmal erfüllen soll, reicht das sicher nicht. Denn wenn die Nachfolger des Fleisch fressenden Maschinchens eines Tages richtig funktionieren, sollen sie vor allem Umweltmonitoring leisten – zum Beispiel per Funk Temperaturdaten liefern (was EcoBot II schon kann) oder Umweltgifte nachweisen. Und dazu müssen sie sicher ein ganzes Stück weiter und schneller laufen können.

Zweibeiniges Laufen – eine Besonderheit in der Evolutionsgeschichte

«Richtige» Roboter sollten zwei Beine haben – schon damit sie so aussehen, wie sich «normale» Menschen Roboter vorstellen. Wir haben bereits gesehen, wie komplex die Steuerung von autonomen Robotern ist. In der Öffentlichkeit wird die Qualität von Robotern jedoch vorwiegend von außen beurteilt – je menschenähnlicher, desto besser. Dazu kommen emotionale Aspekte. Ein vielbeiniger Krabbelroboter, möglicherweise gar spinnenähnlich, mag noch so praktisch einsetzbar sein: Bei vielen Menschen könnte er unüberwindbare Abneigung wecken und schon aus diesem Grund kein Verkaufsschlager werden. Die Psychologie (und nicht die Bionik) liefert daher wohl die wichtigste Motivation für die Konstruktion ausgerechnet zweibeiniger Roboter.

Deren «bipedale» Fortbewegung ist in der Natur durchaus eine Besonderheit. Nicht umsonst wird gerade der aufrechte Gang als entscheidender Evolutionsschritt zur Menschwerdung verstanden. Doch diese «Erfindung» fand eigentlich erst gestern statt – evolutionsgeschichtlich gesehen. Eine der spektakulärsten Entdeckungen in der Geschichte der Evolutionsbiologie und gleichzeitig ein überzeugender Beleg für den frühen aufrechten Gang der Menschenvorfahren sind die Fußspuren von Laetoli in Tansania. Drei (Vor-)Menschen der Gattung *Australopithecus* sind dort vor 3,5 Millionen Jahren über Vulkanasche gegangen, die später aushärtete. (Zur Popularität dieses Fundes hat sicher die Tatsache beigetragen, dass es sich um zwei große Individuen und ein kleines handelte – also die prähistorische Kleinfamilie: Vater, Mutter, Kind?) Die Säugetiere, unsere große Verwandtschaftsgruppe, sind aber schon vor etwa 220 Millionen Jahren entstanden – und haben sich seither an Land (fast alle) auf vier Beinen fortbewegt. Ausnahmen bilden nur Kängurus, Springmäuse und eben wir Menschen.

Es gibt allerdings noch eine Tiergruppe mit bipedaler Fortbewegung: die Vögel. Wenn sie nicht gerade in der Luft sind, verlassen sie sich notgedrungen auf die zwei Extremitäten, die nicht zu Flügeln umgebildet sind – ihre Beine. Flugunfähige Vögel wie die Strauße Afrikas, die Emus und Kasuare Australiens, die Kiwis Neuseelands und die Nandus in Südamerika haben das Laufen auf zwei Beinen perfektioniert. Afrikanische Strauße könnten im Stadtverkehr gut mithalten, sie rennen einigermaßen locker mit 50 Stundenkilometer Geschwindigkeit. Wenn ihre Vorfahren aber die Flügel nicht schon zum Fliegen umgebildet hätten und die Laufvögel wählen könnten, würden sie sich bestimmt auch lieber auf die Vierbeinigkeit verlassen. Dies tun die übrigen 32 000 Wirbeltiere auch – weil es das stabilere Fortbewegungssystem ist.

Allerdings gab und gibt es Ausnahmen: Gerade unter den Reptilien («Kriechtieren») tauchen in der Fossilgeschichte immer wieder Arten auf, die auf zwei Beinen gelaufen sind. Der älteste Fund eines zweibeinig laufenden Reptils stammt aus Thüringen: *Eudibamus cursoris* (nomen est omen!) lief, das verrät sein Skelett, auf zwei Beinen, wenn es schnell gehen sollte – da es sich um einen Pflanzenfresser handelte, war das wenig beeindruckende Motiv wahrscheinlich die schnelle Flucht vor Räubern. Ein weitläufiger Verwandter, ein sogenannter theropoder Saurier, hat in Oxfordshire in England Fußspuren hinterlassen, die sogar eine Rekonstruktion der Laufgeschwindigkeit erlaubten. Die Tiere waren mit 30 Stundenkilometern so schnell wie ein 100-Meter-Sprinter.

Warum laufen wir auf zwei Beinen?

Ausgerechnet bei unseren nächsten Verwandten, den Menschenaffen, ist es genau umgekehrt: Wenn sie wirklich schnell sein müssen, laufen sie auf allen vieren. Wie Sie im Zoo beobachten können, «wackelt» ein Schimpanse erheblich, wenn er nur auf den Hinterbeinen läuft – und er tut dies vorzugsweise, wenn er etwas mit den Händen transportiert. Damit wird ein möglicher Grund für die Optimierung des zweibeinigen Laufens bereits erkennbar: die verbesserte Beschaffung und Manipulation von Nahrung. Alternativ (oder ergänzend) haben Evolutionsbiologen aber auch den oben bereits genannten Vorteil der Räubervermeidung ins Feld geführt. Anders gesagt: Vielleicht gehen wir auf zwei Beinen, weil unsere Vorfahren ständig auf der Flucht waren und deshalb die Zweibeinigkeit durch Selektion optimierten. Eine dritte Hypothese, die ein Biologe mit dem Namen Lovejoy in die Diskussion brachte, sei nicht nur der Vollständigkeit halber angeführt. Seine 1981 veröffentlichte Theorie: ein größerer Vermehrungserfolg derjenigen Männchen, die besser zu Fuß waren und viel eingesammelte Nahrung «nach Hause» bringen konnten, sei entscheidend gewesen. Die Weibchen hätten sich besser um die Babys kümmern können, weil sie früh «zu Hause» blieben. Intensiver Kontakt hieß mehr lernen können – und schon bahnte sich ein Evolutionserfolg an, der uns vom Lager in der afrikanischen Savanne auf alle Kontinente führte. Häuslichkeit als Schlüsselfaktor der Evolution – originell und zweifellos hochgradig politisch unkorrekt.

Der Mensch – ein umgedrehtes Pendel

Was bringt dieser kleine Rückblick in die Evolution des aufrechten Gangs für die Bionik? Eigentlich eher Ernüchterung. Wenn es auf die Fortbewegung an sich ankommt, sind andere Methoden günstiger. Aber: Zweibeinigkeit bedeutet eben auch, dass die Arme frei für andere Aufgaben sind – und genau dies war die Voraussetzung für den Werkzeuggebrauch und die kulturelle Evolution des Menschen. Anders gesagt: Nicht wegen unserer zwei Beine sind wir Menschen, sondern wegen der dadurch erst nutzbaren zwei Arme. Wie problematisch der Gebrauch von nur zwei Beinen ist, sehen Erwachsene, wenn Kleinkinder das Laufen mühsam lernen – oder wenn die hochgradig komplexe neuronale Steuerung dieses Vorgangs durch den Genuss alkoholischer Getränke zeitweilig durcheinander gebracht wird.

Aber zur Erinnerung: Ein «richtiger Roboter» hat nur zwei Beine. Wie kann man mit dieser motorischen Minimalausstattung laufen? Der Trick: Ein Zweibeiner ist im Prinzip ein umgedrehtes Pendel, das anstelle eines Fadens zum Aufhängen zwei elastische Beine hat. Das

Pendel (unser hoch gelegener Schwerpunkt) fällt beim Gehen und Laufen nach vorn und wird vom vorangesetzten Bein aufgefangen. Das elastische Bein mit seinen Sehnen und Muskeln wirkt wie eine Sprungfeder und speichert die Bewegungsenergie, um sie beim nächsten Schritt wieder abzugeben. «Intelligente Mechanik» – so nennen Biomechaniker das Prinzip, das so ganz nebenbei auch noch außerordentliche Sparsamkeit im Energieverbrauch zeigt. Als Läufer kommen wir pro Meter mit mickrigen 4 Joule je Kilogramm Körpergewicht aus. Sie kennen doch vielleicht die – für diejenigen, die abnehmen wollen – deprimierend umfangreichen körperlichen Tätigkeiten, mit denen man den berühmten Schokoriegel wieder ausschwitzen kann. (Hätten Sie's gewusst: 45 Minuten Dachdecken kosten energetisch gesehen nur eine Vierteltafel Schokolade – die Handwerkerrechnung ist da schon wesentlich weniger bescheiden.) Wir Lebewesen sind eben absolute Meister im effizienten Energieverbrauch.

Wie weit sind aber nun mechanisch und steuerungstechnisch gesehen die «humanoiden Roboter»? Schauen wir uns im Folgenden einige Beispiele an.

«Robo Erectus» – bald besser als Beckham?

Für Bionikinteressierte, die gleichzeitig Fußballfans sind, ist in diesem Zusammenhang der Besuch auf der Webseite www.robo-erectus.org von «Robo Erectus» (also offenbar der «Homo erectus» der Roboterszene) obligatorisch. Die Weiterentwicklung dieses «Billigroboters» (Eigenwerbung des Teams von der Singapore Polytecnic University) soll nicht weniger erreichen als den Sieg über den Fußballweltmeister 2050! Die Ambitionen der Entwickler sehen nicht nur vor, dass ihre Kreaturen (Abbildung 62; übrigens zurzeit mit 80 Zentimeter Körpergröße und 7 Kilogramm Gewicht noch ein wenig zwergenhaft) das dynamische Gleichgewicht während des Laufens und Schießens eines Balls aufrechterhalten können. Anscheinend sind selbst Fouls eingeplant: Die Roboter sollen nämlich auch in der

Abbildung 62: Besser als Beckham? Der Robo Erectus beim Torschuss.
(© C. Zhou, Singapore Polytecnic University)

Lage sein, den Ball mit den Händen zu bewegen. Etwas mysteriös kündigen C. Zhou und seine Kollegen darüber hinaus an, dass ihre Geräte «robust» genug sein sollten, den «Herausforderungen von anderen Spielern» zu begegnen. Man darf also auf die Fußballweltmeisterschaft 2050 gespannt sein, wenn Stollenschuhe Roboterblech zu verbeulen drohen …

Die Wissenschaftler aus Singapur wollen nicht nur das Lernen durch mechanische Sensoren in ihren Steuerungssystemen berücksichtigen, sondern auch den Input von Wahrnehmungssensoren nutzen. Der Robo Erectus soll also quasi durch «Zugucken» das Laufen lernen.

Johnnie – ein Hochleistungssportler, der an der Strippe hängt

«Johnnie», an der Technischen Universität München von H. Ulbrich und F. Pfeiffer entwickelt, ist auf anderem Gebiet ein Höchstleistungssportler unter den Laufmaschinen. Er schafft bei einer Körpergröße von 1,8 Metern und einem Gewicht von etwa 40 Kilogramm (ziemlich schlanke Figur, nicht wahr?) eine Gehgeschwindigkeit von 2,2 Stundenkilometern. Dank eines visuellen Führungssystems kann er Hindernisse erkennen und darübersteigen. Sein Rechnergehirn bringt ihn auch dazu, ein übergroßes Hindernis zu umgehen. Der «On-Board-PC» mit immerhin 2,8 Gigahertz Prozessorgeschwindigkeit ist allerdings mit der Koordination der für die Zukunft geplanten Laufbewegungen noch überfordert. Außerdem hat er einen erheblichen Schönheitsfehler: Johnnie ist nicht «energieautonom». Im Klartext: Er hängt «an der Strippe» und wird über ein Kabel von außen mit Strom versorgt.

Nun soll ein Laufroboter wie Johnnie auch gar keinen praktischen Zweck erfüllen. Sein Daseinsgrund ist die Forschung, wie ein schneller, dynamisch stabiler Gang zu erreichen ist. Seine 17 Gelenke (davon allein sechs in jedem Bein) werden mit Elektromotoren angetrieben. Die Regelung seiner Bewegungen wird von digitalen Sensoren unterstützt, und sein Orientierungssensor (der praktisch unserem Innenohr mit dem Gleichgewichtsorgan entspricht) erfasst in jedem Moment die räumliche Lage des Oberkörpers. Das Gerät misst Abweichungen, die zum Beispiel das Ergebnis von Bodenunebenheiten sein können, und passt die Bewegung von Johnnie so an, dass er sich wieder aufrichtet. Etwas enttäuschend: die scheibenförmigen «Hände», mit denen er rein gar nichts machen kann. Die Arme haben trotzdem eine Aufgabe: Sie werden zum «Drallausgleich» eingesetzt und dienen als Gegengewichte, genau wie die menschlichen Arme, die beim Gehen «automatisch» pendeln.

Roboter aus Japan – gute Freunde, die auch Trompete spielen

Die aktuellen «High-End»-Roboter sind in Japan entwickelt worden. Mitsubishis «Wakamaru» ist ungefähr einen Meter hoch (größere Geräte, so hat man festgestellt, flößen normalen Menschen Angst ein) und soll die ideale Hilfe für ältere Leute sein. Angeblich kann er sogar mit ihnen über Nachrichten diskutieren, die er sich vorher im Internet angeschaut hat. Preis: voraussichtlich eine Million Yen (circa 7500 Euro). Ein ausladender Fußkegel verbirgt die Räder, auf denen sich Wakamaru fortbewegt – also: no stairs, please! Zum Trost verspricht eine einschlägige Internetseite: «Wakamaru lives beside you from wakeup time to bed time in harmony with your life».

Im Prototyp-Stadium sind der «Sony QRIO-Roboter» und der «Toyota Partner Roboter». Der QRIO hat eine ausgefeilte Motorik. Er kann laut Eigenwerbung auch unregelmäßige oder glatt gefliste Oberflächen bewältigen – beileibe keine Selbstverständlichkeit für einen Zweibeiner aus der Roboterwelt. Passend zu Sonys sonstiger Produktpalette wird der QRIO singen können.

Übrigens sind Entertainment-Qualitäten dieser Roboter beileibe keine Spielerei, sondern die Konsequenz nüchternen kaufmännischen Denkens. Unterhaltung ist ein riesiger Markt. Inzwischen geben die Deutschen im Jahr fast so viel Geld für Computerspiele und die dazugehörige Hardware aus (4 Milliarden Euro) wie für Kleidung und Schuhe (5,4 Milliarden Euro).

Ausdrücklich für die alternden Gesellschaften der hoch industrialisierten Länder ist der Roboter von Toyota konzipiert, der älteren Menschen im Alltagsleben zur Hand gehen soll. Aus Gründen, die mit den emotionalen Bedürfnissen möglicher Kaufinteressenten zu tun haben dürften, haben seine Erfinder für den Partner Roboter künstliche Lippen konstruiert. Diese sollen sich so lebensecht bewegen, dass er «Trompete wie ein Mensch» spielen kann. Auf der Expo 2005 in Aichi, Japan, wurde er vorgestellt – aber ein neuer Louis Armstrong ist es wohl nicht geworden.

Extrem wichtig ist die bereits angesprochene Energieautonomie bei menschenähnlichen Laufmaschinen. Die besondere Konstruktion eines humanoiden Roboters bringt es nämlich mit sich, dass er wegen seines hohen Schwerpunkts und der idealerweise dynamisch-stabilen Fortbewegung im Moment eines Ausfalls seiner Energieversorgung umkippen würde und damit – je nach Größe – eine erhebliche Gefahr für seine (menschliche) Umwelt darstellen könnte. Eine kurios klingende, aber sicherheitstechnisch wohl notwendige Verhaltensprogrammierung mag das verhindern: «Bei niedrigem Batteriestatus flach auf den Boden legen.»

Unsere Betrachtung der Roboter hat gezeigt: Die Imitation kompletter biologischer Systeme (einfach gesagt: von Lebewesen) ist schwierig. Eine Bewegungskoordination, die die Qualität des Laufens, Schwimmens oder Fliegens von Tieren erreichen soll, ist bisher selbst mit Supercomputer-Rechenaufwand nicht zu schaffen. Die selbst gesteuerte Energieversorgung (menschlich ausgedrückt: «Essen») bleibt das Ziel künftiger Robotergenerationen.

Der Weg der Bionik

Wie wir gesehen haben, ist die Wissenschaftsdisziplin Bionik besonders durch ihre Interdisziplinarität gekennzeichnet. Entsprechend schwer lässt sie sich in ein enges Korsett fassen. Die angewendeten Techniken der Bioniker können sich je nach Projekt und Aufgabenstellung stark voneinander unterscheiden. Unabhängig von der Herangehensweise lassen sich stets vier grundlegende Prozesse erkennen, die auf dem Weg von der Biologie bis zur Technik durchlaufen werden:

1. Entdecken
2. Entschlüsseln
3. Übertragen
4. Anwenden

Zu Beginn steht die Entdeckung eines biologischen Phänomens. Dieser Prozess ist sicherlich in den Naturwissenschaften alltäglich und bedarf keiner weiteren Erklärung. Jedoch passiert es manchmal, dass die Wissenschaftler an dieser Stelle stehen bleiben und die Ursachen für ein entdecktes Phänomen nicht weiter hinterfragen. Ein möglicher Grund liegt sicherlich darin, dass für die Klärung der Ursachen oft andere Wissenschaftsdisziplinen notwendig sind. Aber ein «Über-den-Tellerrand-Schauen» ist bis heute leider noch immer nicht selbstverständlich.

Im zweiten Schritt erfolgt die Entschlüsselung der Prinzipien, die dem biologischen Phänomen zugrunde liegen. Eine bloße Eins-zu-eins-Kopie der biologischen Vorbilder führt selten zum Erfolg. Ob ein Flugzeug jemals mit den Tragflächen wie ein Vogel auf und ab schlagen wird, ist fragwürdig, dennoch liefern die Vögel den Ingenieuren viele Ideen, wie Flugtechnik effizienter funktionieren kann. Schließlich unterliegen alle Lebewesen den gleichen physikalischen Gesetzmäßigkeiten. Die Nutzung der physikalischen Gesetze in der Natur ist jedoch erheblich phantasievoller als bei den meisten technischen Konstrukten. Werden das biologische Phänomen entschlüsselt und als Prinzipien bestimmte physikalische und chemische Grundlagen erkannt, kann die Frage beantwortet werden, ob eine technische Anwendung möglich ist. Sind aber hauptsächlich biologische Prozesse die Ursache für das entdeckte Phänomen, wird eine technische Übertragung unmöglich.

Die meisten Wissenschaftler sind sich inzwischen über die Notwendigkeit im Klaren, biologische Phänomene nicht nur zu beschreiben, sondern auch ihre Ursachen zu ergründen. Entsprechend ist die Fülle an Informationen zu biologischen Phänomenen, die den Bionikern zur Verfügung stehen, um ein Vielfaches größer als noch vor wenigen Jahren. Dies mag auch einer der Gründe für die starke Wiederbelebung der Bionik sein, da die Erfolgsaussichten biologisch inspirierter Technik sich erheblich verbessert haben.

Der dritte Prozess, die Übertragung, ist in den Naturwissenschaften tatsächlich weniger üblich, zumindest in denjenigen Wissenschaftsdisziplinen, die nicht technisch orientiert sind. Um jedoch den Erfolg einer biologisch inspirierten Technologie zu gewährleisten, ist der Nachweis ihrer Übertragbarkeit in die Technik notwendig. Üblicherweise erfolgt dies in Form eines Prototyps. Der Prototyp garantiert den Nachweis für Firmen, dass eine anwendbare Technologie vorliegt, und er ermöglicht eine Einschätzung des technischen und wirtschaftlichen Potenzials. Dies sind wichtige Größen, die besonders für Firmen und damit die potenziellen Anwender der Technologie von Bedeutung sind. Doch noch bevor die ersten Gespräche mit der Industrie geführt werden, sollte ein Schutz für die Technologie erwirkt werden. Eine Veröffentlichung würde alle Mühen der Entdecker zunichte machen. Die Technologie wird in diesem Fall als allgemeiner «Stand der Technik» angesehen, und jeder darf sie nutzen. Für Firmen ist jedoch ein Vorsprung vor der Konkurrenz entscheidend, und dieser kann nur mit Exklusivität erreicht werden. Hat jedermann Zugriff auf eine Technologie, erlischt meist auch das Interesse der Industrie.

Patente oder andere Schutzrechte garantieren daher die notwendige Sicherung der eigenen entwickelten Technologie. Aber bereits das

Patentierungsverfahren stellt für die meisten Wissenschaftler eine große Hürde dar. Nur allzu ungern feilt man an den schwer zu lesenden Patenttexten, die eine Absicherung der eigenen Erfindung gegenüber anderen Erfindungen garantieren sollen. Zudem findet man häufig nach mühseligen Recherchearbeiten heraus, dass bereits andere Patente derart beschrieben sind, dass eine Abgrenzung nur schwer möglich ist. Das bedeutet nicht zwangsläufig, dass ein anderer Erfinder bereits die gleiche Idee hatte, sondern die Patenttexte sind so geschickt formuliert, dass der Patentschutz sich auch auf Dinge ausdehnen kann, an die bislang noch niemand gedacht hat.

Obwohl jeder Entdecker selbst für relativ wenig Geld ein eigenes Patent anmelden kann, ist es nicht ratsam, dies ohne professionelle Hilfe zu tun. Die Verfahren und Bestimmungen sind derart kompliziert, dass auf jeden Fall Patentanwälte eingeschaltet werden sollten, ansonsten ist die Gefahr groß, das eigene Patent durch Unerfahrenheit zu verlieren oder es nicht hinreichend abzusichern.

Schutzrechte sind zwar für den Erfolg einer bionischen Erfindung wichtig, jedoch nur ein halber Schritt auf dem Weg. Als letzter Prozess steht noch die Anwendung aus. Ein neues Verfahren, ein neues Entwicklungsprinzip oder eine neue Konstruktion nach biologischem Vorbild sollen schließlich Vorteile gegenüber bestehenden Technologien bringen. Erst der Schritt vom Prototyp zum Produkt wird zeigen, ob sich die neue Technologie durchsetzt. Viele Widerstände oder Probleme müssen in dem Prozess «Anwendung» bewältigt werden. Gibt es überhaupt einen Markt für das Produkt, und wie teuer kann es sein? Sind produktspezifische Anforderungen gewährleistet? Erfüllt eine innovative Technologie die üblichen, in dem Marktsegment vorhandenen Normen, oder müssen völlig neue Normen eingeführt werden?

Diese und viele andere Fragen müssen beantwortet werden, bevor ein Produkt auf den Markt gelangen kann. Nicht selten scheitern die Technologien bereits hier. Sind die Vorteile der bionischen Produkte oder Verfahren nicht groß genug, werden sich die etablierten Technologien behaupten, und eine Nutzung oder Anwendung bleibt aus. Auch wenn größere Vorteile vorliegen, aber in anderen Bereichen Abstriche oder Nachteile in Aussicht stehen, kann sich eine neue Technologie nicht durchsetzen. Viele weitere zum Teil unvorhersehbare Probleme können auf die Bionik-Produkte warten und am Ende nach einem langen Weg zum Scheitern führen.

Trotzdem liegen die Vorteile der Bionik auf der Hand. Früher wurde die Natur im Angesicht des technologischen Fortschritts des Menschen belächelt, doch je weiter wir fortschreiten, desto mehr merken wir, dass wir uns in einer technologischen Sackgasse befinden. Auf Kosten der Natur ist das Scheitern unseres Fortschritts nur eine Frage der Zeit. Inzwischen wissen wir, dass die Natur eine bis dato unerreichte Hochtechnologie darstellt, die dank ihrer gut ausbalancierten Nachhaltigkeit eine Entwicklung über 3,5 Jahrmilliarden ermöglicht hat. Mit modernsten Methoden erkennen wir zunehmend das Potenzial der biologischen «Erfindungen» für unsere Technik. Eine ökologisch verträglichere Technologie scheint trotz wirtschaftlicher Interessen in Zukunft möglich.

Die Autoren

Zdenek Cerman, geboren 1972, Studium der Biologie an der Universität Bonn und wissenschaftlicher Mitarbeiter am Nees-Institut für Biodiversität der Pflanzen. Seit 2001 Koordination der Arbeitsgruppe Bionik und seit 2004 Leitung der Fachgruppe «Industrielle Umsetzung» im nationalen Bionik-Kompetenznetz (BIOKON). 2005 einer der Gewinner des BMBF-Wettbewerbs «Bionik – Innovationen aus der Natur».

Wilhelm Barthlott, geboren 1946, Studium der Biologie, Chemie und Physik in Heidelberg. Professor für Botanik, Leiter des Nees-Institutes für Biodiversität der Pflanzen und Direktor der Botanischen Gärten der Universität Bonn. Arbeitsgebiete Evolution der Blütenpflanzen, Tropische Biodiversitätsforschung sowie pflanzliche Grenzflächen und ihre biomimetische Anwendung. Für die Entdeckung der Funktionsweise und die technische Umsetzung der selbstreinigenden Lotus-Oberflächen erhielt er zahlreiche Preise (u. a. Karl-Heinz-Beckurts-Preis 1997, Philip-Morris-Forschungspreis 1999, Deutscher Umweltpreis 1999). Mitglied der Akademie der Wissenschaften und der Literatur zu Mainz, der Nordrhein-Westfälischen Akademie der Wissenschaften Düsseldorf und der Deutschen Akademie der Naturforscher Leopoldina.

Jürgen Nieder, geboren 1955, Studium der Biologie und Promotion in Zoologie an der Universität Bonn. Arbeitet in der Erwachsenen- und Lehrerfortbildung und ist außerdem am Nees-Institut für Biodiversität der Pflanzen als Koordinator der Arbeitsgruppe Epiphyten tätig. Fachpublikationen zu Ökologie und Verhalten von Fischen, Biodiversität von Epiphyten, Biologiedidaktik und Bionik.

Literatur

Barth G. F., Humphrey J. A. C. Secomb T. W. (ed) (2003) Sensors and Sensing in Biology and Engineering. Springer Verlag, Wien New York

Beck E. (ed) (2002) Faszination Lebenswissenschaften. Wiley-VCH Verlag, Weinheim

Boblan I., Bannasch R. (ed) (2004) First International Industrial Conference Bionik 2004. VDI Verlag, Düsseldorf

Borchard-Tuch C., Groß M. (2002) Was Biotronik alles kann – Blind sehen, Gehörlos hören. Wiley-VCH Verlag, Weinheim

Denny M. W. (1993) Air and Water: the biology and physics of life's media. Princeton University Press, Chichester

Gérardin L. (1972) Natur als Vorbild: Die Entdeckung der Bionik. Fischer Taschenbuch Verlag, Frankfurt am Main

von Gleich A. (ed) (2001) Bionik: Ökologische Technik nach dem Vorbild der Natur? B. G. Teubner Verlag, Stuttgart/Leipzig Wiesbaden

Gorb S. (2001) Attachment Devices of Insect Cuticle. Kluwer Academic Publishers, Dordrecht

Knoll A., Christaller T. (2003) Robotik. Fischer Taschenbuch Verlag, Frankfurt am Main

Kreuzer F. (2004) Nobelpreis für den lieben Gott. Buchverlage Kremayr & Scheriau / Orac, Wien

Lebedew J. S. (1983) Architektur und Bionik. Verlag für Bauwesen, Berlin

Marguerre H. (1991) Bionik: Von der Natur lernen. Siemens Aktiengesellschaft, Berlin München

Mattheck C. (1994) Handbuch der Schadenskunde von Bäumen. Rombach Verlag, Freiburg

Mattheck C. (1996) Trees, the mechanical design. Springer Verlag, Heidelberg

Mattheck C., Breloer H. (1996) The body language of trees – a handbook for failure analysis. HMSO, London

Mattheck C., Kubler H. (1997) Wood – the internal optimization of trees. Springer Verlag, Heidelberg

Mattheck C. (1997) Design in der Natur: Der Baum als Lehrmeister. Rombach, Freiburg im Breisgau

Nachtigall W. (1984) Erfinderin Natur: Konstruktionen der belebten Natur. Rasch und Röhring Verlag, Hamburg

Nachtigall W. (1997) Vorbild Natur: Bionik – Design für funktionelles Gestalten. Springer, Berlin

Nachtigall W. (1998) Bionik: Grundlagen und Beispiele für Ingenieure und Naturwissenschaftler. Springer Verlag, Berlin Heidelberg New York

Nachtigall W. (2003) Bau-Bionik: Natur – Analogien – Technik. Springer Verlag, Berlin Heidelberg New York

Nachtigall W. (2005) Biologisches Design: Systematischer Katalog für bionisches Gestalten. Springer, Berlin

Neumann D. (1993) Analyse & Bewertung zukünftiger Technologien: Technologieanalyse Bionik. VDI-Verlag (ed), VDI Technologiezentrum, Düsseldorf

Rechenberg I. (1994) Evolutionsstrategie '94: Werkstatt Bionik und Evolutionsstrategie. Frommann-Holzboog Verlag, Stuttgart

Rossmann T., Tropea C. (ed.) (2005) Bionik: Aktuelle Forschungsergebnisse in Natur-, Ingenieur- und Geisteswissenschaft. Springer Verlag, Berlin Heidelberg

Scherge M., Gorb S. (2001) Biological Micro- and Nanotribology: Nature's Solutions. Springer Verlag, Berlin Heidelberg New York

Schwuger M. J. (1996) Lehrbuch der Grenzflächenchemie. Georg Thieme Verlag, Stuttgart / New York

Vogel S. (2000) Von Grashalmen und Hochhäusern: Mechanische Schöpfungen in Natur und Technik. Wiley-VCH Verlag, Weinheim

Register

Foto: Archiv für Kunst und Geschichte, Berlin/Alma Tadema

science

Mathematik, Physik, Medizin, Philosophie, Kunst, Genetik – so kommt die Wissenschaft in den Kopf

Pierre Basieux
Die Top Ten der schönsten mathematischen Sätze
3-499-60883-9

Jörg Blech
Leben auf dem Menschen
Die Geschichte unserer Besiedler
3-499-60880-4

Richard Dawkins
Das egoistische Gen
3-499-19609-3

Michio Kaku
Im Hyperraum
Eine Reise durch Zeittunnel und Paralleluniversen
3-499-60360-8

Detlef B. Linke
Kunst und Gehirn
Die Eroberung des Unsichtbaren
3-499-60258-X

James Trefil
Physik im Strandkorb
Von Wasser, Wind und Wellen
Professor James Trefil ist komplexen Naturerscheinungen auf den Grund gegangen – ein Kolleg auf hohem Niveau, voller vergnüglicher Geschichten!

3-499-19683-2

rororo science

Kopfnüsse für Querdenker

John D. Barrow
Ein Himmel voller Zahlen
*Auf den Spuren
mathematischer Wahrheit*
3-499-19742-1

Pierre Basieux
Abenteuer Mathematik
*Brücken zwischen Wirklichkeit
und Fiktion*
3-499-60178-8

Beck-Bornholdt/Dubben
Der Hund, der Eier legt
*Erkennen von Fehlinformation
durch Querdenken*
3-499-61154-6

Dietrich Dörner
Die Logik des Misslingens
*Strategisches Denken
in komplexen Situationen*
3-499-19314-0

László Mérö
Die Logik der Unvernunft
*Spieltheorie und die Psychologie
des Handelns*
3-499-60821-9

Gero von Randow
Das Ziegenproblem
Denken in Wahrscheinlichkeiten
3-499-19337-X

Tschernjak/Rose
**Die Hühnchen von Minsk
und 99 andere hübsche
Probleme**

3-499-60363-2

Christoph Drösser

Stimmt's, Herr Drösser, dass Ihre Bücher süchtig machen?

Stimmt's?
Moderne Legenden im Test
3-499-60728-X
«Bier auf Wein, das lass sein – Wein auf Bier, das rat ich dir.» Stimmt's? Alltagsweisheiten auf dem Prüfstand.

Stimmt's?
Noch mehr moderne Legenden im Test
3-499-60933-9

Stimmt's?
Freche Fragen, Lügen und Legenden für clevere Kids
3-499-21163-7
Stimmt's, dass Pinguine umfallen, wenn Flugzeuge über sie hinwegfliegen? Gähnen ansteckend ist? Pupse brennbar sind? Schokolade süchtig macht? Christoph Drösser, Redakteur der «Zeit» und science-Buchautor, macht Schluss mit Lügen und Legenden. Das Buch macht einfach Spaß – und nebenbei gibt's viel zu lernen!

Stimmt's?
Neue moderne Legenden im Test
«Mit 75 neuen, hoch vergnüglichen Texten steht Christoph Drösser ein weiteres Mal souverän Rede und Antwort ... zum Staunen, Schmunzeln oder Kopfschütteln.»
www.wissenschaft-online.de

3-499-61489-8

rowohlts monographien

Forscher und Entdecker

Wernher von Braun
Johannes Weyer
3-499-50552-5

Marie Curie
Fritz Vögtle/Peter Ksoll
3-499-50417-0

Charles Darwin
Johannes Hemleben
3-499-50137-6

Galileo Galilei
Johannes Hemleben
3-499-50156-2

Alexander von Humboldt
Adolf Meyer-Abich
3-499-50131-7

Johannes Kepler
Mechthild Lemcke
3-499-50529-0

Nikolaus Kopernikus
Jochen Kirchhoff
3-499-50347-6

Lise Meitner
Anne Hardy/Lore Sexl
3-499-50439-1

Marco Polo
Otto Emersleben
3-499-50473-1

Isaac Newton
Johannes Wickert
3-499-50548-7

Albert Einstein
Johannes Wickert

3-499-50666-1

Weitere Informationen in der Rowohlt Revue oder unter www.rororo.de